The BOOK of TEA; culture, history and standard Guide

이진수 지음

꼬레알리즘

碩山 李 眞 秀

철학박사

사단법인 국제티클럽 총재

원광디지털대학교 차문화경영학과 교수

국제차문화학회장

사단법인 한국복식과학재단 총재

사단법인 국제선요가협회 이사장

제1판 1쇄 2015년 7월 20일

지 은 이 이진수
펴 낸 이 변청자
펴 낸 곳 ㈜꼬레알리즘

출판등록 2006. 2. 7 (제374-38400002510020060000008호)
전 화 0502-520-2000
팩 스 0505-116-0096
e-mail corealisme@hanmail.net
Homepage www.corealisme.com

값 36,000원

잘못 만들어진 책은 바꾸어 드립니다.

ISBN 978-89-93140-07-1

이진수 지음

꼬레알리즘

정석 茶의 이해 를 출간하며...

나포리 오두막집에서 태동한 『茶의 이해』와 함께 우리 산하는 물론 중국, 일본, 동남아시아, 미주, 유럽까지 한국 차문화를 알리고 나누는 자리를 누벼온 지도 어느새 10년이 되었습니다. '사치스럽다던 차문화가 생활문화, 상식문화, 대중문화로 자리매김해야 한다.'는 염원의 씨앗을 심은 것이 지난 2005년의 '茶의 이해' 발간이었다면, 그 씨앗이 어느새 많은 이들의 삶 속에 싹을 틔워 때로는 햇살을 가득 머금은 채, 또 어떤 때에는 비바람에 휘둘리면서도 튼실한 뿌리를 내렸습니다. 그 사이 우리 사회는 물론 한국차문화 나아가 세계차문화 환경 역시 크게 변화하고 있습니다.

많은 이들의 뜻이 모여 (사)국제티클럽이 탄생하였고, 학부는 물론 대학원 석박사과정에서 차문화를 전공한 전문가들이 배출되어 '차'를 콘텐츠로 하는 문화활동이 촉진되고 있습니다. 봄 가을에는 전국의 여러 지역에서 대규모의 차문화축제가 열립니다. 더불어 동양의 녹차, 서양의 홍차라는 이분법적 공식이 해체되면서 불발효차에서 발효차까지 차의 세계는 더욱 다양해지고 있습니다.

어린아이가 성장하듯 지난 10년이 한국차문화의 양적 성장기였다면, 지금은 어엿한 성인으로 도약하기 위한 성숙함을 갖추어야 할 시기입니다. 그런 의미에서 '차의 이해'를 더욱 갈고 닦아 『정석 차의 이해』로 마련하였습니다. 이 책의 출간은 바로 여러분과 함께 할 새로운 도약을 향한 새로운 발걸음이 될 것입니다. 차 마시는 일은 가볍고 유쾌한 친교의 자리부터 엄격한 자기 성찰의 시간까지, 자신에게 차 한 잔의 여유를 선사하는 지극히 개인적인 행위로부터 산업에서 예술까지 우리 사회의 모든 분야와 연계된 복합문화 활동까지 그 깊이와 넓이를 헤량 할 수 없습니다. 무궁무진한 차의 가능성은 아무리 풍부한 언어를 동원한다 해도 다 설명할 수는 없을 것입니다. 지난 10년간 한국차문화의 현장에서 발로 뛰고 몸으로 체험했던 것들을 최대한 성실히 기록하고자 애썼지만 그래도 부족한 점이 있겠지요. 많은 정보와 자료, 그리고 지식을 수록하면서 여러분과 함께 이루어갈 한국차문화의 미래에 대한 희망과 설렘을 행간에 가득 담았습니다.

차는 정신문화의 꽃입니다. 또한 인성입니다. 인성은 효와 예절입니다. 상대방을 공경하고 배려함으로써 서로 공경하고 정중하고 공손하여 겸양의 미덕을 실천하는 목적을 가지고 있습니다. 이러한 바탕 위에 차는 전통과 문화를 통해서 새로운 역사를 창조해 나가고자 합니다. 과학문명의 발달로 인하여 심각한 가치관의 혼란과 인성이 추락하는 현실을 극복하고자 『정석 차의 이해』를 앞세우게 되었습니다. 차문화를 통해서 교양과 상식의 탄탄한 바탕과 기초를 다짐으로써 인격의 존중과 서로를 아끼고 사랑하는 시대의 문화가 창조되길 간곡히 염원합니다. 또한 『정석 차의 이해』를 통해 많은 사람이 함께 기쁨으르 나누며 즐기는 역할을 기대합니다. 후손들에게도 자랑스러운 문화로 일깨워주고 새로운 역사를 창조하는 중요한 역할을 해 주기를 염원합니다. 특히 정신문화의 탄생을 기대합니다.

감사합니다.

나포리 초당에서

茶는 건강에 이롭고
정신을 맑게하여
善한 것들을
다른 이와 더불어
나누게 한다.

정석 茶의 이해

목 차

3. 제다 방법

4. 차의 활용

5. 차의 보관

6. 차의 품평

7. 세계의 차 산업

Ⅲ. 차생활

1. 茶의 德

2. 茶의 樂

3. 차와 예절

4. 차 우리기

5. 차 도구

1. 차의 기원과 역사

1) 차의 개념

차란 무엇인가에 대한 설명은 여러 가지가 있다. 일반적으로는 식사 후나 여가에 즐겨 마시는 기호음료를 지칭하며, 엄밀한 의미에서는 산다화과(山茶花科)에 속하는 상록관엽수(常綠觀葉樹)인 차나무의 어린잎을 따서 가공하여 만든 것을 말한다.

- 차나무의 어린잎을 따서 만든 마실 거리의 재료로, 찻잎이나 차 가루 혹은 덩이로, 찻감이라고도 한다.
- 찻감을 끓이거나 우려내거나 물에 타서 마실 거리로 만든 찻물로, 맑은 탕다(湯茶)와 탁한 유다(乳茶, 가루차)가 있다.
- '차꽃', '차싹'에서 '차'는 차나무를 뜻한다.

차는 오늘날 세계인이 가장 많이 소비하는 음료 중의 하나로, 갈증을 해소하는 것뿐 아니라 뛰어난 효능을 지녀 약용으로도 사용하고 있다. 그래서 사람들은 예로부터 차를 신비롭게 여겨왔다. 차가 사랑받는 이유는 음료로서의 기능적인 면 이외에 사람들에게 담소의 기회를 제공하고, 다른 문화와 가까워지게 해 주고, 문화 예술의 벗이 되며, 평화로운 분위기를 조성해 줌으로써 삶의 한 모습으로서 인간 생활의 다양한 모습을 알게 해 주기 때문이다.

차의 개념은 크게 두 가지로 대별할 수 있는데 첫째는 물질적 개념이고, 둘째는 정신적 개념이다. 물질적인 차는 끓인 물에 차를 넣어 적절하게 우려낸 것을 말하며, 정신적인 차는 법도(法道)에 맞는 차생활을 통해 고요하고 지극한 경지에 이르러 묘경을 터득하는 것을 말한다. 우리 조상들은 차가 건강에 이롭고, 사색공간을 넓혀주어 마음의 눈을 뜨게 하며, 사람으로 하여금 예의롭게 하기 때문에 이를 즐겨 마셨다.

우리나라에서 '차'의 개념이 엄밀한 의미가 아닌 일반적인 기호음료를 통칭하는 넓은 개념으로 사용된 것은 언제부터일까? 고려와 조선 초에 덩이차를 만들 때 쌀죽이나 밀가루, 들국화, 구기, 참깨, 생강, 유자 등을 찻잎과 섞어 만들기도 하였는데, 이렇게 하면 찻잎도 적게 들고 약용 효과와 더불어 다른 맛도 얻을 수 있었다. 그러던 것을 나중에는 차를 넣지 않고 만들어 차 대신 끓여 마시면서 '○○차'라고 부르게 된 데에서 유래한 것 같다. 이러한 것은 차가 쇠퇴하기 시작한 조선 중엽 이후 많이 음용되었는데, 차 대신 마시는 것이라 하여 대용차라 하며, 약효가 있어 한두 번 마시기에는 좋으나 싫증이 나기 쉽고 차의 당기는 맛과 각성작용이 없어 기호음료가 되지 못한다. 이렇듯 탕환고처럼 달여 마시는 것을 차로 잘못 아는 세태를 다산(茶山) 정약용(丁若鏞)은 자신의 저서『아언각비(雅言覺非)』에서 다음과 같이 지적하였다.

> 우리나라 사람들은 다(茶)자를 탕환고(湯丸膏)처럼 마시는 따위로 인식하여 무릇 약물의 단조롭고 달이는[煮] 것은 다 이를 차(茶)라고 말하여 생강차(生薑茶), 귤피차(橘皮茶), 모과차(木瓜茶), 상지차(桑枝茶), 송절차(松節茶), 오과차(五果茶)라고 하여 관습적으로 항상 쓰는 말로 삼는데 이는 잘못이다. 중국에는 이런 법이 없는 것 같다.[1)]

차는 그 재료에 따라 전통차와 대용차로 구분할 수 있다.

---

1) 東人認茶字 如湯丸膏飮之類 凡藥物之單煮者總謂之茶 薑茶橘皮茶木瓜茶桑枝茶松節茶五果茶習爲恒信 非點 中國似無此法

(1) 전통차

전통차란 산다화과에 속하는 차나무의 어린 순(荀)이나 잎(葉)을 채취하여 찌거나 덖거나 혹은 발효시켜 건조시킨 후, 알맞게 끓이거나 우려내어 마시는 것을 말한다. 녹차와 같이 산화효소를 파괴하여 발효를 억제시킨 불발효차, 홍차나 흑차와 같은 완전발효차, 우롱차처럼 일부만 발효시킨 부분발효차가 이에 속한다.

(2) 대용차

대용차는 차(茶) 대신 다른 재료를 이용한 음료이다. 대용차로는 일반적으로 범람하는 커피, 주스, 콜라, 사이다 등과 같이 서양에서 들여온 서양식 대용차와 예로부터 우리 조상들이 생약재료를 이용하여 차처럼 달여 마시던 동양식 대용차가 있다. 이것을 재료의 종류에 따라 구분하면 다음과 같다.

- 생약류 : 감로차, 결명자차, 계피차, 구기자차, 당귀차, 두충차, 둥글레차, 박하차, 산수유차, 삼지구엽초차, 쌍화차, 오가피차, 오미자차, 대추차, 인삼차 등
- 과실류 : 귤피차, 대추차, 레몬차, 매실차, 모과차, 복분자차, 석류차, 유자차 등
- 곡류 : 곡차, 녹두차, 두향차, 들깨차, 땅콩차, 보리차, 옥수수차, 율무차, 현미차 등
- 줄기 · 엽류 : 감잎차, 동규자차, 모란차, 뽕잎차, 솔잎차, 쑥차, 죽엽차 등
- 뿌리류 : 생강차, 칡차 등
- 그 외 : 꽃을 이용한 화차류, 송이버섯이나 영지 등을 이용한 버섯류, 다시마나 미역을 이용한 해조류, 꿀차 등

2) 차의 명칭

(1) 문헌상의 명칭

인류가 처음 차나무를 발견해서 무엇이라고 불렀으며 어떻게 표기했느냐를 규명하는 것은 지극히 어려운 일로, 차에 대한 다양한 기록들에서 그 전거를 찾을 수 있다.

차에 대한 최초의 전문서인 육우(陸羽)의 『다경(茶經)』을 중심으로 차 명칭의 유래를 살펴보면 다음과 같다.

> 차를 나타내는 글자는 혹 초 두(艸) 변을 따르기도 하고 혹 나무 목(木) 변을 쓰기도 하고 혹 초 두와 나무 목 변을 함께 쓰기도 했다. 초 두로 하면 마땅히 다(茶) 자가 되는데 그 출처는 『개원문자음의(開元文字音義)』라는 책이고 나무 목 변을 하면 마땅히 다(梌) 자가 되나니 그 출전은 『본초(本草)』이다. 또 초 두와 나무 목 변을 함께 쓰면 도(荼) 자가 되는데 그 글자는 『이아(爾雅)』에서 나왔다.[2]

차 다(茶) 자는 형성되는 과정에서 여러 가지로 표기되었는데, 위 책에는 다음과 같이 기록되어 있다.

> 그 이름은 첫째는 다(茶)요, 둘째는 가(檟)요, 셋째는 설(蔎)이요, 넷째는 명(茗)이요, 다섯째는 천(荈)이다. 주공이 말하기를 가는 쓴차이다. 양집극이 말하기를 촉나라 서남인들은 차를 설이라 하였으며, 곽홍농이 말하기를 일찍 딴 것을 다라 하고 늦게 딴 것을 명이라 하며 혹 일설에는 천이라고도 하였다 한다.[3]

---

2) 육우, 『다경』 一之源 본문에 다음과 같이 적혀 있다.
… 其字 或從草 或從木 或草木并. 從艸 當作茶 其字出 開元文字音義, 從木 當作梌 其字出 本草, 草木并 作荼 其字出 爾雅.

3) 위의 책, 一之源.
… 其名, 一曰茶, 二曰檟, 三曰蔎, 四曰茗, 五曰荈. 周公云 檟 苦茶. 揚執戟云 蜀西南人 謂茶曰蔎, 郭弘農云 早取爲茶 晩取爲茗 或一曰荈耳.

위 다섯 자는 중국에 음다풍(飮茶風)의 체계가 서고 제다법이 발달한 수당말초(隋末唐初, 6~7세기경)에 이르러 비로소 일반화되기 시작하였다. 『다경』이 완성된 이후에도 한동안 '도(荼)'와 혼용하다가 9세기에 이르러 비로소 '다(茶)'를 보편적으로 사용하였다. 차를 뜻하는 글자의 언어적 통일이 어느 정도 이루어졌을 때 그 명칭이 우리나라에 전래되었다. 다만 이와 같은 글자는 모두 차나무를 가리키는 말로 음료를 지칭하는 것은 아니었는데, 후대에 이르러 차나무의 어린 순(荀)을 따서 만들어 마시는 음료를 가리키는 말로 보편화되었다.

荼 檟 蔎 茗 荈

① 도(荼)

가. '도(荼)' 자는 차(茶) 자의 전신(前身)으로, 현존하는 문헌 중에서 '도' 자가 가장 먼저 나타나는 것은 『시경(詩經)』이다.[4] '도' 자는 『시경』 중 곡풍(谷風), 치효(悉宇), 양사(良殯), 상유(桑柔), 출기동문(出其東門), 패풍(擘風) 등 모두 7편(篇)에서 발견된다.

- 시(詩) · 패풍(擘風)

  誰謂荼苦 其甘如薺 누가 도가 쓰다고 했는가? 그 단맛은 마치 제와 같다.

- 시(詩) · 대아(大雅) 면(緜)

  菫荼如飴 근도는 엿과 같이 달다.

---

4) 『시경』은 춘추시기에 완성된 것으로 주(周)나라 초부터 춘추시대 중기까지의 시가(詩歌) 305편을 수록한 중국에서 가장 오래된 책이다. 국풍(國風), 소아(小雅), 대아(大雅), 송(頌) 4가지로 구성되어 있다.

'도' 자는 문헌에 따라 여러 가지 뜻을 나타내는데 고채(苦菜, 야채), 차(茶), 모초류(茅草類, 띠류), 옥기(玉器), 신명(神命) 등을 가리킨다. 다시 말해서 '도' 자는 어떤 경우에는 차를 가리키고, 어떤 경우에는 비차(非茶)를 가리킨다.

옛날에는 '도'의 발음이 '여(余)'라는 발음과 동일했다. '여'의 옛 음은 [tu], [du], [ya] 등으로 발음된다. '도' 또한 '여'의 옛 음 이외에 [chuo], [da], [she], [tu], [tuo], [ya], [zha] 등 여러 가지의 발음이 생기게 되었다. 삼국시대에 이르러 '도' 자를 [cha]라고 읽는다고 기록했다.

진(秦)나라 이전에는 차를 가리키는 통일된 글자가 없었다. 한대(漢代)에 들어서 '도' 자를 이용하여 차라는 의미로 사용했다. 그 원인은 사천방언(四川方言)에서 찾을 수 있는데 옛날 사천지방에서는 차를 두 가지로 불렀다. 촉(蜀)지방에서는 '고도(苦荼)'라고 불렀고, 파남(巴南)에서는 '가(枷)'라고 불렀다. 사천은 중국 최조(最早)의 차엽집산지(茶葉集散地)로 촉음(蜀音)이 현저한 주도성(主導性)을 보였기에 한대(漢代)에 이르러 '도' 자를 이용해 차를 나타냈다. 그 후 고문헌에서 '도' 자를 쉽게 발견할 수 있다. '도' 자는 '차' 자가 정립되기 이전에 가장 많이 쓰였던 글자이다.

나. 『이아』「석목(釋木)」에 나타난 '가(檟), 고도(苦荼)'에 대해 동진(東晋)의 곽박(郭璞, 276~324)은 『이아주(爾雅注)』에서 다음과 같이 기술하였다.

- 樹小似梔子 冬生 葉可煮羹飮 今呼早取爲茶 晩取爲茗 或一曰荈 蜀人名之苦荼

다. 동한(東漢) 허신(許愼, 약 58~147)의 『설문해자(說問解字)』에는 다음과 같이 기록되어 있다.

- 荼, 苦荼也 徐鉉注稱 : 此卽今之茶字

② 가(檟)

'가(檟)'의 중국 발음은 [jia]이다. '가' 자를 찻잎으로 표기한 최초의 문헌은 『이아』이다. 이후 『다경』 一之源과 五之煮에도 나타난다. 하지만 이외에 '가' 자는 문헌에 자주 등장하지 않는다. 옛날 상고시대에는 '가'가 [gu]로 발음되었는데, 이는 고(苦)[gu]와 도(荼)[tu]의 합성발음으로 형성된 것이라고 한다. '가'의 본뜻은 고대수목(高大樹木)을 의미한다. 즉 교목형 차수(喬木型茶樹)를 뜻한다. 그래서『이아』「석목」 중에 '檟, 苦荼'라고 한 것이다. 현재 티베트에서는 차를 [jia]라고 발음하는데 지금의 중국 발음을 그대로 사용하고 있다.

- 『이아』「석목」: 檟, 苦荼
- 『다경』五之煮 : 其味甘檟也 不甘而苦荈也 輸苦咽甘 茶也
  [一本云 其味苦而不甘檟也 甘而不苦荈也]
- 소진함(邵晋涵)의 정의 : 檟一名苦荼

③ 설(蔎)

'설(蔎)' 자도 차를 가리키는 글자이지만 문헌에 자주 등장하지는 않는다. '설'은 본래 향초(香草)를 뜻하는 것인데, '설'을 이용해 차를 가리킨데는 두 가지 이유가 있다. 먼저 차에는 방향(芳香)이 있어 그것을 형용한 것이라는 설이고, 다른 하나는 사천과 귀주(貴州) 등에 살던 소수민족이 차를 가리켜 [she] 혹은 [se]로 발음하였는데 이것을 한문(漢文: 中國語文)으로 번역하여 나타낸 것이라는 주장이다. 하지만 둘 다 확실하지는 않다. 다만 옥편에서 '설'의 발음은 [she]이다.

- 『다경』一之源 : 揚執戟云 蜀西南人 謂茶曰蔎

④ 명(茗)

'명(茗)' 자의 출현은 도(荼), 가(檟), 천(荈)보다 늦으며 차(茶)보다는 이르다. '명' 자의 출처에 대해 중국 장만방(庄晩芳, 1908~1997) 선생은 진한시기(秦漢時期) 파촉(巴蜀)사람들이 차를 '가맹(枷萌)'이라고 불렀는데 '맹(萌)' 자의 발음은 [ming]이라고 하였다. 아마 '맹'이 '명' 자의 유래가 아닌가라고 말하였다. 당대(唐代) 이후부터 시사(詩詞), 서화(書畵) 중에 가장 많이 나타나며 특히 문인들이 많이 사용하였다. 오늘날 '명' 자는 이미 차의 다른 이름으로 불린다.

가. 고대 '명'에 대한 해석은 문헌마다 차이를 보이고 있다. '명'은 차싹[茶芽]을 가리키기도 하며 노차(老茶)를 가리키기도 한다. 또한 차(茶)와 천(荈) 사이의 차엽(茶葉)을 가리키기도 한다.

- '명'은 차싹[茶芽]이다.
  - 『설문해자』: 茗 茶芽也
  - 남송『통지(通志)』: 其芽曰茗
  - 『사원(辭源)』: 茗 茶芽
  - 남북조『위왕화목지(魏王花木志)』: 細葉謂之茗
- '명'은 노차(老茶)이다.
  - 『다경』 一之源: 郭弘農云 早取爲茶 晩取爲茗 或 一曰荈耳
  - 풍시가(馮時可)의『다록(茶錄)』: 茗爲晩取者
  - 북송『평주가담(萍州可談)』: 晩采者爲茗
- '명'은 차(茶)와 천(荈) 사이의 차엽(茶葉)이다.
  - 不嫩不老 茶
  - 왕정(王禎)의『농서(農書)』: 早采曰茶 晩曰茗 至荈 則老矣
  - 유장원(劉長源)의『다사(茶史)』: 初采爲茶 老爲茗 再老爲荈

나.『동군채약록(東君採藥錄)』: 西陽 武昌 廬江 晉陵好茗 皆東人 作淸茗 茗有沬 飮之宜人 凡可飮之物 筡皆多取其葉

다.『본초(本草)』「목부(木部)」: 茗 苦筡味甘苦

⑤ 천(荈)

'천(荈)'은 옛날 '차' 자이다. '천'의 의미는 채다시기(采茶時期)가 늦은 노차엽(老茶葉)을 가리킨다. '천' 자는 한대(漢代)에서 남북조시기(南北朝時期)에 비교적 많이 사용되었으며 일반적으로 도(荼), 명(茗)자와 병용하였다. 수 · 당(隋唐) 이후 '천' 자의 사용은 줄어들고 점차 '명' 자로 대체되었다.

오늘날 '천'은 [chuan]으로 발음된다. 하지만 상고시대 '천'의 발음은 [tuan]이다. 이는 '도(荼)'의 상고음인 [tuo]와 비슷한 것으로 중원지역의 각 지방 사람들이 찻잎을 가리키는 음으로 유사하게 이용했음을 알 수 있다. 하지만 지리적인 환경 때문에 글자 표기 방법은 달랐다.

- 사마상여(司馬相如)「범장편(凡將篇)」: 荈我[5)]
- 남북조『위왕화목지(魏王花木志)』: 茶, …其老葉謂之荈
- 삼국『오지 · 위요전(吳志 · 韋曜傳)』: 皓初禮異 密賜茶荈以代酒
- 진(晋) 좌사(左思)「교녀시(嬌女詩)」: 心爲茶 荈劇 吹嘘對鼎
- 진(晋)「손초가(孫楚歌)」: 薑 桂 茶荈出巴蜀
- 명대(明代) 진계유(陳繼儒)「침담(枕檀)」: 茶樹初采爲茶 老爲茗 再老爲荈

(2) 우리나라의 차 명칭

우리나라의 차 명칭에 대한 기록으로는 각종 비문(碑文), 와당(瓦當), 시문(詩文), 토기 등에서 그 역사를 확인할 수 있는데, 우리말인 한글이 창제되기 이전까지는 주로 한자인 '차 다(茶)' 자와 '차싹 명(茗)' 자로 표기하였으며, 그 이후에는 한자인 '다'와 한글 '차'가 함께 사용되었다.

---

5) '천'과 타(詫)는 모두 차를 의미하는 것으로 약물(藥物)의 일종이다. 즉 한대(漢代)에 차를 약물로써 기록한 최초의 기록으로, 당시 찻잎을 약용으로 사용했음을 알 수 있다. 천타의 약효는 해갈(解渴), 열증을 내리고, 소화를 촉진하며, 머리와 눈을 맑게 해준다.

① 삼국시대

이 시기 비문에 남아있는 기록으로는 신라 진흥왕(眞興王) 7년(546)에 세운 것으로 추정되는 남원 실상사 수철화상능가보월탑비(秀徹和尙楞伽寶月塔碑)의 '명(茗)' 자, 장흥 보림사 보조선사창성탑비(普照禪師彰聖塔碑)의 '다약(茶藥)'이라는 글귀, 대문장 최치원이 짓고 쓴 것으로 유명한 경남 하동군 화개면 운수리 쌍계사에 있는 진감선사대공탑비(眞鑑禪師大空塔碑) 중의 '한명(漢茗)'이라는 문구, 충남 보령군 미산면 성주리 성주사의 대랑혜화상 백월보광탑비명(大郎慧和尙白月癩光塔碑銘)의 '명발(茗潘)'이 있고, 이 절에서 발견된 비석 파편에 '다향수(茶香手)'라는 비문이 나와 있다. 그 외 제천 월광사지(月光寺址)의 원랑선사 대보광선탑비(圓郎禪師大寶光禪塔碑)에도 차에 대한 기록이 남아 있다.

경주 안압지에서 발견된 토기 잔은 밑받침이 없고 구연부가 넓은 완(碗) 종류의 찻잔으로, 표면에 '정언다(貞言茶)'라는 명문이 써있으며, 경주 남산 창림사지(昌林寺址)에서 발견된 와당에는 '다연원(茶淵院)'이라는 글자가 새겨져 있다. 이 밖에 최치원의 『계원필경(桂苑筆耕)』, 이 곡(李穀)의 『동유기(東遊記)』와 삼국시대의 역사를 기록한 김부식의 『삼국사기(三國史記)』, 일연선사의 『삼국유사(三國遺事)』 등의 문헌에 차에 대한 기록이 나타난다.

② 고려시대

이 시기에도 정사(正史)와 시문집(詩文集)을 비롯한 각종 문헌과 탑비명, 도자기 등에서 차에 대한 기록을 발견할 수 있다.

의천(義天)의 『대각국사문집(大覺國師文集)』, 혜심(慧諶)의 『진각국사문집(眞覺國師文集)』, 충지의 『원감국사문집(圓鑑國師文集)』, 『태고화상어록(太古和尙語錄)』과 시문집인 이규보(李奎報)의 『동국이상국집(東國李相國集)』, 이제현(李齊賢)의 『익제난고(益齊亂稿)』, 이 곡(李穀)의 『가정집(稼亭集)』, 이 색(李穡)의 『목은집(牧隱集)』, 정몽주(鄭夢周)의 『포은집(圃隱集)』, 이인로(李仁老)의 『파한집(破閑集)』, 최 자(崔滋)의 『보한집(補閑集)』, 고려시대 역사를 기록한 정인보의 『고려사(高麗史)』, 김종서의 『고려사절요(高麗史節要)』 등에는 '다(茶)' 자가 주로 나타나며, 간혹 '명(茗)' 자도 나타난다.

이 외에 송나라 사신 일행으로 고려를 방문했던 손목(孫穆)의 『계림유사(鷄林類事)』와 서긍(徐兢)의 『고려도경(高麗圖經)』에서는 당시의 차와 관련된 용어와 차생활의 면모를 살펴볼 수 있다.

③ 조선시대

조선시대에 이르러 차(茶) 자가 확고하게 자리를 잡아 오늘에 이르게 되었다. 특히 오늘날 우리말로 보편화된 '차'와 '다' 음은 한글 창제와 함께 혼용되었는데, 최세진의 『훈몽자회(訓蒙字會)』에 의하면 '차'는 훈독(訓讀), 즉 뜻이 되고 '다'는 음독(音讀), 즉 소리가 된다.[6] 이와 같이 '차'와 '다'를 뜻과 소리로 구분하여 사용했으나 한글을 전용하는 계층에서는 '차'라는 뜻이 소리[音]로도 사용되었다고 한다. 따라서 '차'와 '다' 중 어느 것이 옳은가를 따질 것이 아니라 적절하게 가려서 활용하는 지혜가 필요하다.

'차'와 '다'의 활용방법은 크게 네 가지로 구별할 수 있다.

• 순수한 우리말의 복합어일 때는 '차'로 발음하는 것이 타당하다. 예를 들면, 차를

6) 한자 학습서인 『훈몽자회』 권 22에 '茶: 차 다'와 '茗: 차 명'이라고 한글로 뜻과 음을 달아 놓았다.

마시다, 차를 끓이다, 차나무, 찻물, 찻잎, 차 숟가락, 차 찌꺼기 등이다.

- 한자 복합어일 때는 '다'로 발음하는 것이 옳다. 예를 들면, 다례(茶禮), 다방(茶房), 다식(茶食), 다원(茶院) 등이 여기에 해당된다.
- '차'라는 말 앞의 접속사가 생략되어 한 개의 단어로 보편화된 경우에는 '차'로 쓴다. 예를 들면, 국산차(國産茶), 전통차(傳統茶), 설록차(雪綠茶), 죽로차(竹露茶), 작설차(雀舌茶), 홍차(紅茶), 녹차(綠茶) 등과 같이 재료나 지명, 환경, 생김새 등을 좇아 그에 알맞은 말을 앞에 놓고 뒤에 '차'라는 뜻의 음을 붙여서 굳어진 말이다.
- '차'와 '다'를 함께 사용하는 특별한 경우이다. 이것은 '차'라는 뜻이 소리가 되어 우리말로 굳어지면서 우리 사회에 보편화 된 말들로, 어떻게 쓰느냐에 따라 뜻이나 품격이 달라지므로 주의해야 한다.

- 다례(茶禮) – 신(神)과 사람에게 차를 끓여 내는 행위
- 차례(茶禮) – 명절에 간단히 지내는 제사
- 다호(茶壺) – 마른 차를 넣는 단지
- 차호(茶壺) – 중국의 다관
- 다방(茶房) – 마시는 차나 대용차를 파는 집
- 찻방(茶房) – 마른 차(찻감)나 다구를 보관하는 방 혹은 다실

(3) 세계 여러 나라의 차 명칭

차가 중국으로부터 주변 지역을 넘어 세계 각지로 확산되면서 그 전파 경로에 따라 차에 대한 호칭도 크게 두 가지로 양분되어 있다. 하나는 광동어계인 '차(Cha)'이고, 다른 하나는 복건어계 '테–티(Te–Tea)'이다. '차'는 육로를 통해 전해진 곳, 즉 북경, 한국, 일본, 몽고, 티베트, 벵갈, 인도, 중근동, 러시아 등지에서 주로 사용하고 있으며, 유럽에서는 유일하게 포르투갈만이 '차'라고 하고 있다. 이에 반하여 '테–티'는 해로를 통해 전해진 유럽에서 주로 사용되고 있다. 이것은 서양에 차를 본격적으로 전파시킨 네덜란드 사람들이 복건성의 아모이계 상인들로부터 차를 수입하면서 이 지역의 발음과 유사하게 '테'나 '티'로 전파하였기 때문으로 추정된다.

복건어계(해로) · 아모이의 방언		광동어계(육로) · 마카오 방언	
아모이, 복건성지방	te 테	광 동	cha
네 델 란 드	thee 테–	북경, 한국, 일본	cha
미 국	tea 티–	몽 골	chai
영 국	tea 티–	러 시 아	chai 차, shai 샤이
독 일	tee 테–	폴 란 드	chai
프 랑 스	the 테	루 마 니 아	chai 차이
핀 란 드	tee 테–	알 바 니 아	chai
노르웨이, 덴마크, 스웨덴	te 테	티 베 트	ja
스페인, 이테리, 체코	te 테	벵 갈	cha
헝 가 리	tea 테아	힌 디	chaya
말 레 이 지 아	the 테–	아프가니스탄	chai
스 리 랑 카	they 테이	이란(페르시아)	ca, chai, chay
남 인 도	tey 테이	터 키	cay 차이
		그 리 스	tsai 차이
		포 르 투 칼	cha

3) 차의 유래

(1) 차의 기원

중국은 차 원산지의 하나로서 차나무를 발견하고, 세계에서 제일 먼저 찻잎을 사용한 나라이다. 중국의 운남과 사천지방을 차나무 기원의 중심지로 보며, 중국차의 기원에 관해서도 여러 가지 이야기가 전해오고 있다.

육우의 『다경』에는 중국 삼황오제(三皇五帝) 시대에 염제 신농씨(炎帝 神農氏)가 차를 발견하였다는 기록이 나온다. 『신농본초경(神農本草經)』에 의하면 '차를 오래 마시면 사람으로 하여금 힘이 있게 하고 마음을 즐겁게 한다.', '신농이 백 가지 초목을 맛보다 하루는 72가지의 독을 먹었는데, 도(荼)를 얻어 해독하였다.'고 전한다. 이들은 인류 역사상 가장 먼저 차가 등장한 기록으로 기원전 2700년경에도 차를 사용하

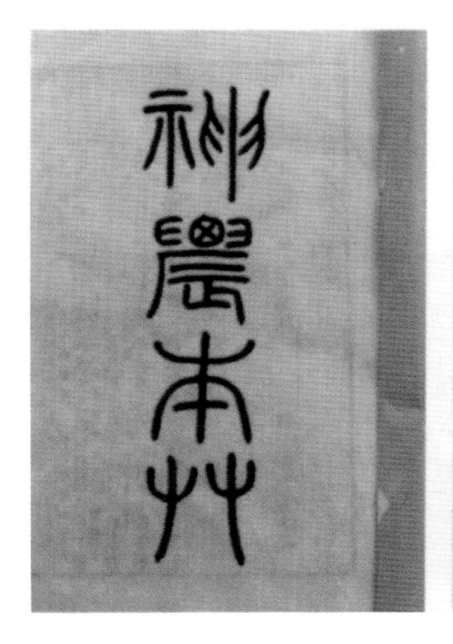

였음을 짐작케 하는 대목이다.[7)]

기원전 1066년 주(周)의 무왕(武王)이 은(殷)을 정복했을 때, 파촉(巴蜀: 四川)지방에서 나는 차를 공납의 진품(珍品)으로 여긴 기록이 『화양국지(華陽國志)』에 있다. 그리고 춘추시대에는 안영이 제(齊)나라 경공(景公)의 재상이었을 때 고기와 알[卵]과 명채(茗菜)만을 먹었다는 내용이 『안자춘추(晏子春秋)』에 전한다.

중국의 서한(西漢)시대인 기원전 59년의 노비매매문서 「동약(姈約)」에 '무양에서 차를 사오다[武陽買茶]', '차를 끓이다[烹茶盡具]'라고 적혀 있음으로 미루어 일찍이 차가 사대부들의 생활필수품으로 시장에서 상품화되고 매매가 이루어졌음을 알 수 있다. 그러나 민간인들의 음용은 당(唐)대에 이르러 비로소 보편화되기 시작하였고, 송(宋)대에는 쌀, 소금과 더불어 매일 없어서는 안 될 중요한 생활필수품이 되었다.

(2) 차의 전파

중국에서 시작된 차는 불교 전파와 통상의 발전과 함께 세계 여러 나라로 전해졌다. 당시 수행하는 승려는 정신을 맑게 하고 잠을 없애준다 하여 차를 애용하였고 사

---

7) 육우, 『다경』 七之事. "…神農食經 茶茗久服 令人有力 悅志…".

원에는 항상 차가 준비되어 있었다. 7세기경 당나라 문성공주가 티베트 왕에게 시집가면서 음다 풍습을 전한 것이 계기가 되어 점차 외국으로 전해졌다. 805년에는 일본의 승려 사이조우(最澄)가 중국에 불교를 배우러 갔다가 돌아오는 길에 차 종자를 가지고 와서 자가현 고꾸다이산(國公山) 기슭에 파종을 하였다. 그러나 본격적인 보급은 1187년에서 1191년 사이 에이사이(榮西) 선사가 차 종자와 더불어 차의 제조법을 전하면서 시작되었다. 유럽으로 전파된 것은 17세기 초 중국, 일본 등지의 동양무역을 장악했던 네덜란드를 통해서이다. 이 후 프랑스, 독일에 이어 1630년대 중반 영국으로 유입되었다.

(3) 우리 차의 유래

① 자생설

우리나라 차나무 자생설을 뒷받침할 수 있는 근거를 살펴보면 다음과 같다.

첫째, 차나무가 생장하는 적지는 화강암 지대이므로 지구상에서 가장 오래된 화강암 지대인 우리나라에서 자생할 수 있다. 둘째, 차나무가 생겨난 이래로 새나 배 · 바다의 조류 · 지형변화 등으로 씨가 옮겨져 계속 번식했으므로 중국과 가까운 우리나라 서남해안지방에는 역사 이전부터 차나무가 자생하여 약용으로 쓰이다가 음료로 마시게 되었을 가능성이 있다. 차는 문자 이전부터 있어 왔으므로 차나무 자생설은 사실의 기록에 의한 것이 아니라 차나무가 자랄 수 있는 환경에 의한 것이다. 이 때문에 차나무 자생설은 앞으로 더 연구해야 할 과제이다.

② 전래설

■ 가야국 수로왕비 전래설

이능화(李能和, 1869~1943)의 『조선불교통사(朝鮮佛敎通史)』 하권에는 다음과 같은 기록이 있다.

> 김해의 백월산에는 죽로차가 있다. 세상에서는 수로왕비인 허씨가 인도에서 가

져온 차씨라고 전한다.[8)]

『삼국유사』의 가락국기(駕洛國記)에 따르면, '김수로왕의 왕비가 된 아유타 국의 공주 허황옥은 서기 48년 음력 5월 배를 타고 인도를 떠나서 그 해 음력 7월 27일 김해 별진포에 상륙하였다. 수행원은 20여 명이었고 혼수품으로 금, 은, 폐물, 비단과 함께 차 종자를 가지고 왔다.'고 한다. 이것은 차에 대한 우리나라 최초의 기록으로 허황옥(許皇玉, 33~89)이 금관가야의 왕비로 시집오면서 차씨를 가져왔다고 전하며 그때 심은 곳은 지금의 김해 지방이다.

■ 대렴공 전래설

김부식의 『삼국사기』에는 '신라 42대 흥덕왕 3년(828) 12월 당나라에 사신으로 갔던 대렴(大廉)공이 차씨를 가지고 돌아왔는데, 왕이 지리산에 심게 했다. 차는 선덕여왕(632~647) 때부터 있었으나 이때에 이르러 크게 성행하게 되었다.'는 기록이 있다.[入唐廻使大廉特茶鍾子來 王使植地異山 茶自善德王時有之 至於此盛焉]

위의 글로 미루어 볼 때, 7세기인 선덕여왕 때 이미 토산차가 있었음을 알 수 있다. 흥덕왕 때 대렴이 차씨를 가져와 심은 것은 중국에서 자라는 차나무 씨를 들여와 차의 수요에 충당하고 보다 좋은 품질의 차를 얻고자 했던 의도로 생각된다.

대렴공 차시배추원비(쌍계사 입구)

8) 金海白月山有竹露茶 世傳首露王妃許氏 自印度持來之茶種…

(4) 차나무 기원에 관한 전설

① 편작(篇鵲) 기원설

춘추전국시대의 명의인 편작 아버지의 무덤에서 차나무가 처음으로 돋아났다는 전설이 있다. 그는 8만 4천 종의 약방문을 알고 있었으나, 비방을 누구에게도 전수하지 않고 차나무에 맡겨서 후세에 전하려고 하였기 때문에 그 중에서 6만 2천 종은 아들인 편작에게 전수하고 나머지 2만 2천 종은 차나무로 남겼다고 한다. 나무인지 풀인지 분간하기가 어려워 풀 초(艸)와 나무 목(木)을 합쳐서 차(茶)라고 적었다는 것이다.

② 달마(達磨) 기원설

인도 향지국의 왕자 달마가 수마(睡魔)를 쫓기 위해 떼어버린 눈꺼풀이 차나무가 되었다는 설이다. 달마는 중국 소림굴에서 9년 면벽 후 선조(禪祖)가 되었는데, 정진 중 가장 참기 어려운 것은 수마였다. 잠을 쫓기 위해 그가 눈꺼풀을 떼어 뜰에 던졌는데, 이튿날 아침에 마당에 한 그루의 나무가 돋아나 있었다. 그래서 이 나무의 잎을 따서 달여 마셨더니 잠을 쫓는 효험이 있었는데, 이것이 차나무였다고 한다.

③ 기파(耆婆) 기원설

불제자인 의원 기파가 딸의 무덤에 좋은 약을 뿌렸더니 차나무가 돋아났다는 설이다. 기파는 고대 인도 왕사성의 명의였다. 빙파사라왕의 아들로서 석가에 귀의하였다. 그는 의술을 배우고 돌아와서 부처님의 풍병과 아난의 부스럼을 고쳤다고 한다. 그런데 기파가 여행을 떠난 사이에 스무 살의 딸이 죽었다. 며칠 뒤에 돌아온 기파는 딸이 앓을 때 약을 못 준 것이 후회되어 무덤에 좋은 약을 뿌렸더니 차나무가 돋아났다고 한다. 그래서 차나무를 스무 살의 나무[茶]라고 쓰게 되었다는 것이다.

2. 차의 성분과 효능

1) 성분과 작용

세계인이 기호음료인 차에 크게 주목하는 이유는 차가 육체 및 정신건강에 이롭고 특유의 향과 맛이 있기 때문이다. 차를 음용하는데 있어서 그 성분과 인체에 미치는 영향에 대하여 자세히 인식한다면 실생활에서 차의 효용과 가치를 극대화시킬 수 있을 것이다.

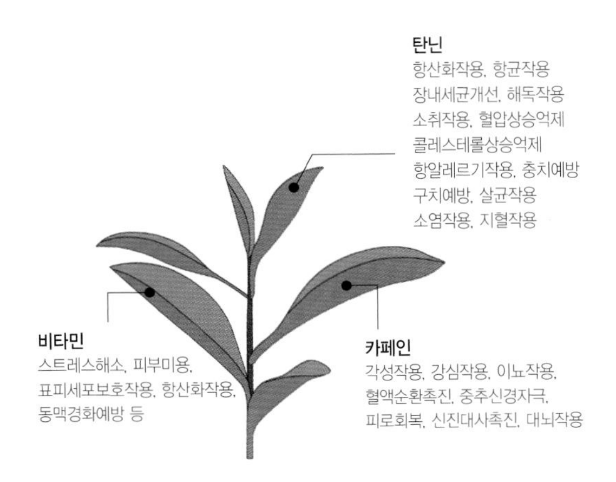

(1) 차의 성분

차의 성분은 차나무가 자라는 토양과 햇빛, 습도 등의 자연조건과 찻잎 따는 시기와 제다법, 보관상태 등에 따라 달라진다. 뜨거운 물에 우러난 다탕의 성분함량을 분석하면 아래와 같다.

채엽시기 \ 성분		총질소 (%)	탄닌 (%)	카페인 (%)	가용분 (%)	유리당 (%)	유기산 (%)	비타민C (%)	수용성 펙틴 (%)	유리 아미노산 (%)
봄차	초기	6.4	14.1	2.3	40.2	2.3	1.4	568	0.8	2.3
	후기	4.2	14.8	2.0	39.8	2.4	1.3	484	0.9	1.8
여름차	후기	3.8	17.9	1.5	39.4	2.5	1.4	246	1.0	1.2

차는 채엽 시기가 빠를수록 총질소, 카페인, 비타민C, 유리아미노산의 함량이 많으며 이와 반대로 탄닌은 늦게 딴 찻잎일수록 함량이 많다. 차의 영양소는 생엽일 때가 가장 많고 제다 과정에서 비타민C 등 일부가 유실되지만 마른 차에는 아직 영양소

가 많고 우려낸 찻물에서도 상당량의 영양소가 우러나온다. 최근에 차 생엽 또는 마른 차를 이용한 요리법이 많이 개발되고 있는 것은 우려내는 과정에서 오는 영양 손실을 막는 방법이라 할 수 있으나, 차는 하루에 1~20잔씩 일생을 마셔도 부작용이 거의 없으므로 장기간의 차생활은 음다만으로도 반드시 건강을 돕게 된다고 한다.

차에 함유된 성분은 수백 종으로 알려졌으며, 세계의 여러 연구자가 계속 밝히고 있다. 주성분으로는 카페인, 탄닌, 단백질, 질소화합물, 탄수화물, 식물성 색소(엽록소), 방향유(芳香油), 유기산 성분, 비타민, 효소, 무기성분(회분) 등이 있다. 그 중 중요성분인 카페인은 차의 다른 성분과의 복합작용에 의한 효과는 많으나 쉽게 배설되기 때문에 해를 주지 않는 성분으로 알려졌다. 차의 탄닌은 다른 식물의 것과는 상당한 차이가 있어서 입 점막에 붙지 않고 다른 성분과 결합하여 독특한 쓴맛, 즉 쌉싸래한 묘미를 남긴다.

(2) 차의 작용

초의선사는 『동다송』에서 '옥천(王泉)의 진공(眞公)이 나이가 여든임에도 얼굴빛이 복사꽃 같았다. 이곳 차의 향기는 다른 곳보다 맑고 신이하여 능히 젊어지게 하고 고목이 되살아나듯 사람으로 하여금 장수하게 한다'고 하였고, 『동의보감(東醫寶鑑)』에는 '차의 성품은 조금 차고 맛은 달고 쓰며, 독은 없다. 기운을 내리게 하고, 체한 것의 소화를 촉진하며, 머리를 맑게 하고, 소변을 잘 통하게 하며, 사람으로 하여금 잠을 적게 해주며 또 불에 입은 화상을 해독시켜 준다'고 하였다.

이와 같이 차는 단지 일상생활의 목마름을 달래 주는 음료를 넘어 인간의 수명장생(壽命長生)과 기혈의 순환을 도와 눈과 머리를 맑게 하여 정신적, 육체적 건강을 선사하는 선약(仙藥)과 같다. 이러한 차의 자세한 성분에 대한 연구가 시작된 것은 18세기 중엽부터이지만 차의 성분에 대한 의학적 연구는 1827년 차 속에서 카페인이 검출되면서 본격화되었다. 지금까지 밝혀진 바로는 차가 30여 종의 성분을 함유한 것으로 알려졌다.

① 카페인(Caffein)

독일의 유기화학자 룽게(F. F. Runge)가 1820년 커피에서 카페인을 발견하여 "Kaffebase"라고 명명하였고, 1827년에 오드리(M. Oudry)가 차에서 유사 물질을 발견하여 데인(théine)이라고 하였다. 그러나 다음 해 독일의 멀더(T. Mulder)와 요브스트(C. Jobst)가 양자가 동일 물질인 것을 증명하면서 데인을 카페인으로 불렀고, 이 시기부터 차를 카페인을 함유한 식물로 정의하였다.

녹차의 카페인 함량은 커피콩에 비해 높은 편이지만, 차를 우릴 때 낮은 온도로 우리기 때문에 찻잎 중의 카페인 성분이 60~70% 정도만 우러나 한 잔당 카페인 함유량을 비교할 경우 차는 대개 27㎎ 정도인데 비해 커피는 40㎎, 레귤러커피는 120㎎으로 녹차보다 월등히 많다. 덖은 차가 찐 차보다 카페인의 함량이 많고, 일찍 딴 차가 일조시간이 짧아 함량이 많으며, 또한 해가림 재배를 한 고급차도 카페인의 함량이 많다. 차는 커피와 달리 카페인으로 인한 부작용이 일어나지 않는데, 그 이유는 찻잎 중의 카페인이 폴리페놀과 쉽게 결합해 크림을 형성하게 되며 이것은 낮은 온도에서 불용성으로 유지되고 잘 녹지 않으므로 체내의 동화속도가 늦기 때문이다. 그러나 커피에는 폴리페놀이나 비타민과 같은 유효성분이 거의 없다.

카페인은 사지(四肢)의 근육을 강화하고 피로회복에 탁월하며 알코올이나 니코틴의 독성을 해독하는 작용을 한다. 토끼에 알코올을 주사하면 취해서 축 늘어지는데 이때 카페인을 주사하면 곧바로 회복해 살아난다. 또 차를 타서 마시면 술이 중화되어 취하지 않는다. 이 밖에도 두통을 치유해 주는 효과와 감기몸살을 풀어주고 차 멀미, 배 멀미 등을 예방해준다. 미국 보건성에서 발표한 자료에 의하면 미국의 심장병 환자 대부분이 커피 애호가로 커피에 함유된 유리형(遊離形) 카페인의 영향을 받아 심장이 약해져서 생긴 환자라고 한다. 그래서 임산부가 커피를 많이 마시면 태아의 발육이 부진하여 기형아를 낳을 확률이 높다고 한다. 또 어린이가 커피를 많이 마시면 심장에 자극을 주어 해롭고 습관성까지 유발하며, 정서불안이 생겨 마음을 안정시키지 못한다.

카페인의 효능

- **각성작용(覺醒作用)** : 카페인이 대뇌피질의 감각중추를 흥분시켜 일으키는 현상으로 피로회복이 빨라지고, 활력이 생겨나 기분이 상쾌해지고 판단력이 늘며 사고에 대한 집중력이 생기며 조용한 흥분작용과 내구력 증대, 상황에 대한 인식 및 기억력의 증대와 침착한 행동력이 생겨난다. 커피와 달리 차는 조용한 흥분작용을 일으키는데 그것은 커피 속에 들어있는 카페인은 유리형(遊離形) 결정이고 녹차의 카페인은 결합형(結合形) 결정이기 때문에, 커피의 카페인은 일시에 흥분 상태를 일으키나 녹차의 카페인은 서서히 풀려 차를 마신 지 40분 정도 지나서 천천히 흥분작용을 나타내 약 1시간 정도 지속한다. 차의 카페인에는 비타민C와 폴리페놀과 같은 유효성분이 함유되어 있다. 또 녹차에는 커피에 들어 있지 않은 카테킨과 데아닌 성분이 있는데 이 성분이 카페인과 결합하여 카페인이 불용성이 되거나 활성이 억제되기 때문에 커피와 같은 부작용이 없으며 간의 약물 대사기능을 향상하는 작용은 차만이 갖는 특징이라 할 수 있다.
- **강심작용(强心作用)** : 심장의 운동을 활발하게 하는 작용이다. 적당량의 카페인을 섭취하면 심장횡문근(心腸橫紋筋)에 직접 작용하여 관상동맥(冠狀動脈)이 확장되어 혈액순환이 잘 되므로 약해진 심장이 정상적인 활동을 할 수 있게 한다. 추위나 소심한 생각으로 수축된 심장을 강화하여 튼튼한 심장 활동을 할 수 있도록 해주는 작용을 말한다. 심장이 약해지면 잘 놀래거나 가슴의 통증을 호소하거나 매사에 자신감을 잃고 적극적이지 못하여 두려움을 갖는다. 이러한 증상은 심장활동이 약해져서 생기므로 차생활을 계속하면 효과를 볼 수 있다.
- **이뇨작용(利尿作用)** : 소변이 잘 통하도록 하는 작용으로 신장의 혈관을 확장시켜 배설작용을 촉진시킨다. 이 작용으로 몸 속에 들어있던 노폐물이나 유독성분이 몸 밖으로 배출된다.

② 탄닌(Tannin)

차의 폴리페놀 성분은 6종류의 카테킨으로 구성되어 있고, 다탕의 색과 향과 맛을 크게 좌우하는 주요성분이다. 완전발효차인 홍차는 탄닌 성분이 산화효소에 의해 산화 중합되어 주황색과 붉은색의 물질로 변하게 되므로 탄닌이 적으며, 녹차에는 많이 함유되어 있다. 탄닌에는 온화한 쓰고 떫은맛을 내는 유리형 카테킨(양질의 녹차에 많음)과 쓴 떫은 맛을 내는 에스테르형 카테킨이 있는데, 감의 탄닌과는 달리 단백질과 쉽게 분리되므로 입 안이 텁텁하지 않고 산뜻한 떫은 맛을 낸다. 탄닌은 광합성에 의해 형성되므로 일조량이 많으면 함량이 많아진다.

탄닌의 효능

- **해독작용** : 탄닌은 식물에 들어있는 독성분인 알카로이드 성분과 결합하여 인체에 흡수되지 않고, 이것을 몸 밖으로 배출시킨다. 대체로 많은 식물에 들어있는 '니코틴'도 알카로이드의 일종이다. 담배가 해롭다고 하는 것은 니코틴과 타아르를 흡수하기 때문이다. 차를 마시면 탄닌이 니코틴과 결합하여 몸에 흡수되지 않고 체외로 배출된다. 이로써 담배의 해를 줄일 수 있다. 또 금속류와도 잘 결합하여 침전시키기 때문에 유해성 중금속의 해독작용을 한다. 찻잔이나 차에 철분이 있으면 쉽게 변한다.
- **살균작용** : 탄닌이 균체에 침투하여 단백질과 결합하여 응고시켜 병원균을 죽게 한다. 많은 병원균은 단세포 동물로서 세포가 하나 밖에 없는 진화가 안 된 동물이다. 이 단세포 병원균은 그 원형질이 단백질로 되어 있다. 이 단백질을 탄닌이 응고시켜 작용을 못하게 하므로 병원균은 죽고 만다. 이것이 탄닌의 살균작용이다.
- **지혈작용** : 탄닌의 수렴작용으로 상처를 빨리 아물게 하여 지혈된다. 부상을 당하여 피가 날 때 가루차(분말차)를 상처에 뿌려 출혈을 막는다. 또 이 수렴작용으로 설사나 이질도 치료할 수 있다. 탄닌은 장과 위의 점막을 보호하고 그 활동을 촉진시키므로 설사를 멈추게 한다.

■ **소염작용** : 독충에 물려서 열이 나고 빨갛게 부어오를 때 차 우린 물을 바르고 수건에 적셔 습포해 주면 열도 내리고 부기도 가신다. 이때는 차를 진하게 우려 탄닌 함유량이 많도록 해야 효과가 있다.

③ 엽록소(葉綠素)

차에는 푸른 색소인 엽록소가 0.6% 정도 함유되어 있다. 녹차의 경우 찻잎을 바로 열처리하여 산화효소를 파괴해서 엽록소가 남아 녹색을 띤다. 반면 우롱차나 홍차는 시들리기나 비비기를 하는 과정에서 엽록소가 급격히 분해되어 흑색이나 갈색으로 변하고, 또 카테킨의 산화에 의한 발효작용으로 오렌지색과 선홍색의 성분이 생긴다.

엽록소의 효능

■ **조혈작용(造血作用)** : 피를 맑게 하고 간장의 도움을 받아 적혈구를 증식한다. 엽록소는 그 구조가 인체의 적혈구 구조와 매우 흡사해서 식물에서 섭취한 엽록소가 바로 적혈구로 변한다. 그래서 조혈이 되고 상처를 빨리 아물게 하는 효과가 있다.

■ **치창작용(治滄作用)** : 상처가 쉽게 아무는 작용이다. 지혈작용도 있고 상처가 빨리 치유되는 효능도 있다.

■ **탈취작용(脫臭作用)** : 냄새를 없애는 작용인데 비린내가 날 때에 차를 우린 물로 씻으면 잘 지워진다. 냉장고의 냄새를 제거할 때도 마찬가지로 차를 냉장고 안에 넣어두면 제거된다.

■ **정균작용(靜菌作用)** : 미생물의 번식을 억제하는 작용인데 균을 죽이지 않고 번식을 억제하는 효과가 있다.

■ **장 유동 촉진작용** : 변비를 예방하는 작용으로, 장의 활동을 촉진해 변비를 막아준다.

■ **간 기능 증진작용** : 술, 담배 등으로 간 기능이 약해진 사람에게 효과가 있다.

④ 비타민(Vitamin)

찻잎 중에는 비타민A, B1, B2, C, E, 니코틴산 등이 매우 풍부하게 함유되어 있는데 특히 비타민C와 토코페롤, 비타민A, B군이 다른 식물에 비해 월등히 높다.

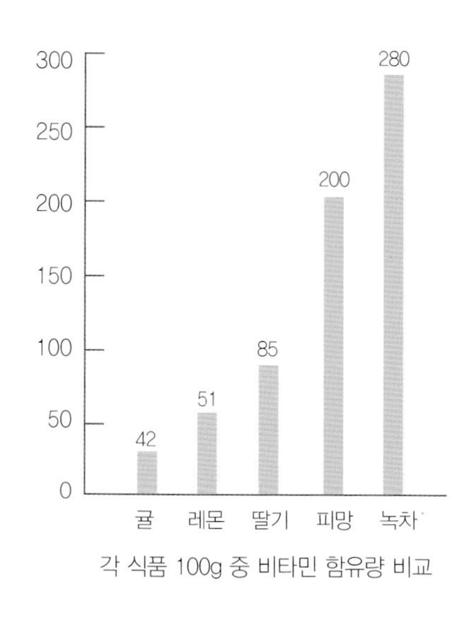

각 식품 100g 중 비타민 함유량 비교

일반적인 비타민C는 열에 약하지만, 차에 들어있는 비타민C는 열에 강한 특징을 가지고 있다. 녹차에 녹아 있는 비타민C는 찌거나 덖는 과정에서 효소의 작용을 불활성화시켜 건조하여 일반 채소 침출액 중의 비타민C에 비하여 안정되어 있으며 90%가 효력이 큰 환원형이다. 연구 결과 이것은 침출액 중에 녹아 있는 카페인이나 탄닌, 당질 등의 혼합물이 산화되는 것을 막아 그 효과를 한층 높이는 것으로 나타났다. 비타민C는 하루 평균 150mg 정도가 필요하며 비타민 중에서 가장 많이 필요하다. 차에는 비타민C가 레몬보다 5배 이상 많이 함유되어 있어 일찍부터 괴혈병 치료제로 이용해 왔다. 물론 발효 정도나 재배 방법에 따라 비타민C의 함량이 달라 황차, 홍차 등은 발효 중 환원형의 비타민C가 산화형으로 변하므로 소량만 남아 있다. 비타민C는 저온에서도 쉽게 녹아 나오며 첫 탕에서 대부분 우러나온다. 비타민A는 야맹증이나 안구건조증에 효과가 있고 섭취하려면 잎차보다 분말차가 더 좋다.

⑤ 아미노산

아미노산은 차의 감칠맛을 내는 성분으로 카페인의 쓴맛, 카테킨의 떫은맛과 더불어 차의 맛을 형성하는 중요한 요소이다. 찻잎 중의 아미노산은 약 28종으로 구성되어 있으며, 이 중 가장 중요한 성분은 데아닌(Theanine)이다. 전체 아미노산의 54% 이상을 차지하는 데아닌은 감칠맛을 낼 뿐 아니라 카페인의 활성을 억제하는 작용을 한다. 차의 아미노산 성분은 뿌리에서 합성되어 줄기를 거쳐 잎으로 이송되는데, 잎에서 강한 햇빛을 받으면 떫은맛을 내는 카테킨으로 변하기 때문에 햇빛이 강한 두물차가 첫물차보다 감칠맛이 적고 떫은맛이 강하다. 따라서 햇빛을 차단하면 아미노산이 카테킨으로 변하지 않고 그대로 잎에 남아 있게 되므로 감칠맛이 뛰어나고 떫은맛이 줄어든다. 이러한 원리를 이용하여 만든 차가 바로 차광 재배하여 만든 옥로차이다.

⑥ 탄수화물

찻잎 중에는 여러 가지 당분과 전분, 셀룰로오스 등의 성분이 함유되어 있고, 건물당(乾物當) 유리당(遊離糖)은 5~10%, 전분은 1~4%, 펙틴은 3~13%, 조섬유 9~16%가 있으며, 기타 다당류가 4~10% 함유되어 있다. 이들 유리환원당은 차광에 의해 크게 감소하며, 잎의 위치에 따라서도 아래쪽 잎의 함량이 높은데 펙틴 성분도 생육이 진전됨에 따라 전 펙틴 함량은 증가하나 수용성 펙틴은 감소한다. 찻잎에는 셀룰로오스를 포함한 여러 가지 다당류가 함유되어 있으나 대부분이 불용성이기 때문에 차를 그대로 마시는 말차를 제외하면 일반적인 음용 방법으로는 거의 섭취가 어려운 편이다. 최근에는 찻잎에 함유된 다당류가 혈당치를 낮추어 주는 작용이 있어 당뇨병 환자에 유익하다는 연구 결과가 발표되어 당뇨병 치료약으로 개발되고 있다.

⑦ 사포닌

차에는 인삼의 주성분인 사포닌이 3%나 들어 있어 화제가 되고 있다. 사포닌은 1952년 일본의 石館에 의해 처음으로 결정화되었으며, 찻잎에서는 1983년 결정화에 성공하였다. 사포닌은 가루를 마실 때 나는 거품의 주요 성분으로 보통 세물차 중에 0.07% 정도 함유되어 있어 약간의 쓴맛과 아린맛을 낸다. 거품을 형성하는 작용이 있기 때문에 말차를 마실 때 차선으로 저어 거품으로 마시고 있다. 사포닌은 거담, 소염, 항균작용 등을 하는 것으로 보고되고 있어 차의 약리적인 효과의 일부를 담당하고 있다.

⑧ 무기질과 기타

차는 물에 잘 녹는 무기질(미네랄)이 많이 함유되어 있으므로 훌륭한 알칼리성 음료이다. 칼륨, 인산, 칼슘, 마그네슘, 나트륨, 불소 등과 피를 만드는데 필요한 철, 망간 등도 함유하고 있다. 최근 일본의 연구 자료에 의하면 임산부에게 필요한 아연성분이 풍부하여 녹차를 매일 마시는 것이 바람직하다는 보고도 있다. 그 외에 유리당은 차의 단맛을 내는 탄수화물로서 칼로리가 극히 적다.

2) 차의 약리적 효과

(1) 암 발생 억제

녹차의 항암 효과에 주목하기 시작한 것은 1978년으로, 일본의 경우 특정 지역(시즈오카 현)의 암 발생률이 전국 평균보다 현저하게 낮아 발암과 녹차 음용과의 관계를 찾아본 이후부터 녹차의 항암 효과에 관심을 갖기 시작하였다. 위암 사망률이 높은 지역에서는 녹차의 섭취량이 적은 반면 위암 사망률이 가장 낮은 나까가와네 지역은 1인당 매월 250~410g의 녹차를 소비한 사실을 통해 항암 효과에 대한 실험이 본격적으로 진행되었다. 영국 암센터의 스티치(Stich)는 녹차, 홍차, 우롱차의 폴리페놀이 발암물질에 대한 변이원성 억제 효과가 있음을 보고하였고, 1985년 일본의 하라세이히코 등은 찻잎 성분의 항암 효과에 대한 임상실험에서 녹차 추출액을 직접 암세포에 투여하여 고형종양의 증식 억제와 항돌연변이 효과를 입증하였다.

녹차의 폴리페놀(탄닌)은 인체 세포에 돌연변이를 일으켜 세포조직을 파괴하는 암을 예방하고 암세포의 증식을 억제한다. 찻잎 중의 폴리페놀 성분 이외에 찻잎의 엽록소나 섬유소 등도 돌연변이 억제 효과가 있어 강력한 발암물질의 하나인 아플라톡신의 생성을 억제한다는 연구 결과가 있다.

(2) 환경호르몬 피해 예방

차는 현대의 새로운 병으로 불리는 환경호르몬 피해를 막아준다. 남성의 정자 수 감소를 막아주고, 여성의 호르몬 증가를 억제하여 유방암을 억제한다. 하루 한 잔 녹차를 마시면 정자 수 감소를 유발하는 환경호르몬(내분비계 장애물질)의 피해를 예방할 수 있다는 연구 결과가 나왔다. 일본 국립의약품 식품위생연구소 객원연구원 강경선 박사는 일본『독성학회』지에 실린「녹차의 항환경호르몬성 효과」라는 논문을 통해 녹차 속의 카테킨 성분이 환경호르몬에 의한 여성 호르몬 증가를 억제한다고 보고했다.

(3) 여성병 예방

녹차가 여성에게 흔한 자궁경부암을 예방하는 효과가 뛰어난 것으로 밝혀졌다. 카톨릭의대 안웅식 교수는「자궁경부 이형증 환자에서 폴리페놀의 항암 화학작용」이라는 논문에서 녹차의 주성분을 자궁경부암의 전 단계인 자궁경부 이형증(세포가 비정상적인 형태로 변하는 증상) 환자에게 투여한 결과 이형증이 치료됐다고 보고했다.

(4) 항콜레스테롤 효과

최근에는 동물을 이용한 실험에서 찻잎 중 떫은맛을 내는 카테킨 성분이 혈액 중의 콜레스테롤을 저하하는 작용이 있음이 밝혀져 주목을 끌고 있다.

일본 나고야여대 무라마쯔 교수는 녹차잎에서 추출한 조카테킨과 EGCg의 효능 검증을 위해 조카테킨 및 EGCg를 첨가한 사료를 쥐 실험군에게 4주간 투여한 뒤 지질대사에 대한 효과를 실험하였다. 실험 결과 조카테킨 및 EGCg 첨가군의 혈장 콜레스테롤의 농도 상승은 대조군에 비해 억제되었고, 인체에 해로운 LDL 콜레스테롤 농도와 동맥경화 지수도 상당히 개선되었다. EGCg 첨가군은 인체에 무해한 HDL 콜레스테롤 농도는 증가시켰으나 간장 총 지질이나 간 콜레스테롤은 감소시켰고, 대변 중의 콜레스테롤 배설량도 조카테킨 첨가로 현저히 증가하였다. 이상의 결과에서 조카테킨과 EGCg는 콜레스테롤 함유식을 투여한 쥐의 혈장 및 간장 콜레스테롤의 상승을 강하게 억제하여 대변으로 체외 배출을 촉진한다는 사실을 확인하게 되었고, 이러한 콜레스테롤 강하작용은 소화기관 내에서 콜레스테롤의 흡수를 저해시키는 데 기인한 것으로 추정하고 있다.

이 외에 우롱차의 침출액을 쥐에 투여한 결과 혈장 콜레스테롤과 중성지방의 상승이 억제된다는 사실이 보고되었고, 여러 학자가 보이차에 대해 같은 결과를 얻었다. 기무라 등은 중국 녹차 엑기스를 지방 고지혈증 쥐에 경구 투여하면 혈청콜레스테롤이 저하된다고 보고하였고, 이와다씨도 고혈압 자연 발생 쥐에 우롱차 침출액을 투여하자 동맥경화 지수가 개선되었으며, 과당유도성 고지혈증 쥐에 녹차 침출액을 먹이자 혈장 콜레스테롤의 상승이 의미 있게 억제되었다고 하였다. 따라서 차의 카테킨에서 항콜레스테롤 효과와 더불어 고혈압이나 동맥경화 예방 가능성을 기대할 수 있다.

(5) 고혈압과 동맥경화 억제

녹차의 카테킨류는 혈청의 콜레스테롤 함량을 크게 감소시켜 효율적으로 배설되게 한다. 또 찻잎 중의 비타민C와 색소 성분들도 고혈압과 동맥경화를 억제한다는 보고가 있다. 직(Jick)은 심장근의 경색 형성이 차를 마시는 것과 반비례하고 커피를 마시는 것과 정비례함을 발견하여 커피를 마실 경우 심장에 나쁜 영향을 미칠 수 있지만 차를 마시면 오히려 심장이 튼튼해진다고 하였다. 강압작용, 혈중 및 간장 지질 저하작용, 과산화지질 저하작용, 동맥 지질 저하작용을 한다. 차 속의 카테킨 성분은 혈압 상승을 억제하는 효과도 지니고 있다.

(6) 혈소판 응집 억제 작용

일본 연구팀은 과일이나 각종 식품과 그 성분에 대한 혈소판 응집 억제작용을 조사한 결과 각종 차의 추출액이 혈소판 응집 억제 작용이 있음을 밝혀냈다. 불발효차, 부분발효차, 완전발효차, 후발효차 등의 각종 차를 일상 음용하는 농도로 추출한 차 침출액의 혈소판 응집 억제력은 차의 종류에 따라 50% 이상으로 상당히 강한 활성을 나타내는 것과 약한 활성을 나타내는 것 등 다양하지만 모든 차에서 혈소판의 응집 억제 효과가 인정되었다.

(7) 식중독 예방

차가 항균작용을 한다는 사실은 오래전부터 경험적으로 알려진 사실로, 민간에서는 배탈이나 설사가 났을 때 차를 끓여 마시는 요법을 널리 애용해왔다. 식중독에 걸리면 심한 설사와 구토, 발열과 복통 등이 일어나며 이렇듯 식중독에 대해 차는 항균성과 항독소 효과를 지니고 있다. 특히 생식을 많이 하는 횟집의 경우에는 식중독 발생 가능성이 매우 높기 때문에 일본의 초밥집에서는 식중독에 대한 경험적인 대응 방법으로 차를 진하게 우려 마시는 것이 습관화되어 있음을 볼 수 있다.

찻잎 중의 항균 성분을 검색한 결과 탄닌 성분이 강한 억제 작용이 있음을 밝혀내었다. 탄닌을 다시 여러 성분으로 나누어 보투리너스균의 최소 발육 저지 농도(MIC)를 측정한 결과, 녹차의 카테킨류와 홍차의 데아플라빈류가 식중독 세균을 죽이는 강한 작용이 있음을 발견하였다. 차의 항균성분에 의해 살모넬라균, 장염비브리오균, 웰치균, 보투리너스균, 포도상구균은 완전히 소멸시킬 수 있다.

차는 여름철에 주로 발생하는 질병의 하나인 식중독 세균 증식 억제에 강한 효과를 나타낼 뿐 아니라 세균이 분비한 독소에 대해서도 무독화시키는 작용을 함께 가지고 있으며, 일반 항생제와 달리 내성균의 출현이나 부작용 또는 독성 문제가 전혀 없기 때문에 식중독 예방에 좋은 음료이다.

(8) 콜레라 예방

일본 소와대학 의학부의 시마무라 교수 등은 차의 성분이 티푸스, 적리균, 콜레라균, 장염비브리오균 등과 같은 병원성 세균에 강한 살균 작용이 있음을 발견하였다. 차 엑기스와 차의 주성분인 카테킨류는 콜레라균에 대한 항균작용, 살균 효과 이외에 콜레라 용혈독을 불활성화시키는 작용과 콜레라 독소에 의한 장내 액체 저류를 저지하는 등 콜레라에 대한 가장 좋은 예방 효과가 있다. 따라서 일상생활 중에 콜레라 감염을 예방하기 위해서는 평소에 음식 섭취와 더불어 차를 마시는 습관을 들이는 것이 가장 좋은 방법이다.

(9) 충치 예방

차에는 가용성 불소가 다른 식물에 비해 풍부하게 함유되어 있어 치아 표면의 법랑질을 강화하므로 하루 한 컵 정도(불소함유량 40~200ppm)의 차를 마시면 충치를 예방하게 되고, 탄닌의 항균작용으로 입안의 세균을 없애 치아와 잇몸을 튼튼히 해준다. 불소는 어린 찻잎보다 거친 차에 많이 함유되어 있으므로 식후에 중차(中茶)를 마셔 입안을 가시는 것이 좋다. 또 찻잎에는 플라보놀 성분이 함유되어 있어 마늘냄새 등의 구취 제거에도 매우 효과적이다. 또한 차는 치아 표면의 불소 코팅 효과, 치석 형성 억제, 치석의 원인이 되는 글루코실 트란스페라아제(Glucosyltransferase) 활성의 억제, 충치 세균에 대한 살균작용 등을 한다.

(10) 항산화 작용

항산화 작용이란 식품 중의 지질성분이 공기 중의 산소와 결합하여 과산화지질을 합성하는 것을 말하는데, 이는 체내의 조직이나 장기에 해를 주기 때문에 식품 중 지질의 산화를 방지해야 한다. 체내에 활성산소가 많이 쌓이면 노화의 원인이 되고 이것을 막아주는 것이 바로 항산화 물질이다. 비타민C가 대표적인 항산화 물질이지만 녹차의 카테킨은 비타민C보다 항산화 작용이 훨씬 뛰어나다. 찻잎 중의 카테킨 성분이 식용 유지에 대한 항산화 작용이 있다는 것도 여러 학자가 보고해 왔다.

(11) 중금속 제거

인체에 치명적인 해를 주는 카드뮴, 납, 구리, 아연 등의 중금속은 미량으로도 생리 장애를 일으키고, 체내 유입 시 분해되지 않고 축적되어 치명적인 각종 질환을 유발한다. 효성여대 이순재 교수팀은 차의 카드뮴 제거 능력을 조사하기 위해 카드뮴으로 오염된 사료를 흰 쥐에 공급하고 녹차, 우롱차, 홍차를 음료로 공급하여 차의 카드뮴 제거 효과를 실험하였다. 그 결과 카드뮴 축적량은 홍차, 우롱차, 녹차의 순으로 낮게 나타났고, 체외 배설량과 관련해서는 오줌 속의 카드뮴 배설량이 녹차 투여군에서 증가하였다. 녹차의 추출액이 중금속을 흡착하는 것은 녹차 중의 카테킨 성분이 중금속 이온과 착물을 형성하거나 화학적인 흡착으로 장에서 흡수되지 않게 하기 때문이다. 물을 마실 때 찻잎을 함께 넣어 끓여 마시면 카테킨 성분이 중금속과 흡착하여 체내 흡수를 억제하고 체외로 배설하여 중금속 축적을 방지할 수 있다.

(12) 항당뇨 효과

당뇨병에 대해 차를 민간요법으로 이용하기 시작한 것은 상당히 오래되었고 과학적인 연구를 통해서도 그 효과를 입증해 왔다. 1932년 오사카『의학회보』에서는 토끼를 이용한 실험에서 차가 설탕 식이성 과혈당 상태를 감소시킨다고 보고하였고, 1933년 교토대학『생리학연구』(10권 9호)에서는 미노와다 박사가 인간의 당뇨병 치료에 가루차가 매우 효과적임을 발표하였다. 이처럼 몸속 혈당치를 낮추는 효과는 차의 다당류 성분이 체내에서 인슐린의 합성을 촉진하고, 생체 내에서의 포도당 대사를 활성화하기 때문이다.

(13) 담배 해독 효과

술과 담배와 커피가 사람들의 일상적인 기호식품으로 자리 잡아 왔다. 최근에는 담배에 여러 가지 독성물질이 함유되어 있어 각종 질병 발생의 원인으로 밝혀지고 있다. 담배가 각종 질병이나 암을 유발하는 해로운 작용을 하는 것은 담배 연기 중에 아크로레인, 페놀, 벤조피렌, 일산화탄소, 질소화합물, 나이트로자민, 니코틴 등 많은 발암물질과 몸에 해로운 성분이 다량 함유되어 있기 때문이다. 특히 담배 연기 중에서도 빨지 않고 재떨이에 놓아두었을 때 나오는 파란 연기는 담배를 빨아서 나오는 연기에 비해 니코틴이 2~3배, 암모니아는 50배, 발암물질은 수 배에서 수백 배나 된다. 한국화학연구소의 노정구 박사팀이 설문지 분석을 통해 선별한 52명을 흡연 정도, 커피 음용 정도, 녹차 음용 정도에 따라 네 그룹으로 분류하고 개개인의 혈액을 채취하여 흡연에 의한 돌연변이 발생이 녹차나 커피 음용으로 억제되는지를 실험하였다. 그 결과 담배만 피우는 그룹은 혈액 중의 염색체 돌연변이가 상당히 높게 나타난 것과 달리 담배를 피우면서도 녹차를 마시는 그룹은 훨씬 낮게 나타나 녹차의 담배 해독 효과를 확인하였다.

(14) 알코올 주독 해소 작용

술에 대한 차의 효능이 처음 기술된 것은 2000년 전 중국의 『광아(廣雅)』라는 책으로 '차를 마시면 술이 깨게 된다.'라는 내용이 기술되어 있고, 일본의 에이사이 선사가 쓴 『끽다양생기(喫茶養生記)』에도 같은 내용이 기록되어 있다.

녹차 중의 아미노산, 카페인과 비타민C의 작용이 뇌의 신경과 간장 중의 AMP를 증가시켜 ATP의 활성을 높여줌으로써, 간장의 아세트알데히드 분해 효소의 활성을 증가시켜 유해성분인 아세트알데히드 성분이 분해되어 감소함으로써 숙취와 주독 해소에 좋은 효과를 나타내게 된다. 술을 마시기 전에는 우유나 녹차 등을 마셔서 알코올이 위벽을 직접 자극하지 않도록 하는 것이 좋다.

(15) 기타 효과

노화 억제, 지방간 예방, 다이어트, 항알레르기, 에이즈 바이러스 역전사 효소에 대한 억제, 구취 및 냄새 제거, 차 향기 성분의 기능성, 알칼리성 체질 개선, 염증 치료, 기억력 및 판단력 증진, 피부 미용 효과, 면역력 증강, 스트레스 해소, 변비 개선, 카페인의 생리 작용, 데아닌의 생리 작용, 방사능 해독 작용 등의 효과가 있다.

(16) 주의점

신경이 예민한 사람은 특히 자기 전에 차를 마시는 것은 금물이며, 혈압이 높은 사람은 진한 세작 보다는 중작이 좋다. 공복에 너무 진한 차를 마시면 구토를 하는 경우가 있는데, 다량의 카페인과 탄닌이 갑자기 위 점막을 자극하기 때문이다. 저혈압 환자나 손발이 차고 위장이 매우 약한 사람은 엷은 차 맛을 즐기는 습관을 들이거나 식후에 마시면 된다.

어린이는 카페인으로 인해 식욕이 떨어질 우려가 있으므로 엷은 차나 재탕차를 주는 것이 좋으며 고급차 보다 보통차가 좋다. 차의 카페인은 두통약에 있는 카페인과 결합하여 상승효과가 생기고, 위장약에 있는 철이나 마그네슘, 알미늄 등의 금속염이 차의 탄닌과 결합해서 약효를 없애기 때문에 특정 약을 찻물로 먹는 것은 삼가야 한다.

3) 차의 맛

(1) 차의 다섯 가지 맛

① 쓴맛

차를 음미하면 맨 처음 혀에 와 닿는 맛이 쓴맛이다. 차가 쓴맛이 나는 이유는 고미물질(苦味物質, bitter substance)이 있기 때문이다. 이것은 동서양을 막론하고 흔히 소화제, 교미제(矯味劑)로 쓰인다. 동양에서는 익모초, 서양에서는 고미찡크로 대표되는 이 성분은 위벽이나 위장을 자극하여 소화액의 왕성한 분비를 촉진한다.

② 떫은맛

차를 마실 때 쓴맛 다음으로 혀에 와 닿는 것이 떫은맛인데, 이것은 탄닌산 때문이다. 떫은맛 하면 우리는 흔히 감을 떠올리는데, 설사할 때 약으로 떫은 감을 먹기도 한다. 이처럼 바로 변비를 일으키는 떫은맛의 탄닌산을 잘 사용하면 훌륭한 지사제가 된다.

③ 신맛

차에서 쓴맛과 떫은맛 다음으로 느껴지는 것이 신맛이다. 이것은 차에 함유된 풍부한 비타민 때문이다. 비타민C는 식물 가운데에서 익히지 않은 생식품에 많다. 차의 경우에도 완전발효된 홍차보다 녹차에 비타민C가 훨씬 많다.

④ 짠맛

소금 맛과 같은 짠맛이라고 생각하면 된다. 어떤 생물이든 염화나트륨이 함유되지 않은 것은 없다. 이것은 생체액의 산성도를 유지하는데 필수적인 물질이다.

⑤ 단맛

단맛은 차에 함유된 포도당 또는 전분 같은 탄수화물에서 나는 것이다.

(2) 찻잎 제조에 따른 맛 성분의 변화

녹차는 찻잎의 조직을 파괴해서 내용물이 쉽게 우러나게 하는 비비기 정도에 따라 추출되어 나오는 가용성분의 양에 차이가 난다. 홍차의 경우 산화효소가 충분히 작용해서 미산화된 카테킨은 소량만 잔존 하는데 대부분 산화 중합물로 변하면서 데아루비긴, 데아플라빈, 산화 중합물의 3그룹을 형성한다. 데아루비긴과 산화 중합물이 10~20% 정도 함유되어 있고, 데아플라빈은 0.5~2.5% 포함되어 있다. 중국의 흑차류는 퇴적발효 과정에서 곰팡이의 작용과 자동산화 등에 의해 카테킨이 소실되어 산화 중합물이 증가하며 아미노산류도 분해되어 감소한다.

(3) 차의 맛을 결정하는 조건

차를 따는 시기, 숙도, 품종 등에 따라 성분 함량이 변하므로 차의 맛도 현저히 달라진다. 예를 들어 기온이나 지온(地溫)이 다를 경우 질소 성분의 흡수나 생육이 달라지며 성분 함량도 변하게 되는데, 아미노산의 함유물은 기온이 낮은 지역의 차에 많이 함유되어 있다. 또 고급 녹차를 만들기 위해 차광을 할 경우 뿌리에서 잎으로 전달되는 데아닌은 일조량이 적어짐에 따라 카테킨의 합성이 감소하므로 감칠맛을 내는 아미노산 함량이 높아지고 녹색을 내는 엽록소의 양이 증가하며 대신 당류는 감소한다.

茶의 생산

1. 차나무

차나무는 사철 잎이 푸른 상록관엽수로 줄기가 매끄럽고 깨끗하며 잎은 긴 타원형에 둘레에 톱니가 있고 약간 두터우며 윤기가 있고 질기다. 꽃은 9~11월에 걸쳐 피는데 찔레꽃과 비슷한 홑꽃으로 5~9개의 화판이 있다. 동백나무 씨앗 같은 둥그런 열매는 이듬해 10~11월에 결실을 맺으며, 1~5개의 씨가 떨어져 나온다. 뿌리는 수직으로 하향 생장하여 토심 1~2m 이상 자라며 pH 5.0 정도의 산성토양에서 잘 자란다.

1) 식물학적 분류 및 종류

(1) 식물학적 분류

차의 속명에 대해서는 차나무속(Thea)으로 할 것인지 동백나무속(Camellia)으로 할 것인지에 대해 옛날부터 논란이 있었으나 현재 주요 차 생산국에서는 동백나무속(Camellia)으로 분류하고 있다. 스웨덴의 식물학자 린네가 1753년 5월 최초로 차나무의 학명을 데아-시넨시스(*Thea sinensis*)라고 붙였으나, 3개월 후에 다시 카멜리아 시넨시스(*Camellia sinensis*)로 바꿨다. 그 후 몇몇 사람이 비슷한 학명을 붙였으나 크게 쓰이지 않았다. 이후 오랫동안 식물학자 사이에서 차의 속명이 통일

- 종자식물군 Embryophyta
- 피자식물아문 Angiospermae
- 쌍자엽식물강 Dicotyledones
- 동백나무목 Theales
- 동백나무과 Theaceae
- 동백나무속 Camellia
- 차나무종 Camellia sinensis

되지 않고 '데아'와 '카멜리아' 두 가지 논쟁으로 이어져 왔다.

차나무속으로 분류하는 학자들은 차나무 꽃이 집산화서(集散花序)로, 1~3개의 꽃을 가지고 있으며 꽃받침은 5개로 오랫동안 남아 있으나, 반면에 동백나무 꽃은 꽃자루가 없고 한 개씩 정생(頂生) 또는 액생(腋生) 하며 꽃받침은 나선형으로 중복되어 탈락하므로 이러한 차이 때문에 차를 동백나무와 같은 속으로 분류하면 안 된다고 주장한다. 그러나 동백나무속 가운데에서도 희산다화(姬山茶花 : Camellia sasanqua)는 엽액에서 꽃이 2~3개 나오며 꽃받침이 나선형으로 붙어 있고 오랫동안 남아있다. 또한 이엽산다화(二葉山茶花)는 꽃이 가지 끝에 2개씩 핀다. 그러므로 차와 동백나무의 속명을 구별하는 것은 잘못이라는 주장이 높아져 최근 들어 차나무도 동백나무와 같은 속으로 취급하여 '카멜리아 시넨시스(*Camellia sinensis*, L. O. Kuntze)로 확정하여 사용하고 있다.

연도	명명자	학 명
1753	C. V. Linne	Thea sinsensis(L.) [Species plantarum] Vol. 1(May)
1753	C. V. Linne	Camellia sinensis (L.) Vol. 2(August)
1762	C. V. Linne	(Green tea) Thea hohea(L.) (Red tea) Thea viridis(L.)
1807	J. Sims	Thea sinensis (L.) Sins
1822	H. F. Link	Camellia thea (L.)
1844	T. W. Mastars	Thea assamica (M.)
1854	W. Griffith	Camellia theifara(G.)
1874	D. Brandis	Camellia thea (B.)
1874	W. T. T. Dyer	Camellia theifara (D.)
1907	G. Watt	Camellia thea (Link) Brandis
1919	Cohen Stuart	Camellia theifara (Griffith) Dyer
1933	Herler	Thea sinensis (L.) Sims
1950	Kitamura	Camellia sinensis (L.) var. sinensis (Japanese tea)

(2) 차나무의 종류

차나무를 지칭하는 카멜리아속에는 90여 종(Sealy, 1958)이 있으며 동남아시아의 난·온대 조엽수림을 형성하고 있는 식물군으로, 이들 대부분은 중국 내륙부와 인도차이나반도에 분포한다. 차나무는 수십 미터의 교목이 있는가 하면 30cm밖에 안 되는 관목도 있고, 잎의 길이도 25cm의 대엽종이 있는가 하면 3cm도 안 되는 소엽종도 있는 등 다양한 형질을 가지고 있다.

분류학적 측면에서, 차나무는 온대지방의 소엽종(중국종 var. sinensis)과 열대지방의 대엽종(아쌈종 var. assamica)의 두 변종으로 크게 구별한다. 그러나 그 중간형도 많아서 인도에서 차나무를 연구해 온 영국의 식물학자 와트(Watt, 1907)는 1종 4변종(중국대엽종, 중국소엽종, 인도종, 샨종)으로 분류했고, 네델란드의 식물학자 스튜어트(Cohen Stuard, 1919)는 와트의 분류법에 문제가 있다고 하여 변경해서 역시 4개의 변종으로 분류했다.

종 류	키 (m)	엽장 (cm)	엽맥 (쌍)	분 포	비 고
중국대엽종 Macrophila	5–32	13–15	8–9	중국 호북성, 사천성, 운남성 일대	고목성, 발효차용 잎이 약간 둥글고 큼
중국소엽종 Bohea	2–3	4–5	6–8	중국의 동남부, 한국, 일본, 타이완	녹차용, 대량 생산을 위한 집단 재배
인도종 Assamica	10–20	22–30	12–16	인도의 앗샘, 매니푸, 카차르, 루차이	고목성, 홍차용, 잎이 넓고 부드러우며 진한 농녹색
샨종 Shan	4–10	15 내외	10	통킹, 라오스, 타이북부 미얀마, 샨 지방	고목성, 잎 끝이 뾰족하고 옅은 녹색

① 중국대엽종(中國大葉種)

중국 후베이성(湖北省), 쓰촨성(四川省), 위난성(雲南省) 일대에서 재배된다. 잎의 길이는 13~15cm, 넓이가 5~6.5cm로 약간 둥글고 크며, 잎맥은 8~9쌍이고 끝이 뾰족하지 않다. 고목성으로 높이 5~32m 정도까지 자란다.

② 중국소엽종(中國小葉種)

중국 동남부와 한국, 일본, 대만 등지에서 많이 재배되는데 주로 녹차용으로 사용한다. 나무 크기가 2~3m 내외로 관리하기가 편하고, 품종을 개량하여 다량 생산을 할 수 있는 좋은 수종이다. 잎이 작아서 4~5cm에 불과하며 단단하고 짙은 녹색이다. 잎맥은 6~8쌍이고 수형을 고르게 잡을 수 있으며, 겨울철 추위에도 비교적 강한 편이다.

③ 인도종(印度種)

인도 아쌈, 매니푸, 카차르, 루차이 지방에서 주로 생육한다. 잎은 넓어서 길이가 22~30cm에 달하고, 엽질은 엷고 부드러우며 잎의 색은 약간 짙은 농녹색(濃綠色)이다. 잎맥은 12~16쌍이고, 잎살이 부풀어서 잎면이 우글쭈글하게 되며, 잎 끝이 좁고 뾰족하다. 고목성으로 크기가 10~20m나 된다. 인도종 중 루차이 지방에서 자라는 나무가 가장 크고 잎의 길이가 길어 35cm까지 되는 것도 있다.

④ 샨종

샨 지방이라 불리는 라오스, 태국 북부, 미얀마 북부 지방에 분포하는 수종이다. 잎은 15cm 내외가 되고, 엽색은 엷은 녹색이다. 입맥이 10쌍이고, 잎의 끝이 비교적 뾰족한 중간 수종이다. 고목성으로 높이는 4~10m에 달한다.

2) 생육환경과 분포

예로부터 좋은 녹차의 생산지는 기후가 한랭하고 주야간의 일교차가 크며 하천을 끼고 있어 안개가 많고 습도가 높은 지역으로 알려져 있다. 이러한 지역에서 생산된 차는 향이 진하고 맛이 부드러워 명차로 꼽힌다.

(1) 생육환경

① 기상 조건

차나무는 아열대성 상록식물로 열대에서 아열대에 이르기까지 남위 30°와 북위 40°사이의 넓은 지역에 걸쳐 광범위하게 분포하고 있다. 대체로 기후가 온난하고 강우량이 많은 곳에서 잘 자란다. 생육 온도는 연평균 14~16℃이고 겨울철 최저기온이 영하 2℃ 이상이면 적당하다. 겨울철 최저기온이 영하 13~14℃까지 내려가도 견디기는 하지만 동해(凍害)가 우려된다. 연간 강수량 약 1,500mm 이상, 특히 3~10월 생육 기간 중 1,000mm 이상의 비가 내리는 곳이 좋다. 기상 조건은 차의 품질에 많은 영향을 미치고 일반적으로 일교차가 크고 습도가 높은 지역에서 자란 차가 향과 맛이 좋다.

② 토양 조건

차나무는 pH 4.5~5.5 정도의 약산성 토양에서 잘 자라지만 다른 작물이 좋아하는 pH 6~7의 중성 토양에서는 생육이 좋지 않다. 또 뿌리가 1m 이상 깊이 신장하므로 공기 유통이 좋고 물이 잘 빠지는 토양이 좋다. 토양 조건은 차의 품질에도 영향을 미쳐 점질토양에서 자란 차는 맛이 강하고, 사질토에서 자란 차는 맛이 가볍다.

③ 입지 조건

차는 기온이 높고 비가 많은 지역에서 성장이 좋은 작물이며 해발이 높거나 일교차가 크면 차의 향기 성분이 많아지므로 저지대보다 고지대에서 생산한 차의 품질이 뛰어나다. 차의 종류에 따라 적정 재배지도 달라지는데, 녹차는 서늘한 기후가 적당하고 홍차는 온도가 높은 열대지방에서 생산한 것이 색과 맛이 강하다.

④ 일조량

홍차는 많은 일조량을 요구하지만, 녹차는 햇빛이 강렬하면 찻잎의 섬유가 발달하여 플라본(flavone: 황색색소)의 함량이 많아져 쓰고 떫은맛이 늘어난다. 그러므로 해가림으로 일조량을 조절하여 차의 맛을 좌우해서 아미노산의 함량을 높이는 것이 좋다. 즉 반양반음(半陽半陰)인 양지바른 벼랑의 그늘진 숲 속이 좋다.

해가림차

차나무는 하루 일조량이 4시간 정도면 고급차를 재배할 수 있다. 반그늘에서 자란 차나무는 엽록소의 양이 증가하고 섬유소(Cellulose)의 함량이 줄어 차의 품질을 높이며, 아주 고운 분말로 만드는 말차에 쓰인다. 일조량이 적으면 잎의 데아닌(Theanine) 분해를 억제하여 단 감칠맛을 내는 아미노산이 축적되고, 쓰고 떫은맛을 내는 폴리페놀은 감소하나 쓴맛의 카페인이 많아져 독특한 맛을 낸다.

(2) 차나무의 분포

아열대 식물인 차나무의 분포 지역은 남위 30°에서 북위 45°에 해당하는 지역으로, 세계적으로 차나무의 북방한계는 북위 45°의 흑해 연안에 위치한 소련의 크라스노다르 지방이며, 남방한계는 남위 30°에 가까운 아프리카의 나탈과 북부 아르헨티나이다. 중국의 북방한계선은 북위 37°인 산동반도로 알려졌으며, 일본은 북위 42°인 아오모리현의 구로이시로 보고되고 있다. 세계적으로 차를 많이 생산하는 곳은 중국, 인도, 스리랑카, 일본, 베트남, 아프리카 여러 나라, 소련의 코카서스 지방, 남아메리카 일부 지방이다.

세계의 차 주요산지

우리나라는 익산시를 거쳐 순창, 곡성, 산청, 밀양, 울산을 이은 선을 차 재배의 북방한계선으로 삼아 왔다. 우리나라의 차나무 주요 생산지는 제주도를 비롯하여 전라남도 전 지역과 전라북도 해안선을 낀 일부지역, 경상남도 하동, 진주, 사천, 울산지

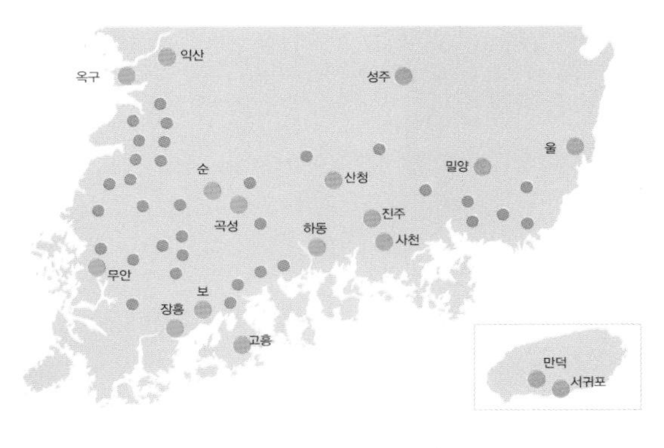

우리나라 차나무 분포지

역 등이다. 특히 전남 보성에서 화전면으로 넘어가는 일대는 안개가 많이 끼는 고지대라 차 재배에 좋은 조건을 지닌 생산지이다. 한편 우리나라의 차나무 북방한계선은 북위 35°13′인 전북 금산사로 알려져 왔으나 최근 연구 결과 북위 36°03′인 전북 익산시 웅포면 입점리 구룡목 임해사 터에서도 차나무가 자생하고 있는 것이 확인되는 등 최근의 전지구적 기후변화로 인해 북방한계선 북쪽에서도 차나무 생육이 확인되고 있다.

3) 재배와 수확

경제적인 차 재배를 위해서는 기상, 토양, 지형과 같은 자연적인 조건과 교통, 인력수급, 기계화 등의 사회적 측면을 함께 고려해야 한다. 차는 아열대성 식물로 기온이 높고 비가 많은 지역에 적합한 작물이기 때문에, 기온이 낮고 비가 적은 지역에서는 생산성이 낮아 경제적으로 차를 생산하기 어렵다. 개울물을 굽어보면서 배수가 잘되는 산골에 해풍이 불고 습기를 머금은 공기가 산에 닿아서 안개가 되어 개울물과 함께 흐르는 산 중턱의 경사지가 이상적인 재배지라고 한다. 그러나 이 경우에는 차의 품질은 양호하지만, 기상재해를 받기 쉽고 수량이 낮으며 경사지가 많아 재배의 기계화 및 현대화에 불리해서 경영 규모를 확대하기는 어렵다.

(1) 차나무의 번식

차의 번식은 크게 종자번식과 삽목(꺾꽂이)번식으로 나누는데, 경제적 재배를 위해서는 삽목번식이 유리하다. 차나무는 다른 차나무의 꽃가루를 받아 열매를 맺는 타가수정 식물이나 종

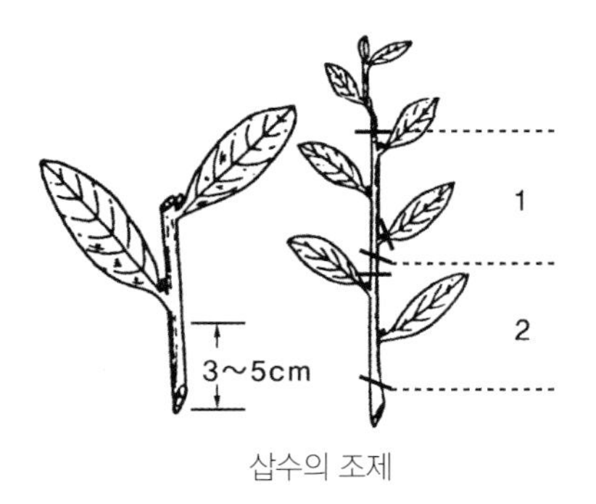

삽수의 조제

자로 번식을 시키게 되면 계통이 다양하고 생육이 불균일하여 양질의 차를 얻기가 힘들고 균일한 싹을 얻기가 어려워 기계화의 효율을 떨어뜨린다. 따라서 엄선된 우량 품종으로 균일한 싹을 얻을 수 있는 삽목번식이 기계화된 경제 영농에 유리하다.

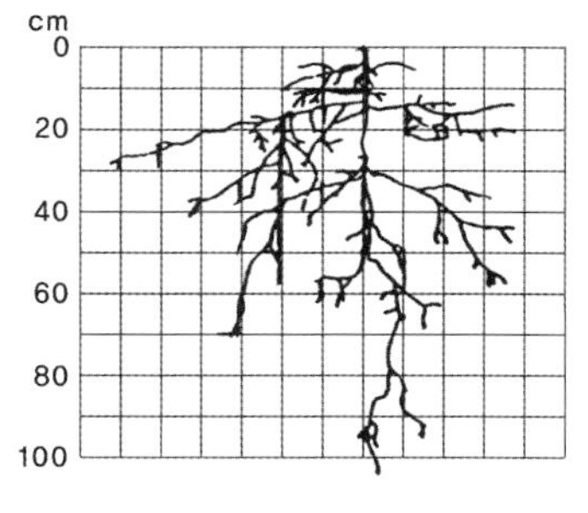

종자번식

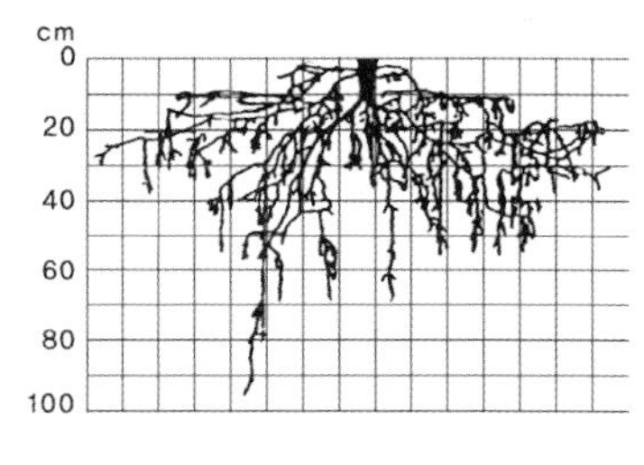

삽목번식

종자번식의 경우 종자 수확은 10월에서 11월 상순에 하고 파종은 이듬해 3월에서 4월경에 한다. 삽목번식의 경우 여름 삽목은 5월경, 가을 삽목은 10월경에 하는데 일정 부분 차광을 한 삽목상(揷木床)에 삽목 후 다음 해에 가식(假植)을 하고 1년을 더 키운 뒤 2년생으로 정식(正植)을 한다.

찻잎 수확은 정식 후 보통 3~4년 정도 지나야 가능하며, 차나무는 몇백 년까지도 살 수 있지만, 수명이 오래될수록 생산량이 떨어지기 때문에 대개 40년 정도 지나면 개식하는 것이 좋다.

(2) 차밭 조성

① 후보지 선정

차밭은 한 번 조성하면 특별한 경우를 제외하고 30~40년간 개식 하지 않고 운영하므로 처음 입지 선정이 경영에 크게 영향을 미친다. 경제적인 차밭 경영을 위해서는 연평균기온 13℃ 이상으로 한해와 서리, 가뭄과 장마의 피해가 최소인 지역에, 토심 1m 이상으로 물 빠짐이 좋으며, 비옥한 pH 4.0~5.0의 약산성 토양의 생육환경을 갖추고, 노동력 구득과 교통이 원활하며 기계화가 가능한 사회적 환경을 고려해서 입지를 선정해야 한다.

② 차밭 만들기

평지나 경사도 15° 이하의 계단식으로 배수와 기계화를 고려하고 이랑은 길이 50m 내외로 남북으로 설치하는 것이 동서로 설치하는 것에 비해 수확량이 많다. 토심을 1m 정도로 하기 위하여 전면 경운하고 퇴비를 한 다음 심는 간격은 평지에서 180x30㎝로, 경사지에서는 간격 150㎝ 정도로 이랑을 만들어 1열 또는 2열(15~30㎝)로 식재해야 수확기를 단축할 수 있고 기계화가 용이하다. 겨울철에 어린 차나무 주변이 동결하지 않도록 볏짚이나 낙엽 등을 깔아 월동에 유의하고 물은 주당 4~5ℓ 정도로 한다. 정식묘의 2% 정도를 보식용 묘목으로 준비해 두었다가 성장이 불량한 불량주와 고사주를 대체하도록 한다.

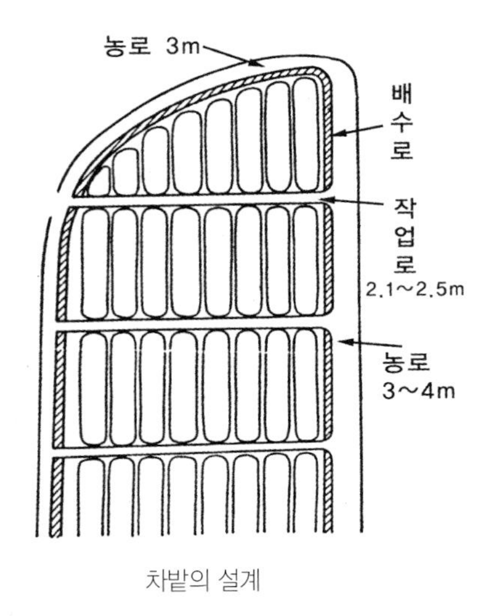

차밭의 설계

(3) 차밭 관리

조성된 차밭은 동해와 서리의 피해를 최소화하고 잡초 방제와 시비, 가지 정지, 고사주 및 불량주의 갱신 등 지속적으로 관리해야 한다. 동해 방지를 위해서는 소나무 등의 침엽수로 방풍림을 조성하거나 피복을 설치하여 찬바람을 막아 주고 잡초 방제를 위해 볏짚이나 왕겨 등을 피복하여 자주 로터리 작업을 하도록 하며 제초제는 사용하지 않도록 한다. 시비는 수확과 정지에 의해 소모된 양분을 보충해 주는 것으로 어분, 채종박, 계분, 돈분, 우분, 대두박 등의 유기질 비료가 좋다. 우리나라에서는 1년에 3~4회 수확을 하고 정지를 실시하며 양질의 다수확을 위해서는 차나무 수확면 고르기가 매우 중요하다. 특히 수확 후 5~10일 이내에 화장정지를 실시하면 고품질의 차 생산에 도움이 된다.

구분 식재방법	이랑폭(m)	조간(㎝)	10a당 식재주 수(본)	비 고
외줄 심기	1.5	30 45	2,222 1,481	경사도 10° 이상
	1.8	30 45	1,852 1,235	평야지
두줄 심기	1.5	30 45	4,444 2,962	경사도 10° 이상
	1.8	30 45	3,704 2,470	평야지

재배 방법별 식재 거리

(4) 병충해 방제

차나무에 해를 주는 병으로는 탄저병, 겹둥근무늬병, 차 떡병, 붉은잎마름병 등이 있다. 해충으로는 오누키애매미충, 차 응애, 차 동백가는나방, 차 애모무늬잎말이나방, 애무늬고린장님노린재, 볼록총채벌레, 뿔밀깍지벌레 등이 있다. 차의 병충해 피해는 수확량에 직접적인 영향을 줄 뿐 아니라, 기호 음료의 특성상 품질에도 큰 영향을 미치게 된다. 특히 어린잎의 생육 초기에 발생할 경우에는 피해 부위의 생육이 억제되고 품질에도 직접적인 영향을 주므로, 기상 조건이나 자연환경의 변화에 따른 병충해의 발생을 사전에 예방하고 적기에 적정 방제하는 것이 무엇보다 중요하다. 또 차는 찻잎을 그대로 가공하여 음용 하는 기호 음료이므로 가급적 농약 사용을 억제하는 것이 바람직하다. 따라서 미생물이나 천적 그리고 곤충의 교미를 방해하는 성페로몬(sex pheromone)을 활용한 친환경적 방제 방법이 개발 적용되고 있다.

(5) 수확

차는 열매가 아닌 잎을 수확하는 것으로, 수확은 잎이 전개되어 차를 만들 수 있는 정도의 시기가 되어야 하는데, 일찍 수확하면 양이 적고 늦게 수확하면 양은 많으나 질이 낮아지는 경향이 있다. 연중 3~4회 수확하고, 수확 시기는 일기에 좌우되나 전남 보성의 경우 첫물차는 5월 10일 전후, 두물차는 7월 10일 전후가 되지만 경제적인 여건에 따라 달리할 수 있다.

① 수확 방법

고품질의 차를 생산하기 위해서는 고엽이나 줄기가 혼입되지 않도록 사람이 직접 채엽하는 손 수확이 유리하나 경제적인 이유로 기계 수확이 확대 적용되고 있다. 수확기는 1~2인용 동력 수확기, 탑승형 수확기, 레일형 주행 수확기 등 여러 형태가 있는데, 조성된 차밭의 형태와 입지에 따라 적절한 것을 사용한다.

병해충의 종류

병해충의 종류 / 붉은잎마름병(마른반점) / 붉은잎마름병 / 떡병

흰별루늬병 / 겹둥근무늬병(잎) / 겹둥근무늬병(가지) / 신초고사증

차 잎말이나방(성충) / 차 잎말이나방(유충) / 노린재(유충 및 피해) / 노린재 기생상황

초록애매미충(선충) / 초록애매미충 / 차 응애(성충) / 차 응애

차 동백가는나방(유충) / 차 동백가는나방 / 차 애모무늬 잎말이나방(유충) / 차 애모무늬 잎말이나방

차 총채벌래(성충) / 차 총채벌래 / 진딧물(성충 및 유충) / 진딧물

② 수확 적기

일반적으로 높은 품질을 유지하면서도 많은 수확을 할 수 있는 때가 차 수확의 적기라 할 수 있는데, 통상적으로 싹이 트는 맹아기로부터 1개월 정도 경과 한 후로 첫물차는 5~6매, 두세물차는 4매 정도의 잎이 나왔을 때가 적기라 할 수 있다. 또 연중 최종 수확 시기가 늦으면 기온이 낮은 지역에서는 한해의 우려가 높아지고 다음해 첫물차의 수확량이 감소하므로 최종 수확은 9월 말에서 10월 상순 전에 마쳐야 한다.

수확방법	작업 인원	노동 강도	작업 난이도	1시간당 작업면적	1시간당 생엽 수확량
손 수확	1명	약	고	0.1a	1~2 kg
손가위 수확	1	약	중	0.3	12~25
휴대용 수확기	1	중	중	1	35~60
메는형 수확기	2	강	중	4	250~370
승용 수확기(반자동)	2	약	중	5	360
승용 수확기(자동)	1	약	중	10	600
레일형 주행 수확기(인력)	1	중	고	3.5	210
레일형 주행 수확기(자동)	1	약	고	6	360

수확 방법별 작업 능률

2. 차의 종류

차는 차나무의 생엽을 채취하여 살청, 위조, 유념, 발효, 건조 및 가공 과정을 거쳐 맛과 향이 다른 여러 종류로 만든다. 일반적으로는 차를 제다법에 따라 구분하지만, 그 외에 차나무의 종류와 수확 시기, 발효 정도 및 제다법, 제다한 차의 색상과 모양, 살청이나 건조 방법에 따라 각각 그 분류가 다양하다.

1) 발효 정도에 따른 분류

차의 발효(醱酵)란 찻잎 속에 존재하는 산화 효소(Oxidase)가 적당한 온도와 습도에서 작용하여 찻잎의 폴리페놀(Polyphenols)이 변하면서 독특한 향과 맛을 만들어내는 것을 말한다. 이 과정에서 녹색 엽록소(Chlorophyll)가 황색의 데아플라빈(theaflavin)과 홍색의 데아루비긴(theartubigin)으로 변한다. 발효가 많이 될수록 마른 차[乾茶]는 검붉은 색으로 변하고 탕색은 진한 홍색을 띠며, 발효가 적게 된 것은 탕색이 녹황색이나 황금색을 띤다. 녹차는 발효를 막기 위해 찻잎을 따서 시들리지 않고 덖거나 쪄서 산화 효소가 활성화되지 않도록 한 차이다.

		종 류	발효도	제법(製法)	차의 종류
불(不)발효 녹차		녹차	10% 이하	부초차(釜炒茶)	용정차(龍井茶), 벽라춘(碧螺春), 백룡차(白龍茶),몽정차(蒙頂茶), 모봉차(毛峰茶)
				증서차(蒸暑茶)	노조청차(老粗靑茶)
부분 발효	경(輕)발효	백차	5~10%	미약(微弱)발효	백목단(白牡丹), 백호은침(白毫銀針)
	반(半)발효	청차(烏龍茶)	15~70%	부분(部分)발효	포종차(包種茶)
					동정차(凍頂茶), 옥산차(玉山茶), 아리산차(阿里山茶),매산차(梅山茶), 금훤차(金萱茶), 석고오룡(石古烏龍)
					안계철관음(安溪鐵觀音), 수선(水仙), 암차(岩茶)
					백호오룡(白毫烏龍)
완전(完全)발효		홍차	80%~		기문홍차(祁門紅茶), 영홍(英紅), 정산소종(正山小種)
후(後)발효		흑차	80%~	퇴적(堆積)발효	보이차(普洱茶), 육보차(六堡茶), 병차(餠茶), 단차(團茶),긴차(緊茶)
		황차	15~25%		군산은침(君山銀針), 가정황아(蒙頂黃芽), 위산모첨(潙山毛尖)

(1) 불발효차(10% 이하)

잎을 증기로 찐 증제차(蒸製茶) 혹은 가마솥에서 덖어 만든 부초차(釜炒茶)로, 찻잎 속 효소의 산화작용을 억제하여 녹색을 그대로 유지하게 만든 차이다. 부초차는 구수하고 넉넉한 맛과 향을 지녀 우리 조상들이 즐겨 마셔 왔으며, 증제차는 색이 곱다. 불발효차에는 비타민C가 많이 함유되어 있고 한국 전통녹차, 용정차와 벽라춘 같은 중국 녹차, 일본의 말차 등이 있다.

(2) 부분발효차(15~70%)

찻잎을 햇볕이나 실내에서 시들리기와 교반을 하여 찻잎 속에 있는 성분 일부가 산화되어 향기가 나게 만든 차로, 중국의 복건성과 광동성, 그리고 대만에서 주로 생산한다. 독특한 향으로 많은 사람이 즐겨 마시며 상당한 기간이 지나도 맛과 향의 변함이 없어 세계 각국에서 널리 유통되고 있다. 우리나라에서는 1980년대 후반부터 생산하여 유통하고 있으나 그 양은 미약한 편이다. 부분발효차의 종류에는 20~25% 발효시킨 자스민(Jasmine), 30~40% 발효시킨 포종차(包種茶), 60~70% 발효시킨 우롱차(烏龍茶) 등이 있다.

(3) 완전발효차(80% 이상)

찻잎을 햇볕에 위조하면서 손으로 비벼 잎 속에 들어 있는 효소의 활동을 촉진시켜 건조시킨 차로 홍차 계열이 이에 속한다. 각국에서 생산하는 홍차는 80% 이상을 발효시킨 차이며 대체로 열대 지방이 주산지이고 일조량이 많을수록 탄닌 성분이 강하여 양질의 홍차가 된다.

(4) 후발효차(미생물발효)

녹차 제조 방법과 같이 효소를 파괴시킨 뒤 찻잎을 퇴적하여 공기 중에 있는 미생물의 번식을 유도해 다시 발효가 일어나게 만든 차이다. 군산은침과 같은 황차(黃茶)와 보이차와 같은 흑차(黑茶) 등이 있다.

2) 형태에 따른 분류

(1) 잎차

잎차는 차나무의 잎을 덖거나 찌거나 발효시켜 찻잎의 모양을 변형하지 않고 그대로 보존시킨 차로 부초차, 증제차, 부분발효차로 나눌 수 있다. 잎차 제다는 조선 시대부터 성행했으며 지금도 가장 많이 애용하고 있다. 산지, 채취 시기, 제다 방법, 제다한 사람 등에 따라 그 이름을 달리한다.

(2) 덩이차

찻잎을 시루에 넣고 수증기로 익힌 후 절구에 넣어 떡처럼 찧어서 틀에 박아낸 고형차이다. 고려 시대에는 곱게 가루 내어 차유(茶乳)로 마시기 위해 만든 고급 덩이차인 유단차(乳團茶), 그냥 끓여 맑은 다탕(茶湯)으로 마시는 떡차(餠茶)가 있었다. 덩이차를 말리거나 보관하기 쉽게 가운데 구멍을 뚫은 것을 돈차 혹은 전차(錢茶)라 하며 뇌원차, 유차, 청태전 등이 있다.

(3) 가루차

가루차는 말차(抹茶)라고도 하는데 시루에서 쪄낸 찻잎을 그늘에서 말린 다음 맷돌로 미세하게 갈아 만든 차로 점다(點茶)하여 차유(茶乳)로 마시므로 찻잎 성분을 그대로 섭취할 수 있다. 특히

물에 녹지 않는 비타민A, 토코페롤, 섬유질 등을 그대로 섭취할 수 있어 건강유지와 피로회복에 효과적이다. 가루차는 떡차나 잎차를 가루 내어 만들기도 하였는데 삼국시대부터 애음해 오던 것으로, 그 제조방법이 복잡하고 사용법이 까다로워 조선에서는 차츰 쇠퇴하였으나 앞으로 더 많이 개발하여 잎차와 더불어 널리 보급해야 할 것이다.

차의 수량 단위

차의 양(量)을 나타내는 단위로는 '각(角)'과 '근(斤)'을 주로 썼다. '각'은 고급차의 양을 표시하는 단위로서, 기록상으로는 987년 최지몽(崔知夢)의 부의에 차 200각 등을 하사한 것부터 대각국사(1055~1101)가 어차를 20각 받은 때까지 이어진다.(1각은 1/4근)
'근'은 저울로 무게를 달 때 쓰는 단위이다. 근은 주로 대차(大茶)에 쓰였으며 말엽에는 봉(封)을 수량 단위로 사용하기도 하였는데 아마도 잎차 봉지였던 것 같다.

3) 찻잎 따는 시기에 따른 분류

차서(茶書)에는 찻잎을 따는 시기가 중요하여 지나치게 잎을 일찍 따면 차의 성품이 완전하지 못하고, 시기를 놓치면 다신(茶神)이 흩어진다 하였다. 곡우 전 5일간이 가장 좋은 때이고, 곡우 후 5일간이 다음 좋은 때이다. 그리고 또 다음 5일간이 좋은 때이며, 이후 5일간이 다음이 된다. 우리나라 차는 절기로 보아 곡우 전후는 너무 빠르고 입하 전후가 제일 좋다. 구름 한 점 없는 맑은 날에 밤이슬을 흠뻑 머금은 잎을 딴 것이 상품(上品)이고 한낮에 딴 것은 질이 떨어진다.

(1) 우전(雨前) : 4월 20일 전후로 5일 정도 따는 차

봄이 빨리 오면 조금 일찍 수확하고 늦으면 늦게 따는 등 날씨에 따라 채다(採茶) 시기가 조금씩 달라질 수 있다. 우리나라는 곡우 5일 전에 딴 것을 작설차라 하는데 이는 싹의 모양이 참새의 혀 모양과 유사한 것에서 연유하였다.

(2) 세작(細作) : 4월 25일부터 5월 5일 사이에 따는 차

곡우에서 입하 경에 딴 차로, 잎이 다 펴지지 않은 창과 기만을 따서 만든 차이다.

(3) 중작(中作) : 5월 5일부터 5월 15일에서 20일 사이에 따는 차

잎이 자란 후 창과 기가 펴진 잎을 한두 장 함께 따서 만든 차이다.

(4) 대작(大作) : 5월 15일 이후에 따는 차

우전 세작 중작 대작

창(槍)과 기(旗)

'창'은 새로 나오는 뾰족한 싹이 말려 있어 창과 같이 생긴 것이며 '기'는 창보다 먼저 나와 잎이 다 펴지지 않고 조금 오그라들어 있어 펄럭이는 깃발과 같은 여린 잎을 말한다.

4) 제다법에 따른 분류

(1) 부초차(釜炒茶)

가마솥에 찻잎을 넣고 열을 가해 덖어 만든 것으로 구수한 맛과 향을 지닌다. 찻잎을 덖는 정도에 따라서 차의 맛과 향이 달라진다.

(2) 증제차(蒸製茶)

찻잎을 100℃의 수증기로 30~40초 정도 찌면서 산화효소를 파괴하여 녹색을 그대로 유지시킨 차이다. 생엽의 풋냄새가 적으며 수색이 뛰어나고 형상이 침상형이다. 카테킨 성분이 가장 많이 함유되어 있다.

(3) 발효차(醱酵茶)

산화효소로 발효시켜 만든 차로, 발효 시간과 정도에 따라 차의 종류가 결정된다. 발효 방법은 일광발효, 실내발효, 열발효, 밀봉발효 등이 있고 발효시키는 시기에 따라 차를 만들기 전에 하는 선발효, 중간에 하는 중간발효, 차를 다 만든 후에 하는 후발효 방법이 있다. 발효 정도에 따라서는 약발효차, 중발효차, 강발효차, 완전발효차가 있다.

(4) 덩이차

찻잎을 가루를 내거나 짓이겨서 압축시켜 벽돌이나 떡 모양의 덩어리로 만든 차이다.

(5) 일쇄차

찻잎을 햇빛에 널어 시들게 한 후 문질러 찻잎 속의 물기를 빼고 다시 햇볕을 쬐어 말린 차이다.

5) 색상에 따른 분류

중국에서는 차의 제조 공정과 제품의 색상에 따라 백차, 녹차, 황차, 청차, 홍차, 흑차 등의 6가지로 분류하고 있다.

(1) 백차(白茶)

백차는 솜털이 덮힌 차의 어린싹을 따서 덖거나 비비기를 하지 않고 위조한 후 그대로 건조하여 찻잎이 은색의 광택을 낸다. 향기가 맑고 맛이 산뜻하며 여름철에 열을 내려주는 작용이 있어 한약재로도 많이 사용하고 있다. 중국 복건성(福建省) 정화(政和) 등이 주산지이다.

백호은침

백목단

(2) 녹차(綠茶)

찻잎을 따서 바로 증기로 찌거나 솥에 덖어 발효되지 않도록 만든 불발효차이다. 한국, 중국, 일본 등이 주요생산국인데, 중국에서는 덖음차, 일본에서는 증제차를 주로 생산한다.

우리나라의 경우 덖음차가 주를 이루는데 전체 생산량의 25~30% 정도가 증제차이며, 열처리 과정에서 증기로 찐 다음 덖음차와 같이 말아진 형태로 만든 일본의 옥로차도 생산하고 있다. 옥로차는 증제차의 산뜻한 맛과 덖음차의 고소한 맛이 조화된 새로운 형태의 녹차로, 녹황색의 수색과 신선하고 풋풋한 향을 즐길 수 있다.

자순차

서호용정차

(3) 황차(黃茶)

황차는 녹차와 달리 찻잎을 쌓아두는 퇴적 과정을 거치기 때문에 습열(濕熱) 상태에서 찻잎의 성분 변화가 일어나 특유의 맛과 향을 지닌다. 찻잎 중의 엽록소가 파괴되어 황색을 띠는데, 쓰고 떫은맛을 내는 카테킨 성분이 약 50~60% 감소하여 차의 맛이 순하고 부드럽다. 황차는 찻잎의 색상과 우려낸 수색, 그리고 찻잎 찌꺼기의 세 가지 색이 모두 황색이다.

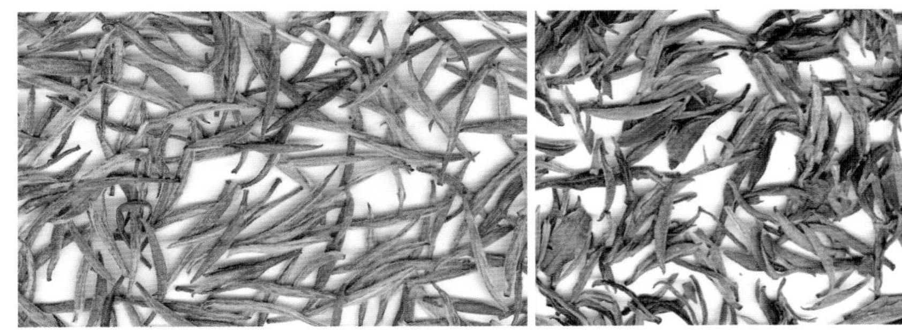

군산은침 곽산황아

(4) 청차(青茶)

청차는 녹차와 홍차의 중간으로, 발효 정도가 15~70% 사이인 부분발효차를 말한다. 중국 남부의 복건성과 광동성, 그리고 대만에서만 생산하는데, 중국 고유의 차로 찻잎의 모양이 까마귀와 같이 검고 용처럼 구부러져 있다고 하여 우롱차[烏龍茶]라고 부른다는 설이 있다. 원래 우롱차는 발효 정도(60%가량)가 높은 차를 일컬었지만 지금은 발효가 낮은 포종차(包種茶)류도 모두 우롱차에 포함시키고 있다.

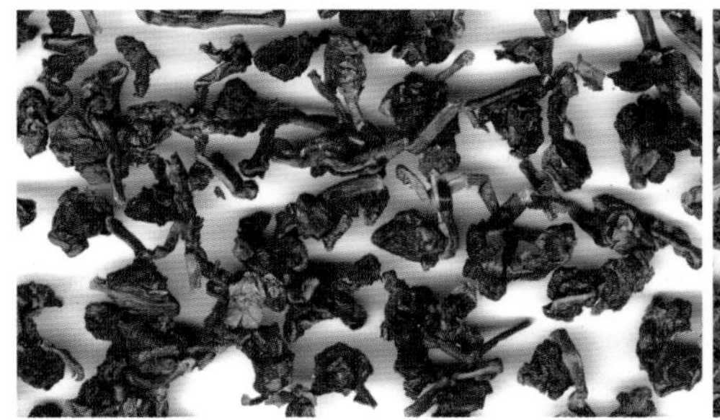

철관음

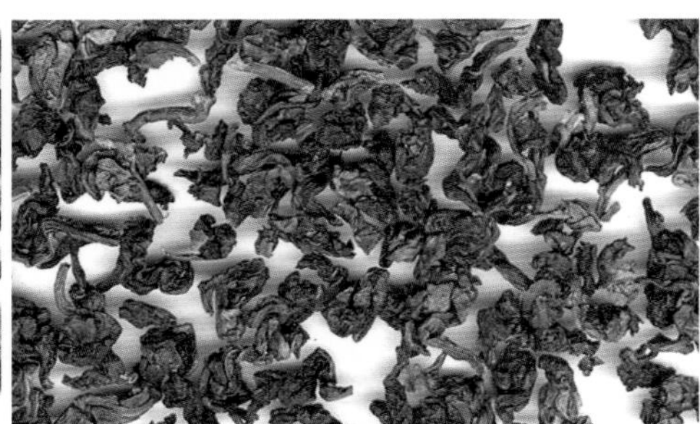

동정오룡차

(5) 홍차(紅茶)

홍차는 발효 정도가 80% 이상으로 떫은맛이 강하고 수색이 홍색을 띠는 차이다. 찻잎 그대로 우려 마시는 스트레이트 티와 우유를 첨가하여 마시는 밀크티 형태가 있다. 세계에서 생산하는 차의 75%를 홍차가 차지하고 있으며 인도, 스리랑카, 케냐, 인도네시아, 터키 등에서 주로 생산된다. 그 다음 많이 생산되는 차는 전체 생산량의 약 20%를 차지하는 녹차로 중국, 일본, 한국, 베트남 등지에서 생산하고 있다.

기문홍차 전홍공부

(6) 흑차(黑茶)

찻잎이 흑갈색이며 수색은 갈황색이나 갈홍색을 띤다. 처음 마실 때는 차에 따라 곰팡이냄새로 인해 약간 역겨움을 느끼기도 하지만 차의 질에 따라 몇 번 마시다 보면 독특한 풍미와 부드러운 맛을 느낄 수 있다. 차를 압착하여 덩어리로 만든 고형차인 흑차는 중국의 운남성에서 주로 생산하며 저장 기간이 오래된 것일수록 고급으로 간주한다.

보이산차 보이타차

6) 모양에 따른 분류

(1) 편평형(扁平形) : 납작하고 평평(항주용정차, 사천죽엽청, 안휘대방차)

(2) 단아형(單芽形) : 하나의 싹으로 창 모양(동려설수운록, 건덕천도은침)

(3) 직조형(直條形) : 소나무 잎 형상(남경의 우화차, 의흥의 양선설아)

(4) 곡조형(曲條形) : 굽은 형상(강서무원명미, 사천문군녹차, 산동부래청)

(5) 곡라형(曲螺形) : 굽은 소라살 형상(강소의 벽라춘, 무석호차)

(6) 원주형(圓株形) : 구슬 형상(절강의 평수주차, 안휘의 용계화청)

(7) 난화형(蘭花形) : 난꽃 형상(안휘의 태평후괴, 서성난화, 악서의 취란)

(8) 찰화형(札花形) : 한송이 꽃 형상(안휘 황산녹목단, 강서의 무원목국)

7) 살청 및 건조방법에 따른 분류

찻잎을 어떤 방법으로 살청하고 건조하느냐에 따라 구분하기도 한다. 솥에서 덖어 건조한 녹차를 초청(炒靑)이라 하고, 홍건 기계나 밀폐된 방에 불을 때어 건조한 것을 홍청(烘靑)이라 하며, 햇볕에 쬐어 말려서 건조시킨 녹차를 쇄청이라 하고, 열증기살청(熱蒸氣殺靑) 방식으로 제조하여 건조시킨 녹차를 증청(蒸靑)이라고 한다. 이런 근간을 두고 녹차의 제다방법에 따라 초청녹차, 홍청녹차, 쇄청녹차, 증청녹차 등으로 분류한다.

(1) 초청녹차(炒靑綠茶)

초청녹차는 남송(南宋) 시대에 시작되어 명나라에 이르러 보편화 된 것으로, 이후 중국의 녹차 제다법 중 가장 기본적인 제조법으로 정착되었다. 대부분의 녹차 제조는 이 방법을 택하는데, 살청과 유념을 거친 후에 최종적으로 덖음 공정을 거쳐 건조한다. 초청녹차는 덖음 초제 후 만들어진 외형에 따라 장초청, 원초청, 세눈초청으로 분류한다.

① 장초청(長炒青)

외형이 길고 가늘며 중국 수출품 녹차 중에 상당한 양을 차지한다. 장초청 중 품질이 가장 우수한 제품은 무록초청(武綠炒靑)인데 찻잎이 크고 건실하며 탕색도 유난히 푸르다. 맛이 순하고 향기가 높아 많은 사랑을 받고 있다. 장초청 녹차를 다시 정제가공하여 만든 차를 통틀어 미차(眉茶)라고 한다. 미차는 형태가 가늘고 휘어져서 마치 여인의 눈썹과 같다고 해서 붙은 이름이다.

② 원초청(圓炒靑)

대표적인 원초청 녹차는 주차(珠茶)이다. 주차는 작고 둥글게 말려 있어 진주와 유사해서 붙은 이름이다. 주차는 높은 향기와 진한 맛이 겸비되어 여러 번 우려 마실 수 있는 장점이 있다. 17세기에 유럽으로 수출되었으며, 주차의 외형이 마치 탄알처럼 닮았다 하여 영어로는 'Gun Powder'라고 부른다. 주차는 청나라 때 강희제(康熙帝)에게 조공(朝貢) 되었던 특급차이므로 '공희(貢熙)'또는 '녹색진주(綠色珍珠)'라고도 한다.

③ 세눈초청(細嫩炒靑)

어리고 연한 차싹을 채취하여 정성 들여 덖어 만든 녹차를 말한다. 세눈초청은 제한된 원료와 독특한 방법으로 만들어 특종초청(特種炒靑)이라고도 부른다. 외형 또한 각양각색이다. 편평하게 만든 용정차(龍井茶), 소라 고동처럼 구불구불 비벼 말린 벽라춘차(碧螺春茶), 곧고 침상형인 우화차(雨花茶), 넓적한 것이 마치 호박씨와도 같은 과편(瓜片) 등 많은 명차가 세눈초청에 속한다. 이 외에 송라차(松蘿茶), 능운백호(凌雲白毫), 도균모첨(都匀毛尖), 노산운무차(蘆山雲霧茶), 아미아에, 고저자순(顧渚紫筍), 보타불차(普陀佛茶) 등도 명차에 속한다.

④ 편초청(扁炒靑)

대부분 직접 수공으로 덖어서 제조한 납작한 모양의 차이다. 찻잎의 외형이 편평하고 연녹색을 띠며 탕색은 밝고 옅은 녹색인데, 그윽한 향이 오래가고 맛이 순수하다. 용정차와 안휘대방 등이 있다.

(2) 홍청녹차(烘青綠茶)

홍청녹차는 살청과 유념을 거친 찻잎을 홍건 기계나 밀폐된 방에 넣어 약한 불에서 서서히 건조해서 차의 맛과 향을 북돋아 준 차이다. 이것은 덖음인 초청녹차처럼 외형에 광택이 있거나 단단하지 못한 편이지만 줄기가 튼실하고 완전하여 싹봉우리가 항시 보이며 하얀 솜털이 드러나 있다. 대부분 푸르게 윤이 나고, 달여 낸 찻물은 향이 상큼하고 그 맛이 깔끔하다. 잎이 가라앉으면 연한 녹색으로 아주 밝다. 홍청녹차는 찻잎이 세밀하고 연한 정도나 만들어 내는 제다기술이 같지 않아, 그 정도에 따라 보통홍청과 세눈홍청의 두 가지로 나눈다.

① 보통홍청(普通烘青)

보통홍청을 그대로 직접 음용하는 사람들은 별로 많지 않고, 주로 각종 꽃과 함께 음제하는 화차(花茶)의 모태로 쓴다. 꽃향기가 음제를 통해 이미 스미게 된 보통 홍청녹차를 홍청화차(烘青花茶)라 부르며, 아직 음제 되지 않은 보통 홍청녹차를 소차(素茶)라고 부른다. 흔히 접하는 자스민차도 이런 보통홍청녹차와 자스민 꽃을 함께 섞어 만든 것이다.

② 세눈홍청(細嫩烘青)

세눈홍청은 가늘고 여린 싹과 잎만을 선별해서 따로 정교하게 만든 것이다. 대다수의 세눈홍청은 줄기가 튼실하며 아주 가늘고 구불구불한데, 하얀 솜털이 드러나 있으며 푸른 색깔에 향기가 높고 맛은 깔끔하며, 싹과 잎이 완전하며 정교하고 세밀하게 제다한 것이다. 또한, 홍청녹차는 외형에 따라 4가지의 종류로 나눈다.

• 조형홍청(條形烘青) : 황산모봉(黃山毛峰)

- 첨형홍청(尖形烘青) : 태평후괴(太平후魁)
- 편형홍청(片形烘青) : 육안과편(六安瓜片)
- 침형홍청(針形烘青) : 신양모첨(信陽毛尖)

반초반홍(半炒半烘)의 제다법은 살청과 유념을 거친 후 마무리 과정에서 초청과 홍배의 과정을 결합하여 만들어낸 것이다. 이런 제다법은 초청녹차의 특징인 높은 향기와 순하고 진한 맛을 그대로 가지고 있을 뿐만 아니라, 차싹과 잎이 덖음으로 인해 손상되지 않고 하얀 솜털(白毫)이 완전하게 드러나 보이는 홍청녹차의 특색도 그대로 보존하고 있어 최근의 중국 명차 생산에 있어서 많은 제다인들이 이 방법을 채용(採用)하고 있다.

(3) 쇄청녹차(晒青綠茶)

쇄청녹차는 신선한 찻잎을 살청과 유념을 거친 후 최종적으로 햇볕에 쬐어 말려서 만든 녹차이다. 쇄청녹차의 차색 및 찻잎은 황갈색을 띠고 맛과 향기가 많이 떨어진 편이라서 산차의 형식으로 음용하기 위해 만든 것은 극히 소량이다. 대부분의 쇄청녹차는 긴압차(緊壓茶)의 원료로 사용한다. 가공하여 만든 긴압차로는 타차와 병차(餅茶) 등이 있는데, 주요 원료 품종으로는 산시(陝西)의 섬청(陝青), 쓰촨(四川)의 천청(川青), 구이저우(貴州)의 검청(黔青) 등이 있다.

(4) 증청녹차(蒸青綠茶)

증청녹차는 찻잎을 증기로 쪄서 나른하게 한 뒤, 다시 비벼 놓고 말려서 제조하는 방법으로 중국 고대 최초로 발명된 녹차 제다법이다. 당, 송 때 성행했으며 명대에 초청제법이 발명된 후 점차 쇠퇴의 길을 걷게 된다. 후에 일본으로 전파되었으며 지금까지도 일본에서 많이 애용하고 있는 제다법이다. 증청녹차의 품질 특징은 색록(色綠), 탕록(湯綠), 엽저녹(葉底綠)이며 이를 가리켜 "삼녹"(三綠)이라고 한다. 오늘날 중국의 증청녹차는 국내 소비보다는 대부분 일본으로 수출하기 위해 만든다. 주요 증청녹차로는 전차(煎茶), 옥로(玉露) 등이 있는데 은시옥로(恩施玉露)만이 전통적인 증청녹차 제다법을 보존하고 있다. 이외에 양이차(陽羨茶), 선인장차(仙人掌茶) 등도 명차이다.

3. 제다 방법

1) 불발효차 제다법

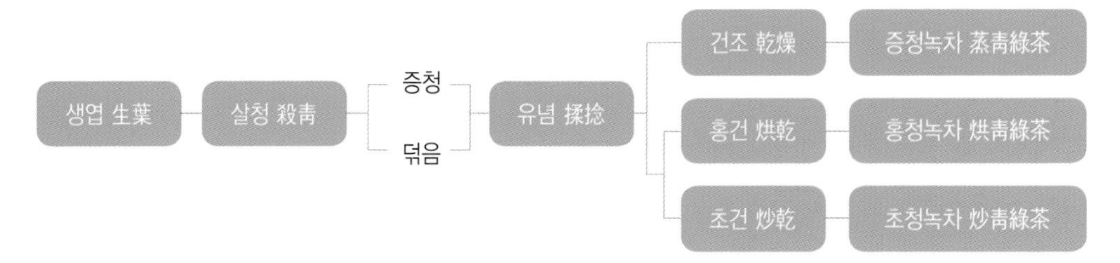

가. 녹차는 찻잎을 딴 즉시 찌거나 덖어 산화 효소를 불활성화 시켜 발효가 되지 않도록 하는 것이 중요하다. 찻잎을 채엽한 후 바로 덖는데 온도를 200~300℃에서 재빨리 뒤집고 살짝 눌렀다가 다시 뒤집으며 고루 익힌다. 불이 약하면 풋내가 나거나 발효되고 너무 뜨거워도 좋지 않다.

나. 향기나 빛을 보아 줄기가 익었다고 생각되면 찻잎을 꺼내 두 손에 뭉쳐 쥐고 빨래하듯 비빈다. 찻잎 비비기 작업은 세포막을 파괴하여 차를 우릴 때 각종 수용성 성분이 쉽게 우러나도록 하고, 차의 형상이 잘 말아지게 하며, 찻잎 중의 수분을 고르게 하는 작업이다. 약하게 비비면 차를 우릴 때 차성분이 잘 녹아 나오지 않고 너무 심하게 비비면 잎 조직이 뭉개져 다탕이 탁해진다.(멍석이나 왕골돗자리에 비빈다.)

다. 잎들이 서로 붙지 않도록 두 손으로 털며 다시 덖는다. 이때는 처음보다 불 온도를 낮춘다.

라. 다시 비빈다. 비비는 이유는 차가 잘 우러나고 부피를 줄이기 위함이다.

마. 솥 온도를 100~130℃ 정도로 더 낮추어 고루 뒤집으며 말린다. 눋는 냄새가 배지 않도록 솥바닥을 긁거나 행주로 닦아 깨끗이 한 후 다시 말려야 한다. 건조 상태는 잎을 손으로 문질러 가루가 되면 다 된 것이다.

2) 부분발효차 제다법

부분 발효차에는 5~10%로 경발효시킨 백차와 15~70% 발효시킨 청차가 있다. 그 중 청자인 우롱차는 황색 계열의 다갈색(茶褐色 : 붉은 듯 검누런색)이며, 쓰고 떫은맛이 별로 없고 온화한 풍미가 있다. 그 제다법은 다음과 같다.

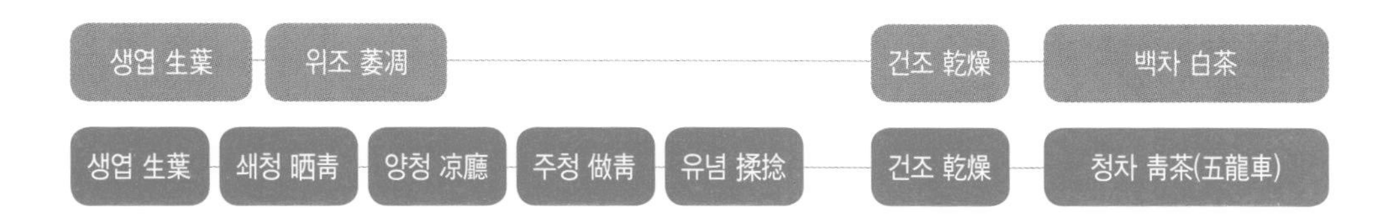

가. 찻잎을 채엽한다.

나. 실외에서 30분~2시간 정도 시들리기 한다.(실외위조, 쇄청)

다. 실내에서 10시간 전후로 시들리기 한다.(실내위조, 양청)

라. 차의 풍부한 향이 나오도록 찻잎끼리 마찰시켜 약 30% 정도의 수분을 건조시킨다.(요청, 주청, 교반)

마. 고온에서 살청하여 발효를 멈춘다.(살청)

바. 차의 즙이 찻잎에 잘 응집하여 차가 잘 우러나도록 찻잎을 옆으로 말아준다.(유념)

사. 기계가 좌우로 조이고 회전하면서 찻잎을 둥글게 말아준다.(단유)

아. 회전하는 기계에서 다시 찻잎을 풀어준다.(해괴)

자. 50~70℃ 정도에서 건조한다.

3) 완전발효차 제다법

발효차는 발효 순서에 따라 홍차와 같은 전발효차와 흑차 및 황차 같은 후발효차가 있다. 그 중 홍차와 흑차는 발효 정도가 80% 이상으로서 완전발효차이지만, 황차는 15~25% 정도의 부분발효차이다. 완전발효차인 홍차의 제다법은 다음과 같다.

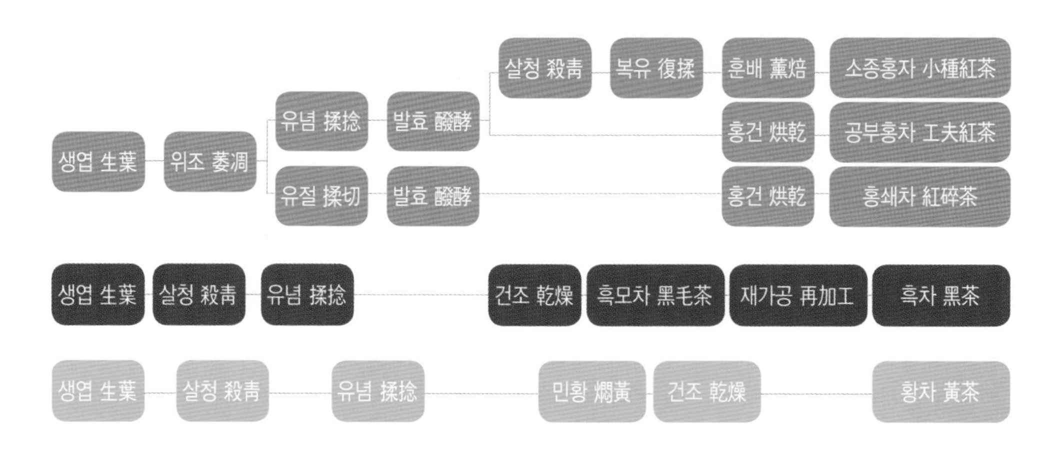

가. 차의 생엽을 채엽하여 그늘에서 18~20시간 정도 시들게 한다.

나. 녹차처럼 찻잎을 압축하면서 15~20분 정도 비비고, 약 10분 후 다시 비빈다.

다. 발효가 시작되면 적당한 습도와 온도를 가해 2시간 정도 발효실에서 자연 발효시킨다.

라. 찻잎이 동갈색으로 변하면 홍차의 살아있는 산화 효소를 증진시키기 위해 즉시 건조시킨다.

마. 80~90℃의 건조실에서 약 40분간 건조시킨다.

바. 적당한 채로 걸러 절단해서 선별한다.

4) 가루차(말차) 제다법

가. 가루차는 생엽의 신선도가 매우 중요하다.

나. 일반 차의 채엽과는 달리 채엽 1~5일 전에 차광시설을 설치하여 약 70% 정도 햇볕을 차광하여 5엽 정도 자랐을 때 순 찻잎만 한 잎씩 딴다.

다. 한 잎씩 딴 것을 신속하게 찐다. 찔 때는 일반 차와 달리 강하게 쪄야 한다.

라. 찐 찻잎을 냉각한 후 한 잎 한 잎 말리면서 건조시킨다.

마. 건조한 차를 분쇄하여 가루로 만든다.

5) 당나라 덩이차 제다법

가. 찻잎 따기[採] : 대바구니에 차를 채취한다.

나. 차 찌기[蒸] : 시루 속에 찻잎을 담은 작은 대바구니를 넣고 다 쪄지면 대바구니 통째로 꺼낸 후 찻잎이 엉키지 않도록 헤쳐 식힌다. 찻잎은 알맞게 쪄야 하는데 지나치면 찻잎이 누렇게 변하며 맛이 싱겁고 덜 찌면 풋내가 나고 푸른빛이 난다.

다. 차 찧기[搗] : 찻잎이 쪄지면 시루에서 꺼내어 식혀서 절구에 넣어 찧는다.

라. 차 찍어내기(拍] : 절구에 넣어 곱게 찧은 후 차틀에 찍어서 떡차를 만든다. 차틀의 모양은 둥근 모양, 사각 모양, 꽃 모양 등 다양하게 만들 수 있다.

마. 말리기[焙] : 불을 쬐거나 햇볕에 말려서 건조한다.

바. 차 꿰기[穿] : 쪼갠 대나무나 닥나무 껍질을 꼬아 만든 꿰미에 건조된 떡차를 꿴다.

사. 차 저장, 건조하기[封] : 완성된 떡차는 '육(育)'에 보관하는데, '육' 안에 담긴 잿불의 따뜻한 온기에 차가 건조되고, 차의 색, 향, 미가 증진된다. 육은 습기를 제거하고 차를 숙성시켜 보관하는 기구이다.

■ 당나라 덩이차 도구

• 광주리(바구니 영 籯)

바구니, 채롱, 쌀 광주리 등이 있다. 대나무로 짜는데 닷 되 들이가 일반적이며 인부가 등에 지고 차를 따서 담는 기구이다.

• 찜부엌(부엌 조 竈)

굴뚝을 만들지 않고, 구석진 곳은 피한다. 솥은 전(가장자리의 손잡이)이 있는 것을 사용한다.

시루
종다래끼
가마솥
찜부억
아귀가지

• 시루(시루 증 甑)

나무나 질로 된 솥을 걸되 띠를 두르지 않고 진흙을 바른다. 시루에 넣는 종다래끼는 작은 바구니로 대 겉살에 멜빵을 달아 사용한다.

절구 시루에 종다래끼를 넣고 찌기 시작하여 찻잎이 다 익으면 종다래끼를 꺼내고 솥이 마르면 시루에 물을 붓는다.

• 절구와 절구 공이(공이 저, 절구 구 杵臼)

방아라고도 하며 늘 쓰던 것이 좋다.

• 차 떡고지(틀 규 規)

받침틀이나 나무 태라고 한다.

쇠로 만드는데 둥글거나 모나거나 꽃 모양이다.

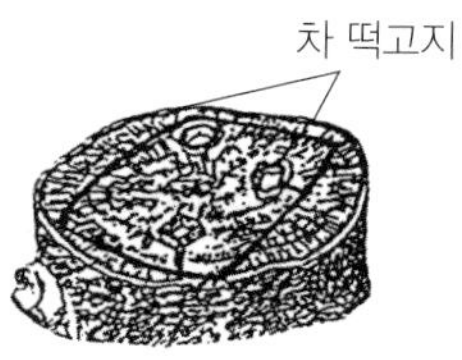

• 받침(받칠 승 承)

대 또는 디딤돌이다. 돌로 만들거나 회화나무, 뽕나무 토막을 땅 속에 반쯤 묻어 밀쳐도 요동치지 않게 하여 사용한다.

• 깔개(깔개 첨 襜)

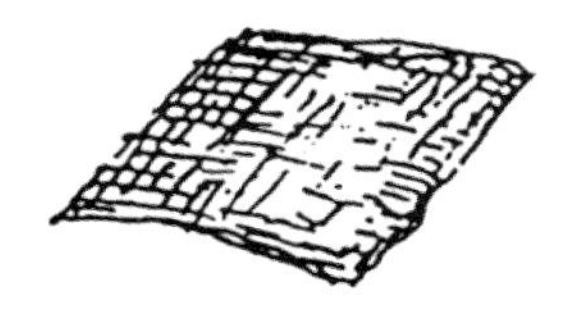

옷이라고도 한다. 기름 먹인 비단이나 비옷의 홑옷 떨어진 것으로 만든다. 깔개를 받침대 위에 놓고, 그 위에 차 떡고지를 놓고 차를 만든다. 차가 만들어지면 들어내어 바꾼다.

• 채반(풀이름 비, 말리 리 芘莉)

차를 널어 말리는 데 쓰는 것으로 작은 바구니 혹은 키바구니라고도 한다. 길이 석자인 작은 대 두 개에 몸높이 두자 다섯 치, 손잡이 다섯 치가 되도록 대 겉살을 엮어 만든 것으로, 밭 인부의 흙체와 비슷하다.

• 창(창 계 棨)

송곳칼이라고도 한다. 자루 막대를 견고한 나무로 만들어 차를 뚫는 데 사용한다.

• 막대(두드릴 박 撲)

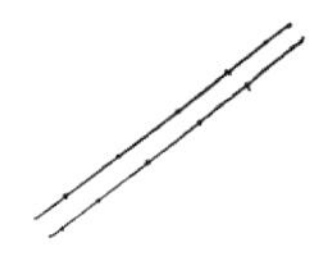

채찍이라고 하는데, 대로 만든다. 차를 꿰어 서로 닿지 않게 가르는 기구이다.

• 곶막대(꿰뚫을 관 貫)

차를 꿰어 말리는 도구이다. 길이 두 자 다섯 치로 대를 깎아 만든다.

• 한뎃부엌(불 쬐어 말릴 배 焙)

불을 쬐어 말리는 곳으로 깊이 두 자, 너비 두 자 다섯 치, 길이 한 길이 되게 땅을 파서 만든다. 위에 낮은 담을 만들되 높이 두 자로 진흙을 바른다.

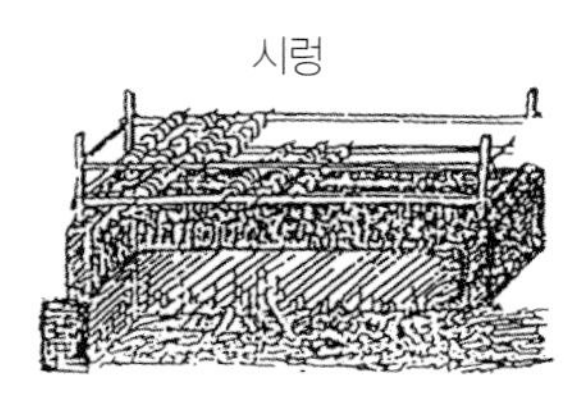
시렁

한뎃부엌

• 시렁(시렁 붕 棚)

선반으로 한뎃부엌 위에 짜되 나무로 2층을 엮어 한 자 높이에서 차를 불에 쬐어 말린다. 차가 반건 하면 아래 시렁에 올리고, 온전히 마르면 위 시렁에 올린다.

• 꿰미(꿸 천 穿)

강동과 회남에서는 대쪽으로 만들고, 파천과 협산에서는 닥나무 껍질로 묶어 만든다.

• 기름상자(기를 육 育)

기름상자나무로 만들고 대로 짜서 종이를 발라 가운데 간격을 둔다. 위는 덮고 아래는 널쪽판을 두고 옆에는 문을 두되 홑지게문으로 가린다. 아래 널판 가운데 그릇 하나를 두어 잿불을 담아 온온하게 하는데 강남(양자강 이남)에 장마 때면 사른 불을 묻는다. 위에는 차를 넣어 보관한다.

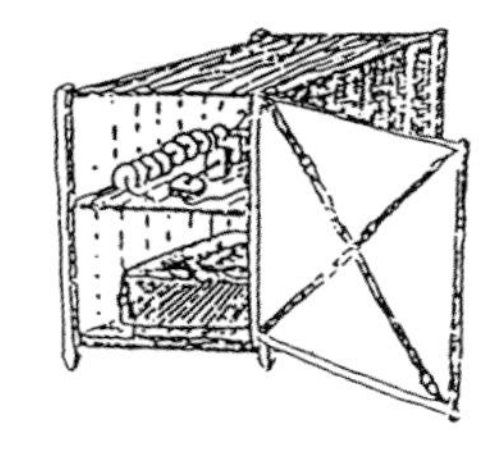

4. 차의 활용

1) 차 추출액의 이용

(1) 소취 제품

차의 소취 효과는 예로부터 경험적으로 알려져서 각종 요리 등에 많이 이용해 왔으나 최근에는 여러 가지 실험을 통해 녹차의 추출액이 다른 소취제보다 훨씬 뛰어난 효력이 있음이 과학적으로 입증되고 있다. 마늘을 갈아서 만든 마늘 수용액에 녹차 추출액 소량을 가했을 때 마늘 냄새의 주성분인 디아릴설파이드의 농도가 절반으로 줄어들어 마늘 냄새 제거에도 좋은 효과가 인정되고 있다. 그 외에도 냉장고 소취제, 구취 제거제 및 캔디, 주방 소취제 등이 상품화되어 우리 생활에 유용하게 쓰이고 있다.

(2) 충치 예방

녹차의 충치 예방 효과는 불소와 카테킨 성분에 의해 복합적으로 적용된다. 첫째, 찻잎 중에 200ppm 정도의 불소가 들어 있어 치아 표면의 에나멜질을 강화하여 산에 대한 저항성을 높여 준다. 둘째, 차의 폴리페놀 성분이 충치 번식의 온상이 되는 치석 형성의 원인이 되는 글루코실 트란스페라아제(GTase)의 활성을 억제하여 치석 형성을 억제하고 그럼으로써 세균 번식을 어렵게 한다. 셋째, 찻잎 성분 중 카테킨이 충치 세균에 강한 살균 효과를 나타내는데, 실험 결과 카테킨 0.05% 정도를 첨가할 경우 충치균이 10시간 이내에 완전히 사멸하였다. 이러한 연구 결과를 통해 최근 녹차 추출액을 첨가한 치약이 상품화되고 있다.

(3) 항산화 제품

찻잎 중의 카테킨은 대표적인 항산화제인 비타민E에 비해 20배나 강한 항산화력을 가지고 있어 여러 동물 실험에서도 카테킨 투여 시에는 활성산소에 의한 장애에 매우 강한 방어작용을 하고, 활성산소 소거 효과에도 녹차 중의 EGCg가 가장 강한 효과를 나타내어 각종 암이나 동맥경화, 성인병 등의 질환을 예방할 수 있다. 또 피부 노화와 관계되는 활성산소에 의한 적혈구 광요혈에 대해서도 강한 저해 활성을 나타낸다는 것이 발견되어 항산화 비누, 샴푸, 목욕용품이 제품화되고 있다.

2) 차를 이용한 건강음식

(1) 고기 절일 때

돼지고기나 쇠고기를 절일 때 찻잎을 함께 넣으면 좋지 않은 냄새를 없애줄 뿐 아니라 육질도 부드러워지고 맛도 개선된다.

(2) 식욕을 돋우는 차 밥

차 밥은 엽차나 덖음차를 끓여낸 물로 지은 밥으로, 소금으로 간하고 조금 질게 짓는다. 식욕을 돋울 뿐 아니라 소화가 잘되며 체력이 저하되었을 때 특히 효과가 있다. 여기에 볶은 콩을 빻아서 넣으면 더욱 맛이 좋다. 술 마신 뒤 가벼운 식사에 적합하며 신맛이 약간 나는 것이 특징이다.

(3) 차죽

우리의 속담 중 고진감래(苦盡甘來)라는 말을 자주 쓰는데, 차 죽을 음미하면 이 고감의 진리를 깨우치기에 충분하다. 과거에는 노약자나 환자의 병후나 멀리 가는 사람을 위해 차 죽을 쑤었다고 한다. 죽을 쑤기 시작할 때 녹차 서너 찻숟가락 분의 양을 넣으면 차향이 그윽해지며 구미를 돋우어 줄 것이다. 죽이 익어갈수록 차의 녹색이 짙어져서 쌀알은 백옥같이 보이며 한층 더 식욕을 돋게 한다.

(4) 차술

녹차잎 100g에 얼음사탕 400g을 입구가 넓은 병에 넣고 술 1.8ℓ를 부은 후 서늘하고 어두운 곳에 보관한다. 4~5일이 지나면 술에 찻잎 색깔이 우러나고 말차 같은 향기가 나게 된다. 색깔이 점점 짙어지게 되므로 찻잎은 일주일 안에 꺼낸다. 향기가 중요하므로 주량이 적은 가정에서는 한꺼번에 많이 만들지 않는 것이 좋다. 차의 정수를 함유한 이 술은 밤의 생명력을 되살리는 효과가 있다.

(5) 차를 이용한 칵테일

칵테일을 할 때 녹차나 우롱차 끓인 물에 위스키나 꼬냑을 넣고 과당이나 설탕 소량을 넣은 다음 흔들어서 마시면 맛과 향이 뛰어난 차 칵테일이 된다.

(6) 밤참

일본 교토에서는 찻물에 만 밥을 밤참으로 파는 음식점이 여기저기 있다. 주문하면 밥과 생선국, 달걀 그리고 5~6가지의 나물이 나오며 큰 병에 가득히 차가운 차가 나온다. 찻물에 만 밥은 얼른 먹어 치우고 나갈 만큼 바쁠 때 하는 식사로 여겨지고 있다. 한밤중에 찻물에 만 밥을 권하는 것은 잠을 쫓는 차의 효능과 저녁 식사를 보충하기 위해서이다. 찻물에 말아먹는 밥은 위장에도 부담을 주지 않으며 소화도 잘되기 때문이다.

(7) 차탕과 차 튀김

고급 엽차의 찻잎을 잘 씻어서 바구니에 담아 한나절쯤 응달에서 녹녹히 말린 것을 생선 국물, 간장, 화학조미료 등으로 살짝 데친다. 차에 맛이 배면 다음에 고추로 약간 매운맛을 낸다. 보존 용기에 넣어 냉장고에 넣어 두고 술안주 등으로 사용한다. 또 차의 새싹을 튀김으로 만들면 향기와 맛이 매우 좋다.

(8) 버터 차

추운 겨울날 차를 끓여 크림이나 버터를 넣고 마시면 몸을 따뜻하게 해주고 추위를 이기게 한다.

(9) 가루차 사이다

말차는 광선을 차단하여 재배한 잎을 쪄서 건조한 다음 분말로 만든 차로, 피곤할 때 사이다와 같은 탄산음료에 넣어서 마시면 색이 선명한 녹색을 띠며 피로도 깨끗이 회복된다. 숙취가 심할 때에도 이처럼 음료수에 말차를 넣어서 음용 하면 숙취 해소에 매우 좋다.

(10) 녹차소주

소주를 마실 때 오이 등을 넣으면 맛이 부드러워지는 것처럼, 녹차 티백을 이용할 수 있다. 녹차 향기가 감돌면서 주독 해소 효과가 있고 목으로 넘기기에 부드러운 녹차소주가 된다. 2홉 소주병에 티백을 넣고 소주를 부어 약간 두어 녹차가 우러나면 맛있는 차 술이 된다.

(11) 차 라면

라면을 끓일 때 찻잎을 함께 넣고 끓이면 느끼하지 않고 개운하다. 특히 컵라면의 경우 물을 부은 다음 녹차 티백을 넣어 우려내면 기름기가 쭉 빠져 개운하고 담백한 맛이 된다.

5. 차의 보관

차는 기호식품이기 때문에 차 본래의 진미(眞味), 진향(眞香), 진색(眞色)은 차의 생명이라 할 수 있다. 저장 중에 맛이나 향이 변하면 그 가치가 없어지는데, 차가 변질되는 원인은 다음과 같다.

- 습기가 침범해서 발효되거나 열기가 스며들어 차가 뜨는 경우

- 냉기가 스며들어 차의 기(氣)를 손상하는 경우
- 연기나 가스에 의해 향기가 증발하는 경우
- 광선에 의해 변색되는 경우

일반적으로 차는 다른 건조식품과 마찬가지로 오랫동안 저장하기 위해 건조하여 보관하므로 미생물에 의한 변질은 없으나, 흡습성이 강하여 상온에서 흡습하였을 경우 급속히 변질된다. 특히 여름철에는 고온 다습한 기후로 인하여 취급 중에 쉽게 변하기 때문에 차의 변질에 관계하는 요인을 고려해서 보관해야 한다. 차의 변질에 관여하는 주요 성분은 클로로필, 카테킨, 지질 및 카로티노이드, 비타민C 등으로 이들 성분의 자동 산화에 의해 색택, 수색, 향미의 변화가 일어나게 된다.

1) 차의 변질

(1) 차의 변질에 관여하는 주요 성분

① 클로로필(엽록소)의 퇴색

클로로필은 녹차의 녹색을 내는 주성분으로 찻잎 중에 0.7~1.2% 정도 함유되어 있다. 클로로필은 열이나 광선에 의해 매우 불안정한 페오피틴으로 변하는데, 녹차의 색택이 떨어지는 원인도 엽록소 성분 중의 마그네슘 이온이 떨어져 페오피틴으로 변하기 때문이다. 페오피틴으로 변한 정도가 70%를 넘으면 갈변되어 색택이 현저히 떨어지므로 차의 색을 유지하기 위해서는 저온으로 저장하는 것이 가장 바람직하다. 일반적으로 차의 향과 맛은 상온에서 질소 충진으로 품질을 유지하지만, 색택은 질소 충진에 의해서도 큰 효과가 나타나지 않기 때문에 가능한 0℃ 이하의 저온에서 보관하는 것이 바람직하다.

② 카테킨류의 변화

카테킨 성분은 차의 수색, 맛, 향기에 관계하는 주요 성분이다. 변질된 차의 색과 수색이 붉은색을 띠는 것은 카테킨류가 산화되어 갈변 물질로 변하기 때문이다. 제조 직후의 녹차는 감칠맛과 떫은맛을 내지만, 건조나 열처리와 같은 가열 처리로 카테킨류의 자동 산화가 일어나 떫은맛이 줄어들게 된다.

③ 지질 및 카로티노이드류의 산화

찻잎 중의 지질 성분은 리놀산과 리놀렌산이 함유되어 향기 및 묵은 냄새에 관여한다. 이러한 묵은 냄새 일부는 리놀산과 리놀렌산의 자동 산화에 의해 알데하이드, 케톤 및 알코올류를 생성하기 때문에 일어나는 것으로, 리놀렌산이 1-Pentene-3-01, cis2-pentene-1-01 및 2.4-Heptadianal 등의 성분으로 변하여 묵은 냄새를 내게 된다. 또 황색 색소의 카로티노이드류도 산화하기 쉬워 변질된 냄새를 내게 된다.

④ 비타민C의 산화

녹차 중에는 비타민C가 다량 함유되어 있는데, 차가 변질되면 비타민C도 산화하여 감소한다. 비타민C의 변질에는 산소의 영향이 가장 크기 때문에 가능한 산소가 없는 상태로 보관해야 한다. 비타민C 함량으로 차의 변질을 판단할 때 잔존율이 70~80% 이상일 경우에는 거의 변질이 없지만 60% 이하일 때는 상당히 변질되는 것으로 알려져 있다. 따라서 비타민C의 변질을 가능한 적게 하기 위해서는 진공포장이나 탈산소제 첨가 또는 질소 충진하는 것이 바람직하다.

(2) 차의 변질에 관여하는 요소

차의 변질은 앞에서 설명한 것처럼 클로로필, 카테킨류, 지질 및 비타민C 등이 산화하면서 색택, 수색, 향미의 열변, 아스코르빈산의 감소 등으로 일어나는데, 이러한 산화 반응은 찻잎 중의 수분 함량, 저장 온도, 아취, 산소, 광선 등의 영향을 받는다.

① 색택의 변화

찻잎의 색택이 갈변하는 현상에는 온도와 수분의 영향이 가장 크고 광선도 다소 영향을 준다. 예를 들어 수분 3.2%의 차에 질소를 치환시켜 38℃로 4개월간 저장한 경우에는 수색이나 맛 등은 그다지 변하지 않지만 색택은 상당히 변하게 된다. 또 수분함량이 많으면 많을수록 색택은 급격히 나빠지고 적으면 서서히 변한다. 이처럼 질소를 치환시켜 저장해도 고온에서는 색택의 변질을 방지하기 어렵다. 또 투명 용기에 차를 넣어 질소 가스로 치환 후 백색 형광램프(조도 1,700Lux)를 30일간 조사할 경우 찻잎은 광택이 소실되고 적흑색을 띠게 된다. 이것은 클로로필이 열이나 광선에 의해 산화 분해되기 쉬운 물질로 변하기 때문이다.

② 수색의 변화

차의 수색이 붉은색으로 변하는데 가장 큰 영향을 미치는 요소는 수분이며, 온도와 산소도 상당한 영향을 미친다. 온도와 산소의 관계를 보면 산소 1.3%에는 25℃에서도 수색이 거의 변하지 않지만, 산소 5.2% 이상에서는 25℃에서 차의 수색이 현저하게 나빠진다.

또 76.5%의 고수분 함량에서는 5℃의 냉장고에 저장하더라도 수분 함량 3.7%의 차를 25℃에서 저장하는 것보다 수색의 변화가 크며, 비타민C의 감소 역시 수색의 변화와 거의 같게 나타난다. 그러므로 수분 함량이 많은 차를 고온으로 보관한다면 변색 현상은 급격하게 일어나고 함량이 적은 차를 저온에 보관하면 변화가 적다.

③ 향미의 변화

차의 향미 변화에는 온도와 수분의 영향이 가장 크게 작용하는데, 높은 온도에서 수분 함량이 높은 차를 저장하면 변질이 매우 현저하게 진행된다. 산소는 향기보다 맛에 대한 영향력이 커서 수분 함량 6.7%의 차를 25℃에서 저장하면 향기가 상당히 떨어지지만, 수분 함량 3.2%의 차는 25℃에서 저장해도 비교적 향기의 변질이 적다. 수분 함량과 온도와 광선은 차를 변질시키며 차의 카테킨류와 비타민C 및 향기 성분의 산화를 촉진하는 작용을 일으킨다. 차의 향미와 광선의 영향을 알아보기 위해 차에 형광램프를 조사하면 일광취가 생겨 음용 차로 부적당해진다. 햇차를 저장할 때 증가하는 이취는 전술한 바와 같이 Cis2-pentene-1-01로서, 햇차를 분석하면 이러한 성분이 검출되지 않아 저장 과정 중에 생성되는 것으로 밝혀졌다.

(3) 차의 변질 방지

① **온도** : 차의 변질을 방지하기 위해서는 차의 변질에 관여하는 요소들을 잘 조절해야 하는데, 고온에서 쉽게 갈변 현상이 일어나므로 저온 저장을 해야 하며, 경제적인 저장 온도는 0~5℃로 냉장고에 보관하는 것이 바람직하다.

② **습도** : 습도는 카테킨류의 산화와 비타민C의 파괴를 쉽게 하므로, 흡습 되지 않도록 알루미늄 접착 필름을 사용하여 보관하거나, 찻잎 중의 수분을 3% 이하로 하고, 저장 시 습도는 55~65%가 적당하다.

③ **산소** : 산소에 의한 산화 작용을 막기 위해서는 진공 포장 또는 질소 가스를 충진시키는 것이 바람직하다.

④ **광선** : 광선에 의한 엽록소 파괴와 지질의 산화를 막기 위해 광선이 직접 닿지 않는 포장 재질을 사용해야 한다.

⑤ **이취** : 차는 냄새를 흡수하는 작용이 매우 강하여 용기나 냉장고의 이취가 쉽게 찻잎에 배어들 수 있으므로, 사용하는 포장재나 창고에 다른 냄새가 없도록 주의해야 한다.

2) 저장 방법

우리나라의 다류 제품에 대한 유통기간은 제조일로부터 2년으로 되어 있어 상당히 오랫동안 저장하기 때문에 저장 중 차의 품질 유지에 특별히 주의해야 한다. 특히 차는 가을에서 겨울에 주로 소비하기 때문에, 습도와 온도가 높은 여름철에 차의 변질을 줄이기 위해서는 과학적인 저장 방법을 고려해야 한다. 저장과 포장 방법이 조잡하면 차가 쉽게 변질되고 고급차의 상품가치를 하락시키므로, 차의 품질 우위를 유지하기 위한 저장과 포장 방법에 더욱 관심을 가져야 한다.

차의 저장 방법에는 상온에서 차단지나 알루미늄박 혹은 플라스틱 필름 등으로 포장하는 방법과 저온 창고에 보관하는 방법, 질소 가스를 넣어 보관하는 방법, 탈산소제인 에이지레스 등을 첨가하는 방법, 진공 포장에 의한 방법 등 여러 가지가 있다. 최근에는 진공이나 질소 충진을 한 뒤 저온으로 저장하는 방법을 주로 이용하고 있다.

(1) 전통적 저장법

고려 시대에는 유단차(乳團茶)는 상자에 보관하였고, 가루 낸 말차는 다합(茶盒)에 담아 두었다가 점다하였다. 떡차는 대개 발효차였으므로 꿰미에 꿰어 마루, 방, 다락 등의 높은 곳에 걸어 두었다. 처마 밑에 걸어두기도 하였는데 우리의 전통가옥은 처마가 깊어 비가 들이치지 않으며 항상 응달지고, 흙벽[土壁]이라서 단열성과 흡수성이 높아 온도나 습도 차가 적어 차 보관에 적당하다. 근세까지도 법당이나 누각의 북쪽 응달 처마 밑에 차 꿰미를 걸어둔 것을 흔히 볼 수 있었다고 한다.

잎차는 대나무로 만든 상자나 죽통(竹筒)에 보관하고 선물하였으며 오동나무 등을 파내어 만든 통에도 보관하였다. 또 법제한 잎차를 두 겹의 한지 봉투에 넣어 끈으로 묶은 후, 윗부분을 뒤로 접어 다시 묶어 벽의 위쪽 못에 걸어 놓거나 위쪽 시렁에 얹어 두었다. 함양 민요 중에 '늙은 잎은 차약 지어 봉지봉지 담아두고…'라는 노래가 전해온다. 많은 차를 보관할 때는 따로 온돌로 된 찻방에 보관했다. 찻방은 벽에서 목침 높이(15~20cm)만큼 띄워 벽 전체를 간짓대로 둘러쳐 놓고 두꺼운 한지 봉투에 담은 차봉지를 묶어서 걸어 둔다. 그리고 간간이 불을 약하게 때어서 습기를 없앤다. 또 흔히 항아리나 찻독에 차를 보관하였는데 어귀가 넓지 않은 백자 항아리에 차를 담아 선물한 글을 볼 수 있다.

승려들 간에 절집의 소속을 물을 때 '어느 절 찻독이냐'고 하였는데 절마다 차만을 저장하는 독이 있었던 것 같다. 백운옥판차의 저장도 조선 옹기에 넣어둔다고 했다. 응송스님(朴暎熙, 1892~1990)이 독에 차를 보관하던 방법은 다음과 같다. 불에 쬐어 완전히 건조한 옹기의 아래에 죽순 껍질을 두껍게 깐 후, 한지 봉투에 넣은 차를 넣고 벽과 위쪽에도 죽순으로 둘러싼 다음 다시 옹기 주둥이를 유지(油紙) 등으로 싸고 마(麻) 끈으로 잘 동여매어 벽돌 등으로 눌러 통풍이 잘되는 그늘진 곳에 두었다. 초의도 죽순 껍질로 싸서 바깥바람이 들지 않게 했다고 한다.

독이나 항아리 안의 습도는 외기의 습도에 크게 영향을 받지 않으므로 독 안을 일단 건조해서 쓰면 좋다. 때로는 큰 항아리에 재를 담아 그 속에 차를 두서너 겹 싸서 묻어 두기도 했는데 재가 습기를 빨아들이는 성질이 있기 때문이다. 또 흡습성이 강한 기와를 불에 구워 식혀서 차와 함께 보관하기도 했다.

① 죽순잎 저장법

차는 죽순 잎사귀와는 성질이 맞지만, 향약(香藥)을 두려워한다. 따뜻하고 건조한 것을 좋아하고, 차갑고 습기 있는 것을 싫어한다. 그러므로 차를 저장하는 집에서는 청명이 되기 전에 죽순잎을 사두는데, 그중 특히 푸른 것을 골라 불에 쬐어 잘 말린 다음 죽사(竹絲)로 묶어 사편(四片)을 한 덩이로 묶어 사용한다. 이처럼 봄철에 죽순잎을 잘 다듬어서 깨끗하게 갈무리해 두었다가 차가 들어오면 습기가 통하지 않는 유리그릇이나 강도가 강한 자기 또는 사기 항아리를 구해서 항아리 밑에서부터 죽순잎을 깔고 차를 넣고 그 위에 죽순잎을 다시 덮고 또 차를 넣어서 시루떡을 안치듯이 차곡차곡 넣은 후 맨 위를 죽순잎으로 덮어 습기가 침범하지 않도록 철저히 감싸 저장하였다.

② 볏짚재 저장법

볏짚을 태워 만든 재를 이용해서 저장하는 방법인데 먼저 필요한 양의 차가 들어갈 만한 단지(유리, 사기, 도자기 항아리 등)에 한지를 깔고 차를 넣어서 단지에 가득 차면 그 위를 한지로 덮고 봉한 다음 뚜껑을 덮는다. 이렇게 찻단지를 따로 두고 그 찻단지가 충분히 들어갈만한 큰 옹기 항아리를 하나 구해서 그 옹기 항아리 속에 볏짚재를 넣고 그 속에 밀봉한 찻단지를 넣어 보관하였다.

③ 한지 저장법

한지로 잘 싸서 저장하는 방법인데, 차의 양이 소량이거나 밀폐할 수 있는 나무 상자가 있을 때 하는 방법이다. 우선 차를 200g 정도로 한 봉지씩 따로따로 한지로 봉지를 만들어 차를 넣어 밀봉하고 그 위를 셀로판지나 은박지로 밀봉한 후 한지로 싸고 깨끗한 올베로 다시 감싸서 나무상자나 장롱 속 건조한 곳에 저장해 두면 대체로 큰 변질을 막을 수 있다.

(2) 현대의 저장법

① 상온 저장

평상시 온도에 저장하는 방법이다. 차를 만드는 기간은 5~6월로 대체로 기온이 높은 늦봄에서 초여름에 해당하지만, 차를 주로 마시는 시기는 9~10월에서 이듬해 3~4월까지이니 가을과 겨울철에 주로 마시게 되는 것이다. 그러므로 차는 저장에 힘을 기울여 일 년 내내 품질이 좋은 차를 마실 수 있도록 해야 한다.
상온에서 방습성이 충분하지 못할 경우 차는 1~2개월 정도 저장으로도 상당히 변질된다. 다만 찻잎의 수분 함량이 3% 내외일 경우에는 변질이 어느 정도 적어지지만, 저온 저장과 비교할 경우 품질이 현저히 떨어진다. 또 상온에서 질소가스 등으로 충진하면 차의 변질을 적게 할 수 있지만, 30℃ 이상의 고온이 되면 색택의 갈변을 막기 어렵다. 손쉽게 차를 보관하는 방법은 습기나 열기를 쉽게 막아줄 수 있는 은박지나 특수 포장용지를 이용하여 밀봉한 후 시원하고 건조한 냉암소에 보관하면 된다. 한 번 꺼내 놓은 차는 다른 용기에 약 일주일 정도 마실 양만 따로 덜어서 사용하는 것이 좋다. 특히 날씨가 흐린 날에 차통을 열어 놓는 일은 없도록 해야 한다.

② 냉장 저장

차 전용 냉장고에 보관하는 방법으로 통상 상대습도 55~65%, 온도 0~5℃가 적당하다. 차의 변질은 성분 산화에 의해 일어나는데 찻잎을 저온으로 저장하면 산화 속도가 늦추어지기 때문에 저장 온도가 낮으면 낮을수록 변질 방지 효과가 크다. 그러나 경비 문제와 창고 내의 작업성 등을 고려할 때 대개 0~5℃의 온도가 일반적으로 사용되고 있다.

건조가 불충분한 상태의 찻잎을 영하 20℃에서 보관할 경우와 수분이 5% 미만인 찻잎을 0~5℃에서 저장할 때의 품질 변화를 비교하면 0~5℃의 온도에서도 건조만 충분히 하였을 경우에는 품질의 변화가 거의 없다.

포장 용기가 상자나 자루 등일 경우에 창고 내의 습도를 적게 하여 상대 습도가 55~65%가 되도록 습기를 제거해야 하며, 완전히 밀봉하여 흡습이나 이취가 배지 않도록 주의한다. 특히 처음 가동하는 냉장고는 충분히 환기하여 완전히 냄새를 제거한 뒤에 차를 넣어야 하며, 제조 과정에서도 건조나 열처리를 한 뒤 바로 창고에 넣을 경우 창고 내 온도에 달할 때까지 수일을 요하기 때문에 이 기간에 변질을 일으킬 가능성이 크다.

따라서 상온에 도달할 때까지 충분히 냉각시킨 뒤 냉장고에 넣어야 한다. 또 냉장고에서 차를 꺼내어 재가공하는 경우에도 온도가 낮은 찻잎을 바로 상온으로 꺼내면 대기의 수증기가 차의 표면에 붙어서 흡습되므로 바깥 기온에 가까운 장소에 하루 정도 보관한 뒤 출고하는 것이 좋다.

③ 질소 가스 치환 저장

차의 변질을 일으키는 산화는 모두 공기 중의 산소에 의한 것으로, 찻잎과 같이 형상이 부정형(不定形)일 경우 공기와의 접촉면이 크기 때문에 공기 중 산소와의 접촉을 방지하기 위해 진공 포장하여 질소를 넣어주는 방법이다.

가공차의 저장 시험에 있어 질소 가스 치환에 의한 품질 보존 효과를 살펴보면 아래 표와 같다. 질소 가스로 치환한 용기에 저장한 차가 일반 공기를 함유한 차의 저장보다 좋았으며, 특히 상온에서 저장한 경우 품질에 큰 영향을 준다. 공기와 치환하는 가스는 위생적인 면과 경제적 측면을 고려해 식품에서는 질소 가스를 이용하고 있으나 비용이 많이 들어가므로 대부분 고급차의 저장에 사용한다.

저장온도	저장방법	색 택	향 기	수 색	맛	계	순위
−25℃	질소가스 치환	+1	+1	+0.5	+1	+3.5	1
	상 자	+1	0	+1	+1	+3.0	2
5℃	질소가스 치환	0	0	0	0	0	3
	상 자	−1	1	0	−4	−4	4
상온	질소가스 치환	−2	−1.5	−0.5	−5	−5	5
	상 자	−3	−4	−2	−12	−12	6

※ **평가점**
+3.5 매우 좋다
+3.0 상당히 좋다
+1.0 약간 좋다
+0.5 조금 좋다
0 기준치와 같다
−0.5 약간 떨어진다
−1.0 조금 나쁘다
−1.5 조금 더 나쁘다
−2.0 훨씬 나쁘다
−3.0 상당히 나쁘다
−4.0이하 매우 나쁘다

④ 탈산소제 봉입 저장

무기계의 철분으로 용기 내의 산소를 제거하여 식품의 품질을 유지하는 방법으로 종전에는 주로 수입에 의존했지만, 최근 국내 생산이 가능하여 널리 이용되고 있다. 이 탈산소제는 특수 약품으로 음식물에 해가 없고 산소만 흡수하므로 다른 식품에도 많이 활용하고 있다. 그러나 품질 유지 효과 측면에서는 질소 가스 치환보다 떨어지기 때문에 저장 기간이 긴 경우일 때는 질소 가스 치환 방법이 더 바람직하다.

⑤ 진공 포장 저장

용기 내의 산소를 제거하여 산화에 의한 차의 변질을 방지하는 방법으로 중급 정도의 차 제품에 이용되고 있으나 국내에서는 아직 사용되고 있지 않다.

최근에는 용기에 자동 충진과 진공 또는 질소 충진하는 포장기가 개발되어 성력화(省力化)와 더불어 품질 유지를 위해 널리 사용되고 있다. 그러나 찻잎의 끝이 뾰족하기 때문에 포장 봉투에 작은 구멍이 생겨 공기가 들어가 차의 변질이 일어날 우려가 있기 때문에 포장지 선택에 주의를 기울여야 한다. 일반 가정에서 차를 보관할 경우에는 차의 종류에 따라 저장 방법도 약간씩 다르다. 차의 뚜껑이나 봉투를 딴 뒤에는 가능한 한 빨리 마시는 것이 바람직하며, 남은 찻잎은 반드시 밀봉하여 냄새가 배지 않도록 한 뒤 냉동실이나 냉장실에 넣어 두고, 필요시에 조금씩 꺼내어 마시는 것이 좋다. 그러나 홍차의 경우에는 후숙에 의한 품질의 향상을 기대할 수 있기 때문에 보통 상온으로 저장하는 것이 좋다.

(3) 일상의 차 보관

차는 알루미늄통이나 주석통 혹은 나무통 등에 단단히 봉하여 보관하는 것이 좋다. 또 같은 장소라도 바닥보다 2m 높은 시렁의 습도가 3~5%(기온 27℃인 아파트의 경우) 정도 낮으므로 높은 곳에 보관하는 것이 더 낫다.

홍차, 철관음, 우롱차와 같은 발효차는 차통에 담은 채 그냥 보관하여 써도 크게 변질이 없고 묵은 차도 맛이 별로 나쁘지 않다. 녹차를 냉장고에 보관할 때는 반찬 등과 같이 두어서는 안 되며, 차만 넣는 냉장고가 없으면 뜯지 않은 차는 밀폐된 통 속에 포장된 차를 넣고 통 전체를 비닐에 한 겹 더 싸서 넣어두어야 반찬 냄새 등이 스며들 염려가 없다. 꺼낼 때는 비닐이나 통에 묻은 냄새가 배지 않게 유의한다. 비닐에 그냥 싸서 둘 때 비닐이 얇으면 산화되어 눈에 보이지 않는 미세한 구멍이 생기므로 조금 두꺼운 비닐을 쓰는 것이 좋다. 조금 변질되었거나 묵은 녹차라도 냄새만 나쁘지 않으면 먹어도 좋으며 그 나름의 맛이 있다. 너무 많이 변질된 차는 통에 담아 뚜껑을 연 채로 옷장 안에 두어 탈취제로 사용하면 좋다. 포장된 차 봉지를 개방하면 다관에 필요한 만큼 차를 넣은 다음 즉시 입구를 잘 봉해서 집게로 찝어 놓아야 하며, 한 번 봉지를 개봉하면 가까운 시일 내에 다 마시는 것이 좋다.

(4) 눅은 차 덖음법

장마가 지난 후나 보관상의 잘못으로 차에 습기가 스며들어 더 변질되는 것을 막으려면 다음과 같이 건조하여 보관해 둔다. 쇠로 만든 체에 한지를 여유 있게 깔아 차를 부어 넣고 약한 불 위에서 고루 흔들며 말린다. 체 대신 깨끗한 도자기나 유리그릇 및 차전용 프라이팬을 써도 된다. 구수한 차냄새가 나는 듯 하면 즉시 불에서 내려 식힌 후에 찻통에 담는다.

3) 차의 포장

차의 포장 목적은 품질 유지와 더불어 점두판매(店頭販賣)할 때 차의 상품 가치를 향상하기 위한 것으로, 여러 가지 재료와 방법으로 원료에서부터 소매용 제품에 이르기까지 다양한 방법으로 포장하고 있다.

(1) 포장 목적

- 품질 보존
- 판매할 때 적당한 양의 구분
- 판매 점포에서 상품 가치와 종류를 구별

(2) 포장 종류

- 종이제품 : 종이는 지질에 따라서 차이는 있으나 방습성이 거의 없어 특수 은박지나 플라스틱 비닐을 종이에 접합하여 겹겹으로 붙여 포장한다.
- 나무제품 : 상자는 습기를 방지하는 데는 약하기 때문에 은박지 봉투에 차를 넣어 밀봉하며 소규모의 포장에 품위 있게 사용한다.
- 금속제품 : 가격이 비싸지만, 완전 밀봉이 가능하며 질소 봉입 포장도 가능하고 손상될 위험이 적어 제품 보존에 효과적이다.
- 유리제품 : 밀봉이나 방습에는 효과가 있으나 파손이 잘되는 단점이 있다.
- 특수은박지(플라스틱 비닐) : 종이보다 방습성이 강하고 열로서 융합이 잘 되어

밀봉 가능하며 대부분 혼합성 비닐 특수 은박지 포장을 개발하여 사용한다.

- 티백 포장 : 침출도를 높이기 위해서 침출용 얇은 종이에 가루로 분쇄한 차를 담아서 포장하는 방법으로 습기 흡수율이 높아 사용량을 고려해서 활용해야 한다.

(3) 포장 방법

차의 포장 형태는 품질 유지와 비용을 고려하여 나무상자나 도자기, 종이상자, 크라프트지에 폴리에칠렌(PE)이나 알루미늄박을 접착시켜 방습성을 높인 포대, 소형 캔 등 여러 가지 형태가 있다. 포장하는 방법은 목적에 따라 외장, 내장, 개장으로 분류할 수 있다.

- 외장(外裝) : 외피 포장으로 멀리 수송할 때 낱개로 포장하여 운송을 편리하게 하는 방법
- 내장(內裝) : 외장의 보조적 역할로 외장 내부 물품의 이동 방지나 완충재 역할을 하는 방법
- 개장(個裝) : 낱개 포장으로 소비자에게 직접 전달하는 판매용 최소단위로 포장하는 방법

차의 원료는 보통 20~30kg의 종이상자를 이용하지만, 고급차의 경우 질소 가스로 치환하거나 진공 포장을 위해 접착된 필름을 사용한다. 수입 홍차는 베니어판에 알루미늄박과 종이를 접착시켜 만든 종이를 내면에 부착하여 사용하고 있다. 녹차의 소형 포장은 일반적으로 접착된 알루미늄 봉투에 찻잎을 넣고, 다시 알루미늄 라미네이팅 처리한 종이 캔이나 금속 캔 또는 종이 상자에 넣어 포장한다. 유리 용기나 도자기류는 주로 홍차 포장에 많이 사용하고 있으며, 티백 포장을 할 때 여과지 싸는 봉투로 기존에는 종이를 사용하였으나 최근에는 제품의 품질 유지를 위해 알루미늄박과 종이를 접착시킨 재질을 사용하는 경우가 늘어나고 있다.

6. 차의 품평

1) 품평 목적

차의 품평이란 말 그대로 차의 품질에 대한 평가로, 차의 역사가 시작된 이래 차의 품평 역시 계속되어왔다고 해도 과언이 아니다. 다만 이때의 품평은 진짜와 가짜에 대한 진위를 따지고 차의 품위와 등급을 결정하는 구별에 그 목적이 있었다. 또 당시에는 특정계층에서 차를 향유했다는 점에서 지극히 개인적인 취향과 판단을 목적으로 한 것으로, 오늘날 품평에서 말하는 관능심사에 가깝다고 할 수 있다. 더욱이 차를 즐기는 사람은 누구나 차에 대한 자신의 취향과 견해를 지녀야 한다는 점에서, 차의 품평은 차를 즐기는 방법의 하나라고 볼 수 있다.

그러나 차가 산업적으로 발달하기 시작하면서 차의 품평은 제다기술 발전을 위한 다양한 의견 수렴과 판매시장에서 객관적인 가격 정보를 통해 차의 경제적 가치를 구별하는 보다 구체적인 두 가지 목적을 위해 이루어지고 있다. 따라서 초기에는 차의 맛에 대한 개인들의 주관적인 평가가 중심이 되었던데 반해, 점차 객관적이고 과학적인 분석이 주류를 이루게 되었다. 즉, 차의 품평은 궁극적으로 제다 과정 개선을 통해 우수한 차를 생산하고, 소비자에게 양질의 차를 공급하여 소비시장을 확보하는 데 그 목적이 있다. 더불어 차의 품질에 대한 객관적인 품등을 표시함으로써 유통시장의 질서를 확립하고, 소비시장에서의 신뢰를 증가시키며, 다양한 차의 품종과 품등을 제시함으로써 차의 활용을 확대하여 궁극적으로 차의 생산과 소비 측면 모두에서 원활한 발전을 도모하는데 기여하기 위한 것이다.

2) 차의 품질과 심사

차의 품질을 감정할 때는 보통 형상(形狀), 색택(色澤), 수색(水色), 향기(香氣) 및 자미(滋味) 등 5가지 항목에 걸쳐 행하며, 차의 종류나 심사의 목적에 따라 찻잎의 찌꺼기, 발효 정도, 건조도 등을 항목에 추가시키기도 한다. 인간의 감각 기관에 의해 차의 미묘한 품질상의 차이를 판별한다는 것은 어느 정도 한계가 있기 때문에 심사하려는 찻잎의 여러 가지 자료를 함께 사용하는 것이 필요하다.

(1) 형상

찻잎의 크기, 거친 정도, 경중, 분말, 잎의 유념 정도, 균일성, 혼잡물의 여부, 싹(Tip)의 유무 등을 중점적으로 보며 품종이나 차나무의 영양 상태, 채엽 시기, 가지의 굵기 등에 따라서도 영향을 받는다. 찻잎의 형상은 외형적으로 상품적인 가치와 직결되기 때문에 매우 중요한 부분으로 일반적으로 입자의 크기가 균일하고 분말이 적으며 잘 말아진 잎, 무게가 무거운 것과 싹이 많고 줄기가 포함되지 않은 것이 상품(上品)이다.

(2) 색택

찻잎의 색택에 대한 품질 감정은 색의 세 가지 속성인 밝기를 나타내는 명도와 색상, 진하고 엷은 정도를 나타내는 채도 그리고 광택을 중심으로 이루어진다. 색택은 원료의 영양 상태나 품종, 채엽 시기, 제조 과정 등에 따라 달라진다. 녹차의 경우 채엽 후 정치 시간이 길수록 황색을 띠며, 가능한 높은 온도에서 짧은 시간 안에 처리한 것이 색택이 좋다.

(3) 수색

수색(水色)은 침출액의 기본적인 색과 탁도, 침전물의 양 등을 보는 것으로, 제조 가공 상의 문제점과 변질 정도를 확인할 수 있다. 그늘진 곳이나 피복 재배한 차는 황색을 나타내는 플라본의 함량이 낮고 녹색을 나타내는 엽록소의 함량이 증가하므로 수색이 좋아진다. 녹차도 증제차가 덖음차보다 녹색이 진하다.

(4) 향기

최근에는 차의 품질 감정 항목 중에서 향기에 대한 비중이 높아지고 있는데, 다엽 중의 향기 성분은 차의 종류에 따라 달라지며, 맛과 얼마나 잘 조화를 이루는지가 중요한 관건이다. 녹차의 경우 신선하고 상큼한 자연의 풋냄새와 열처리에 의한 구수한 향이 잘 나타나는 것이 좋고, 발효 정도가 15% 정도인 포종차(包種茶)는 화향(花香)이 강하고, 철관음차(鐵觀音茶)나 수선차(水仙茶)는 과일향이 나고, 발효 정도가 65%인 우롱차는 숙성된 과일향이 나는 것이 좋다.

(5) 자미

찻잎의 자미(滋味)는 가용성 물질의 조성과 양, 감칠맛, 고미(苦味), 감미(甘味), 삽미(澁味) 등의 맛이 얼마나 잘 조화를 이루는지가 중요한 문제인데, 대개 폴리페놀과 카페인의 비율이 3:1일 때가 가장 맛이 좋다.

(6) 찻잎 찌꺼기

차를 우려내고 남은 잎 찌꺼기는 찻잎의 품질과 밀접한 관계를 갖는데, 원료로서의 찻잎의 성질이나 잎의 경화 정도, 균일성, 색택, 선도, 손상 여부 등을 알 수 있다. 발효차의 경우 발효 정도를 감별할 수 있으며, 제조 과정 중의 잘못된 부분도 찾아낼 수 있는데, 차의 종류에 따라 찻잎 찌꺼기를 감정 항목에 넣기도 하고 제외하기도 한다. 녹차는 대개 중요시하지 않고, 우롱차와 홍차는 항목에 포함한다.

2) 품평의 구분

차의 품평을 간결하게 규정하면 차의 맛과 향과 색에 의한 판별이라 할 수 있다. 차의 생명인 향미의 좋고 나쁨을 인간의 감각 기관을 통해 판별하는 것은 개인의 여러 가지 조건에 따라 변화될 수 있기 때문에 과학적인 방법과 인간의 감각을 병행하여 더 정확하게 품질을 감정하는 방법이 필요해졌다. 이러한 필요에 따라 근대적인 차의 품평은 이화품평과 관능품평의 두 가지 방법으로 수행하여 이들 분석 결과를 상보적으로 채용하고 있다. 근대적인 차의 품평 방법인 이화품평과 관능품평에 관해 알아보자.

(1) 이화품평

이화품평(理化品評, Physico-chemical Evaluation)은 차의 이화학적 분석결과를 활용하는 방법으로, 차의 색과 향과 맛에 대한 물리적인 감별과 화학적 감별로 구성된다. 물리적 감별은 차의 형상, 색택, 수색, 향기를 특정한 설비를 통해 측정하고 분석하는 것으로, 차의 무게와 부피, 색과 굴절률 등의 검사가 있다. 화학적 감별에는 폴리페놀과 같은 차의 성분 분석, 농약 정도, 차탕 향기 분석 등이 있다. 이러한 방법은 객관적이며 공정한 분석으로 인위적 영향을 적게 받는 장점이 있지만, 설비가 필요하고 과정이 복잡하며, 맛과 향의 품질 특성을 반영하기 어려운 단점이 있다.

(2) 관능품평

관능품평(官能品評, Sensory Evaluation)은 감관검사(感官檢驗)라고도 하는데,

이것은 오랜 훈련을 거친 전문인이 시각, 후각, 미각, 촉각을 이용하여 품질의 좋고 나쁨을 판단하는 방법이다. 관능검사는 상당한 훈련과 경험에 의한 능력이 필요하며, 엄밀한 평가를 위해서는 제다과정은 물론 차를 생산하는 지역이나 기후 및 제다환경, 소비시장의 지역적 특성 및 소비동향을 비롯한 차에 대한 전문 지식을 두루 섭렵해야만 한다. 그럼에도 불구하고 품평원의 심신 상태, 분위기 등에 영향을 받을 경우, 개인차가 생기기 쉬운 심사법이기도 하다. 그래서 과거에는 신뢰도가 희박하다는 비판이 있었으나 최근에는 근대적인 실험심리학에 의한 관각척도(官覺尺度)의 구성, 지각의 수량화 연구나 추측통계학적 실험계획 이론의 발달로 한층 과학적인 관능검사가 가능해져서 식품 이외의 다양한 분야에서 널리 채용하고 있다.

차의 관능품평은 차 자체에 대한 평가와 여러 가지 차에 대한 소비자의 선호도를 표현하는 평가로 구분할 수 있다. 전자는 차가 어떤 색향미를 띠고 있는지를 객관적으로 평가하는 특성묘사분석과 동일군의 차 제품의 특성이나 품질의 차이를 평가하는 차이식별분석 검사이며, 후자는 소비자의 반응을 중심으로 검사하는 기호도 분석이다. 관능검사의 장점은 빠른 속도와 편리성이지만 단점은 주관적 판단에 따른다는 것이다. 따라서 그 결과를 산업적으로 활용하기 위해서는 다수의 패널요원의 정량 평가를 바탕으로 그것을 도식화해야 한다.

3) 품평 환경과 도구

(1) 품평원

품평은 시각, 후각, 미각, 촉각 등 감각기관을 이용한 관능검사로 전문적 기술성을 요구하는 작업이다. 따라서 차 품평원은 오랜 훈련과 경험, 차나무의 특성 및 제다공정, 지역적 특성 등을 이해하여야 정확한 심사를 할 수 있다. 차의 물리 · 화학적 분석을 참고로 이용한다. 품평은 마른 찻잎 외형 보기, 찻물색 보기, 향기, 맛, 우린 잎 보기 등 5개 항목으로 구분한 '5인자 품평법'으로 3~5g의 차를 150㎖의 열량으로 5분간 우려서 심사한다. 관능검사 순서는 샘플 채취, 건평, 습평, 기록이며 때로는 평가와 품평기록을 동시에 진행한다.

(2) 품평 환경

차의 관능품평을 위한 검사실은 일반적으로 2층 이상이 좋으며 바닥이 건조해야 한다. 건물은 북향 구조로 실내 벽과 천장은 흰색, 지면은 대리석, 나무, 타일 바닥이 좋다. 검사실의 실외 환경은 조용한 곳, 공해와 오염이 없고 잡내가 나지 않는 곳, 건조한 곳, 북쪽으로 창이 나고 시야가 넓어 자연광이 충분한 곳이 좋다.

검사실 내부는 조용하고 안정된 곳, 습하지 않고 쾌적하며 정결한 곳, 공기가 신선하고 통풍이 잘되는 곳, 실내장식이 단아하고 차분한 곳, 창의 크기가 적당하여 자연광이 충분하고 밝으나 직사광선이 들어오지 않아 광선 밝기의 변화가 크지 않은 곳으로 전체적으로 700Lux를 유지하는 것이 좋다. 품평대의 조도는 건식은 1000Lux, 습식은 750Lux가 적당하며, 실내온도는 상온인 20±℃, 실내습도는 70±%가 적합하다.

(3) 품평용 물

물은 샘물, 강물, 우물물, 빗물, 눈[雪]물, 호숫물, 지하수 등과 수돗물, 증류수, 무이온수 등 다양한 종류가 있다. 이들 각종 물에는 용해되어있는 물질이 달라서 우려낸 찻물의 품질에 각기 다른 영향을 준다. 특히 물의 산도, 알칼리 도와 금속이온성분 중에서 나타난다. 수질이 약산성을 띠면 탕색의 투명도가 좋고 중성과 알칼리성에 치우치면 폴리페놀이 많아져 산화를 촉진하므로 빛깔과 광택이 어둡고 맛이 무디어진다. 우물물은 알칼리성에 치우치는 것이 많다. 강물과 호수의 물은 대다수가 혼탁하고 이상한 냄새가 난다. 새로 설치한 수도관은 철 이온 함량이 비교적 많아 차를 우리면 탕색이 어두우므로 반드시 호스 안의 물을 빼어버린 후 다시 물을 받아 사용해야 한다. 이외 어떤 금속이온은 물로 하여금 특수한 금속 맛을 띠게 하여 품평에 영향을 준다. 따라서 차를 평가할 때에는 자연 광천수 및 산지에서 흐르는 시냇물을 사용하는 것이 비교적 좋다. 펄펄 끓인 물은 응당 짧은 시간 내에 빨리 사용해야 한다. 만약 오래 끓이거나 보온병 안의 더운물을 다시 끓여서 사용하면 오래 끓인 냄새가 쉽게 생겨 향기와 맛의 심사결과에 영향을 미친다. 품평용수는 음용 위생 표준조건을 갖춘 물이라야 한다. 이러한 점을 감안 해서 품평용 물의 특성을 요약하면 다음과 같다.

- 투명하고 침전물이 없으며, 맛과 냄새가 없는 같은 물을 사용
- 물의 온도 : 모든 차는 100℃의 끓인 물을 사용하나 명차를 음미할 때는 80℃의 물 사용
- 우리는 시간 : 5분 기준
- 물과 차의 비율 : 녹차와 홍차는 1:50, 청차는 1:22

(4) 품평 도구

품평실에 갖추어야 할 품평 도구는 건평대(乾評臺), 습평대(濕評臺), 품평반(品評盤), 품평배(品評杯), 품평완(品評碗), 엽저반(葉底盤), 차 시료저울, 타이머, 품평 보조사발, 품평 차수저[茶匙], 걸름망 수저, 물주전자, 물 버림통과 컵, 품평기록표, 샘플차 보관함 등이 있다.

① 품평반
② 품평배
③ 품평완
④ 엽저반
⑤ 차 시료저울
⑥ 타이어
⑦ 품평 보조사발
⑧ 품평 차수저
⑨ 걸름망
⑩ 물 주전자
⑪ 버림통

① 건평대(乾評臺)

마른 찻잎의 외형, 형태, 색상을 품평하기 위한 품평대로 높이 900㎜, 폭 600~700㎜에 바탕은 검은색이어야 한다.

② 습평대(濕評臺)

품평배와 품평완을 놓고 우려낸 차의 색과 향과 맛, 그리고 우린 잎을 심사하는 품평대이다. 높이 800㎜에 폭 450~600㎜, 바탕색은 흰색이며, 북쪽 창 밑의 건평대와 약 1~1.2m의 간격을 둔다.

③ 품평반(品評盤)

심평반 또는 샘플반이라고도 하는데, 품평용 차 견본을 담는 흰색 네모난 그릇이다. 나무일 경우, 냄새가 없는 것을 선정하고 번호가 있으며 한 모서리가 터져 있어야 한다. 보통 230×230×30㎜의 정사각형[正方形]이나 250×160×30×㎜의 직사각[長方形]을 사용한다.

④ 품평배(品評杯)

차를 우리고 향을 심사하는 원형의 백자 다관이다. 다관 벽의 두텁기와 크기 및 색상이 일정해야 하며, 품평배의 바닥 바깥 표면에는 번호가 있다. 잔의 손잡이 맞은 편 윗부분 테두리는 톱날형이나 활형이어야 하며 용량은 150㎖ 기준이다. 다만, 모차(毛茶)를 품평할 때는 200㎖ 품평배를 사용하며, 청차를 품평할 때에는 용량 110㎖의 뚜껑이 달린 개완배를 사용한다.

⑤ 품평완(品評碗)

찻물색과 맛을 심사하는 사발이다. 입지름이 밑부분보다 조금 넓은 백자가 좋으며, 품평배와 품평완은 세트로 준비하고, 번호가 있어야 한다.

⑥ 엽저반(葉底盤)

우린 찻잎을 심사하는 도구이다. 100×100×20㎜의 검은 반을 사용한다.

⑦ 품평 보조사발[湯碗]

작은 백자 사발로, 사발 속에 차수저, 걸름망 수저 등을 넣고 사용 시에 끓는 물을 부어 소독과 청결을 유지하기 위한 도구이다.

⑧ 차 시료 저울

품평할 차의 양을 측정하기 위한 도구로, 단위는 0.1g 단위로 표시되어야 한다.

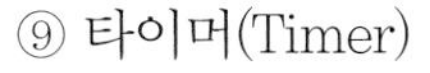

⑨ 타이머(Timer)

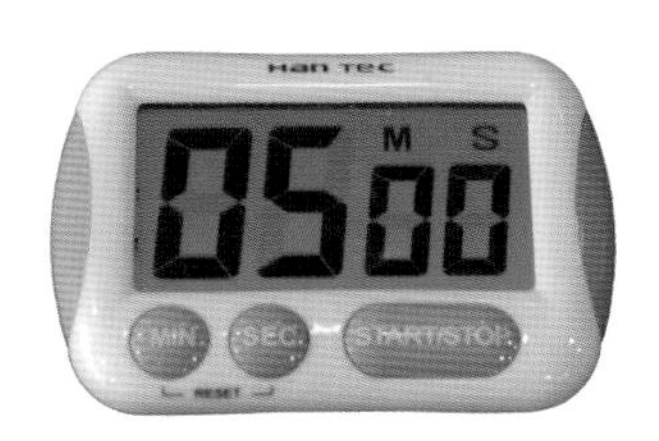

일명 정시기(定時器)로 품평시간을 측정할 때 사용한다.

⑩ 품평 차수저

탕수저라고도 한다. 찻물의 맛을 품평하기 위한 도구로 일반적으로 백자 수저를 사용한다. 금속 수저는 열전도가 빨라 품평에 나쁜 영향을 미칠 수 있다.

⑪ 걸름망 수저

찻물 속의 찌꺼기나 거품을 건져내는 도구이다. 걸름망이 붙어 있는 차시로, 잡내가 나지 않아야 한다.

⑫ 물 주전자

물을 끓이는 주전자로, 알루미늄 재질이 적당하지만, 최근에는 전기 포트를 사용하기도 한다. 주전자의 용량은 품평하는 양에 따라 다르지만, 일반적으로 2.5~5ℓ 정도가 적당하다.

⑬ 물 버림통

일명 토차통(吐茶桶)이라고 하는데, 차 속의 잡티를 담고 품평 시 뱉어내는 찻물이나 버리는 찻물을 담는 통이다. 주석으로 도금한 양철제품을 주로 사용하며 높이 800㎜, 윗부분 직경 320㎜, 밑부분 직경 160㎜의 위가 넓고 아래가 좁은 용기이다.

⑭ 품평기록표

평가내용을 기록하는 표이다. 평가항목별로 기록표를 구성해야 하는데, 일반적으로 외형, 탕색, 향기, 맛, 우린 잎 등 5개 요소로 구성한 5인자 품평법을 주로 사용하고 있다. 그러나 차의 종류와 품평 목적에 따라 더 세분해서 항목을 구성할 수 있다.

4) 품평 순서

차의 품평은 준비, 품평, 평가표 작성의 세 단계로 크게 구성되는데, 준비과정에서는 표본 시료를 채취하고 품평에 사용할 물을 준비하는 것이 가장 중요하다. 다음으로 진행하는 품평과정은 마른 찻잎의 외형을 품평하는 건평(乾評)과 우린 차의 내질(內質)을 품평하는 습평(濕評) 순으로 진행하고, 그 후에는 심사평가표를 작성하는 순서로 진행한다.

(1) 품평 준비

① 표본 시료 채취

시료 채취는 차 품질 평가의 첫 단계로, 정확한 차 품질 평가의 관건이 된다고 할 수 있으므로 신중해야 한다. 표본을 채취할 때에는 검사 대상 차를 품평반에 담아 가볍게 흔들어 돌려주면서 충분히 혼합한 후 상 · 중 · 하층에서 1번씩, 좌 · 우에서 1번씩 고르게 채취한다. 채취한 차를 모두 모아서 4등분 한 후 그중 한 군을 취하고, 다시 4등분 하여 한 군을 취한다. 이 때 찻잎을 세 손가락으로 가볍게 잡아 150~200g 정도를 표본 쟁반에 담고, 찻잎의 종류와 제조일자, 번호를 기록한다.

② 물 선택

차의 품질 측정에 있어 물의 종류나 맑음 정도, 탁한 정도, 경도 등에 따라 차의 품질에 큰 영향을 주기 때문에 물은 반드시 같은 종류를 사용해야 평가의 정확성을 기할 수 있다.

보통 차를 끓일 때 가장 바람직한 물은 산에서 천천히 흘러내린 샘물로, 칼슘과 마그네슘을 적게 함유한 것일수록 좋다. 품질 측정에 사용하는 물은 반드시 한 가지 종류를 써야 하며, 가능한 샘물이나 증류수를 사용하는 것이 좋다. 물에 함유되어있는 광물질 중에서 산화철은 0.1ppm일 경우에 차의 수색이 어둡고, 맛 또한 담백해지며, 칼슘은 차탕 중 2ppm일 경우 떫은맛이 강해지고, 4ppm일 경우에는 쓴맛이 나게 된다. 마그네슘은 2ppm이 들어 있을 때 맛이 담백해지며, 망간은 0.1~0.2ppm일 경우 쓴맛을 내게 되고, 0.3~0.4ppm일 경우에는 쓴맛이 매우 강해진다.

③ 물의 온도

품질 감정할 때 사용하는 물은 반드시 펄펄 끓인 뒤 사용해야 하며, 표준 수온은 95~100℃이다. 만일 물의 온도가 이보다 낮을 경우 찻잎 중의 향미나 차탕 중의 수용성 성분이 충분히 우러나지 않기 때문에 좋은 효과를 거둘 수 없다. 너무 오래 끓인 물은 금방 끓인 물에 비해 신선미가 떨어져 좋지 않으므로 여러 번 재탕한 물은 사용하지 않는다.

④ 추출 시간

차 추출 시간은 침출물의 양과 밀접한 관계가 있으며 차탕의 수색이나 명암, 맛의 농담, 쓴맛, 떫은맛 등이 달라지기 때문에 추출 시간은 찻잎 품질에 직접적인 영향을 미친다. 찻잎의 가용 성분 중에서 카페인의 용해 속도는 비교적 빠르고 폴리페놀 성분의 용해도는 느린 편이다. 추출 시간이 6분이면 카페인은 거의 침출되어 나오지만, 폴리페놀은 2/3정도 침출된다. 추출 시간이 10분일 경우 찻잎에 함유되어있는 가용 성분이 거의 침출되어 나오고, 차탕의 수색 역시 제일 높은 점에 이른다. 그러나 침출 시간이 너무 길 경우 차탕 중에 용해되는 물질의 양이 많아지지만 품질 평가에 좋은 것은 아니다. 따라서 일반적인 차의 품질 감정에서 침출 시간은 5분으로 규정하고 있으며, 5분 정도 침출할 경우 폴리페놀과 카페인의 추출 비율이 3:1 정도로 품질 측정에 가장 적합하다.

⑤ 물과 차의 비율

찻잎과 물의 양은 차탕의 농담과 액층의 두께와 큰 관계가 있다. 찻잎의 함량이 많고, 물이 적을 경우 찻잎 성분이 완전히 침출되지 않고 차탕이 지나치게 진해지며, 반대로 차의 양이 적고 물이 많을 경우 탕색이 담백해진다. 차의 양과 물의 양에 따라 차탕의 향기와 맛에 영향을 주어 품질 감정에 오차가 생기게 되므로, 사용하는 물이나 차의 양은 반드시 일정해야 한다.

5) 품평 진행

(1) 건평

건평이란 마른 찻잎의 외형 품평으로, 준비된 500g의 샘플차 중 약 200g~250g을 품평반에 넣고 요반(搖盤) 하여 찻잎을 관찰하는 것이다. 요반이란 품평반을 잘 돌려 차를 고르게 펼치면서 상, 중, 하단으로 분류하는 것으로, 건평에서는 이들 각 부분의 차를 여린 정도, 형태, 색상, 명도, 온전한 정도, 혼잡물 유무 및 청결도 등 여러 각도에서 찻잎의 좋고 나쁨을 판별하고 평가한다.

① 찻잎의 여린 정도

- 창(槍)의 비율이 높고, 싹이 말려서 끝이 뾰족한 상태인 봉묘가 많이 보이면, 잎의 여린 정도가 높다.
- 솜털이 있는 것이 어리고 여리므로 같은 품종의 차나무에서 채취한 찻잎 중에서도 솜털이 많을수록 품질이 높다.
- 매끈하거나 거친 정도를 보는데 찻잎이 매끈해 윤기가 날수록 품질이 좋다.

② 찻잎 모양(形狀) : 장조형, 원형, 편평형, 침형

- 장조형(長條形) : 찻잎이 말린 상태가 느슨하거나 단단한 정도, 얇거나 두터운 정도, 굽어 있거나 곧은 정도[曲直], 가볍거나 무거운 정도[輕重], 고르고 가지런한 정도, 납작하거나 말려서 둥근 정도[扁圓] 등
- 원형(圓形) : 알갱이가 잘고 둥글게 뭉친 정도, 둥근 정도, 알갱이의 풀어진 정도
- 편평형(扁平形) : 납작한 정도, 곧은 정도, 매끄럽고 윤기가 있는 정도

- 외형을 평가할 때에는 각 차의 고유 형태나 색상과 같은 특색을 상세히 알아야 한다.

③ 색상과 광택 보기 : 색깔의 종류와 균일한 정도, 광택의 정도 등을 평가

- 색상 : 색깔의 종류(녹색−비취색, 황록색, 연녹색 등 / 홍색−밤색, 붉은 갈색 등)
- 균일한 정도 : 색깔이 균일한지를 평가
- 광택의 정도[光澤度] : 윤기가 있고 없음의 정도, 선명하고 어두운 정도를 육안으로 평가
- 온전한 정도 : 형태가 온전하고 고른지, 부서진 차가 어느 정도인지 평가
- 혼잡물 여부 : 차에 이물질이 섞여 있는 정도, 쇤 잎이나 누런 잎이 표준량을 초과하는지 평가

(2) 습평

습평이란 내질 품평으로, 품평반 중심의 차엽을 정확하게 3.0g~5.0g의 샘플을 채취하여 미리 준비한 품평배에 넣고 물을 부은 후 뚜껑을 닫고 정확히 시간을 잰다. 시간에 맞춰 품평완에 바로 따라 낸 후 찻물색 보기[看湯色], 향기 맡기[嗅香氣], 맛보기[嘗滋味], 우린 잎 보기[評葉底]의 순서로 시행한다.

① 찻물색 보기

찻물색을 먼저 심사하는 이유는 폴리페놀 물질이 산화되면서 찻물색에 영향을 미칠 수 있기 때문이고 시간이 지날수록 찻물색은 어둡게 변한다. 따라서 탕색을 심사할 때에는 민첩성을 요구한다. 특히 겨울에 차를 평가할 때 탕의 온도가 낮아짐에 따라 탕색도 선명하게 짙어진

다. 같은 온도와 같은 시간 내에 홍차의 색깔변화가 녹차보다 심하고, 대엽종은 소엽종보다 빠르며, 여린 차는 늙은 차보다 심하고, 햇차는 묵은차보다 빠르다. 즉, 찻물색은 변화요인이 많으므로 실내 빛의 강약, 채취한 샘플의 정확성, 물의 양 및 온도의 높고 낮음 또는 시간의 길고 짧음에 영향을 받으며, 우려낸 찻물색을 품평할 때는 광선의 강약, 품평완의 두께와 크기 등의 외부적 요소에도 영향을 받는다. 따라서 품평할 때는 자주 품평완의 위치를 바꾸며 다른 품평완의 찻물색과 비교하는 등 외부적 요소로부터 영향을 받지 않도록 한다.

- 색도 보기 : 탕색의 짙고 옅음과 색의 종류를 본다.
- 명도 보기 : 탕색의 신선도와 농염과 명철 정도를 보는 것으로, 밝을수록 품질이 좋다.
- 탁도 보기 : 탕색의 선명도와 암운과 청탁도를 보는 것으로, 맑고 투명하며 침전물이 없고 반광이 좋아야 한다.

② 향기 맡기

향기 심사란 찻잎에서 나는 각종 냄새를 분별하는 것으로, 찻잎에 들어 있는 각종 향기 성분마다 향기가 나기 시작하는 온도와 휘발하는 시간이 다르므로, 찻잎의 향기 심사는 여러 번에 걸쳐 실시해야 정확성을 기할 수 있다. 향기를 심사할 때에는 품평배를 손으로 잡고 품평배의 뚜껑을 조금만 연 후, 코 부위를 찻잔에 깊게 대서 우린 잎에 최대한으로 접근하여 향기와 접촉하는 면적을 크게 하면서 매번 2~3초 동안 깊게 1~2번 숨을 들여 마신다. 5초를 초과하거나 1초보다 빠른 것은 적합하지 않으며, 온도가 60℃를 넘으면 향기를 잘 식별할 수 없다.

향기 평가는 차의 관능검사에서 비교적 어려운 부분으로 평상시의 반복훈련과 민감한 후각을 유지하는 것이 정확한 결과를 얻기 위한 기본이 된다. 시간의 경과에 따라 향기를 심사하는 과정은 찻물색을 본 후 바로 하는 뜨거운 향기 맡기, 찻물이 미지근해졌을 때 하는 따뜻한 향기 맡기, 우린 잎을 보기 전에 찻잎이 식으면 심사하는 차가운 향기 맡기의 세 3단계가 있는데, 이처럼 여러 단계의 향기를 심사하면 차의 본래 향기 이외에 잡향을 확인할 수 있어 차향이 순수한지 아닌지를 식별할 수 있다.

- 뜨거운 향기(熱嗅) : 차 본래의 향기 외의 잡향을 쉽게 맡을 수 있으며, 특징을 가장 잘 알 수 있다.
- 따뜻한 향기(溫嗅) : 비교적 특징적인 향기 심사, 향기의 질과 농도, 향의 종류를 판별할 때 적합하다.
- 차가운 향기(冷嗅) : 찻물의 맛을 본 후 우린 잎을 보기 전에 찻잎이 식으면 다시 향기를 맡는다. 향기의 지속성을 판별하는 데 유용하다.

③ 맛보기

맛보는 데 적당한 온도는 50℃ 정도이다. 온도가 70℃보다 높으면 혀를 데기 쉽고 입에 뜨거운 감이 남으며, 40℃보다 낮으면 떫은맛이 세게 나며 농도가 높아지고 민감성이 떨어져 맛을 잘 감별할 수 없다.

- 심사항목 : 맛의 자극성이 높고 낮은 정도, 진한 정도, 추출된 물질의 많고 적음을 나타내는 두터운 정도, 개운함과 떫음, 순수한 맛과 잡맛이 섞였는지 등을 심사한다. 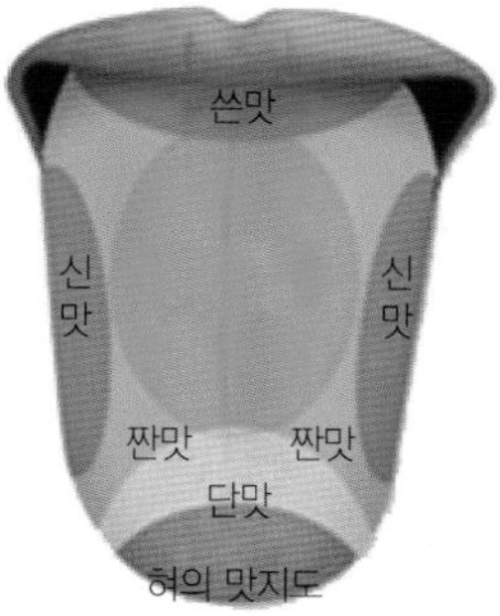
- 심사 방법 : 찻물이 50℃ 정도로 식으면, 큰 스푼에 반 정도(약 5~8ml) 취하여 입에 넣고 찻물을 혀에서 진동시켜 혀의 각종 부위에 접할 수 있게 한다. 혀는 각 부위 마다 느끼는 맛의 민감도가 다르다. 맛 심사 후 찻물에 대한 맛의 감각을 글로 기록하거나 순위를 정하거나 점수를 매긴다.

쓴맛
신맛
신맛
짠맛
짠맛
단맛
혀의 맛지도

④ 우린 잎 보기[葉底]

우린 잎 보기 역시 중요한 심사부분인데, 시각과 촉각을 이용하여 평가한다. 1차 가공차(毛茶)는 주로 우린 잎을 보고 내적 품질을 평가한다. 우린 잎을 품평할 때에는 주로 찻잎의 여린 정도, 두터운 정도, 색상과 균일 정도, 차엽의 온전 정도를 평가한다.

- 여린 정도 : 색깔과 경도 및 싹(芽)의 많고 적음, 잎맥의 상태를 보고 판단한다.
- 균일한 정도 : 잎의 두텁고 얇음, 여린 정도, 크고 작음, 색깔이 균일한 정도, 잎의 온전한 정도를 본다.

(3) 평가표 작성

품평의 마지막 단계인 평가표 작성은 건평과 습평을 비롯한 모든 과정을 오나료한 후 각 항목에 대한 품평 결과를 기록하는 것이다. 품평을 시작하기 전에 정해진 항목에 대한 개별 평가 내용과 전체적인 조화도를 모두 기록할 수 있도록 평가표 양식을 미리 확정해 놓는 것이 좋다. 평가표를 기록할 때에는 차의 외관과 내질을 구분해서 평가하고, 외관은 다시 마른 찻잎의 외형과 우린 잎으로 세분하고, 각각의 항목에 대하여 향, 색, 맛, 맛과 색과 향의 조화 등을 를 구분해서 평가한다. 객관적인 결과를 도출 할 수 있도록 점수로 기록하는 정량평가와 전문적인 품평용어에 근거한 정성평가를 병기하는 것이 좋다.

품평실례

품평대에 품평도구를 정렬하고, 사용할 물을 준비한다.

마른 잎을 준비한다.

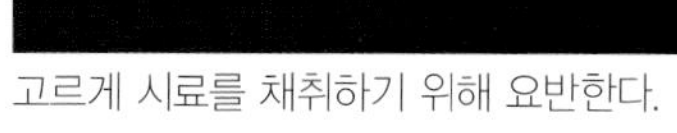

고르게 시료를 채취하기 위해 요반한다.

마른 찻잎의 여린 정도, 모양, 색상, 광택 등 외형을 평가한다.

시료를 채취한다.

찻잎을 세 손가락으로 가볍게 잡아 150~200g 정도 표본 쟁반에 담고, 찻잎의 종류와 제조일자, 번호를 기록한다.

시료 무게를 정확하게 측정한다.(3g)

품평배에 찻잎을 넣는다.

품평배 뚜껑을 들고, 품평배에 물을 부은 후 뚜껑을 덮는다

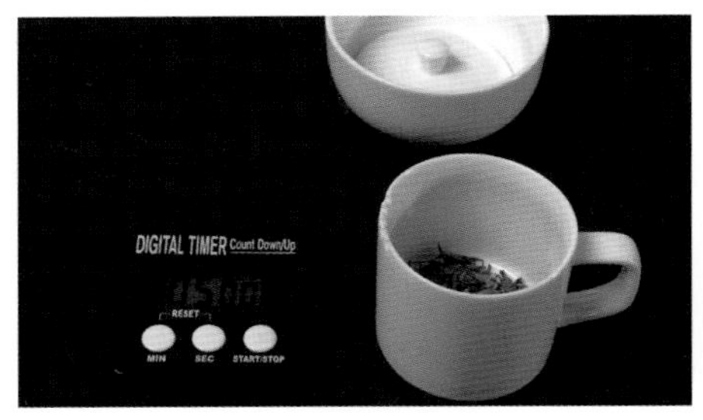

정확하게 시간을 측정한다.

품평배를 잡는다.

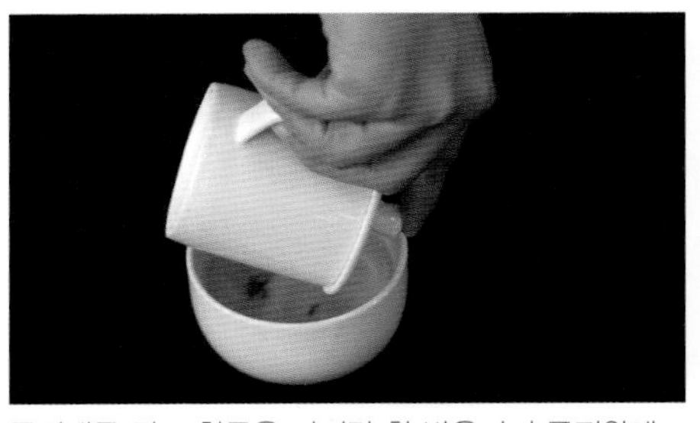

품평배를 잡고 찻물을 마지막 한 방울까지 품평완에 따른다.

품평배를 내려 놓는다.

찻물색을 본다. [看湯色]

뚜껑을 고정시키고 품평배 안의 찻잎을 흔든다.

숨을 크게 들이쉬며 향기를 맡는다[嗅香氣]

찻물이 50℃ 정도로 식으면 품평완의 찻물을 덜어낸다.

덜어낸 찻물을 입 안에 머금는다.

혀의 각 부위에 접할 수 있도록 입 안에 고르게 찻물을 굴리며 맛을 본다. [嘗滋味]

찻잎의 내적 품질 평가를 위해 우린 잎을 덜어낸다.

우린 잎을 엽저반에 놓는다.

엽저반에 물을 붓는다.

우린 잎을 고르게 편다.

찻잎의 여린 정도, 두터운 정도, 빛깔, 완전하고 부스러진 정도, 크기, 깨끗한 정도 등을 심사한다. [評葉底]

7. 세계의 차 산업

세계 인구의 50% 이상이 기호 음료로 커피보다 차를 선호하고 있고 환경과 건강에 대한 관심이 높아지면서 차의 수요는 지속적으로 증가하고 있다. 세계적 차의 주산지는 중국, 인도, 스리랑카, 인도네시아에서 주변국으로 확대되어 현재는 베트남, 아프리카, 러시아, 남미의 열대, 아열대, 온대지방에서까지 재배하고 있으며, 남반구의 호주에서도 생산이 이루어져 차생산국은 40여 개국에 달한다.

세계의 녹차 산업 선진국은 경쟁력 있는 차산업을 구축하기 위해 다원 기반 정비, 경영규모 확대, 녹차 가공공장의 자동화 등에 힘을 쏟고 있다. 최근에는 세계 농업의 최대 과제로 인식되고 있는 환경문제에 따른 소비자의 다양한 욕구를 만족시킬 수 있는 신제품 개발, 유통구조 개선, 품질 향상에 노력하고 있다. 현재 주요국의 차 생산 추이를 살펴보면 인도, 스리랑카, 인도네시아, 러시아는 홍차를, 중국은 녹차를 주로 생산하고 있으며, 세계 차 생산량의 75%가 홍차이다.

세계 차 수출입 현황에 따르면, 수출량은 170만 톤으로 이 중 녹차 수출량이 33만 톤을 넘어서는 증가세를 보인다. 수출량은 중국, 베트남, 인도네시아, 인도, 스리랑카, 일본 순이다. 주요 수입국은 러시아 18만 7천 톤, 영국 15만 4천 톤, 미국 12만 7천 톤, 파키스탄 11만 9천 톤, 이집트 10만 톤, 사우디아라비아 3만 3천 톤 등의 순으로 꾸준히 증가하고 있다. 홍차 주요 생산국은 케냐, 중국, 스리랑카, 인도이며, 2011년 FAO 통계 기준으로 보았을 때, 각국의 수출량은 케냐 42만 1천 톤, 중국 32만 3천 톤, 스리랑카 30만 1천 톤, 인도 19만 톤이다. 그 외 베트남, 아르헨티나, 인도네시아, 우간다, 말라위, 탄자니아 순으로 홍차 수출량이 많다. 아랍에미리트(UAE)의 두바이는 유럽, 아프리카, 아시아의 중간지역에 위치하면서, 정부의 적극적인 정책 지원으로 홍차 재가공 수출의 약 70% 가까이 담당하고 있다.

국가별 1인당 연간 차 소비량은 쿠웨이트가 약 3kg으로 가장 많이 소비하고 있으며, 아일랜드, 아프가니스탄, 터키, 영국 순으로 이들 국가에서는 1인당 연평균 약

2kg 정도의 차를 소비하는 것으로 나타났다. 우리나라는 약 80g 정도이며, 중국과 일본은 1kg 내외를 소비한다.

1) 중국

차나무 품종과 가공법도 매우 다양하며 각 지역마다 독특한 맛과 향을 지닌 명차가 전승되어 오고 있다. 다원의 분포 지역은 동쪽으로는 동경 122°의 대만 동부 해안지역에서 서쪽으로는 동경 94°의 서장(西藏) 자치구 미림현(米林縣), 남쪽으로는 북위 18°의 해남성(海南省) 유림현(楡林縣)에서 북쪽으로는 북위 37°의 산동성(山東省) 영성현(榮城縣)에 이르기까지 동서로는 경도 18°, 남북으로는 위도 19°에 이르는 광범위한 지역에 걸쳐있다.

중국의 주요 차 생산 지역은 지리적 여건과 기후 풍토에 따라 서남차구, 화남차구, 강서차구, 강북차구의 4개 차구로 분류되고 있는데, 절강성, 호남성과 사천성, 안휘성, 복건성에서 중국차의 약 80%를 생산하고 있다. 생산되는 차 종류는 크게 녹차, 오룡차, 홍차, 화차, 백차, 긴압차의 6가지로 분류되며 산지나 품종, 제다법, 품질 등에 따라 각각의 특성을 가지고 있다.

2) 인도

인도는 차재배지 면적이 60만 5천ha이며, 100만 톤의 차를 생산하여(2012년 FAO 통계 기준) 세계 총 생산량의 약 30%를 점유하고 홍차 역시 세계 총생산량의 30%를 차지하며 그 중 ⅓이상을 수출하는 세계 최대의 차 생산국이자 수출국이다.

인도의 차 재배는 1820년 아쌈(Assam) 지방에서 야생 차나무가 발견된 것을 기점으로 1840년 아쌈제다회사 설립 후 현재에 이르고 있다. 다원 분포 지역은 북위 22~27° 사이의 습하고 무더운 여름과 건조한 겨울철 기후 지대인 북인도 지역, 열대기후의 특징을 잘 나타내는 북위 7° 주변의 남인도 지역으로 구분되고 있다. 이 중 북동인도 지역이 인도 차 생산량의 75%를 차지하고 있으며, 특히 아쌈 지방의 브라마푸트라 강 연안 구릉지대에 위치한 아쌈평원은 해발 800m의 넓은 고지대로, 인도 차 생산량의 절반을 차지하고 있다.

또한 세계 3대 명차로 꼽히는 다즐링(Darjeeling)은 해발 2,000m 이상의 급경사 지대에서 재배하되는데, 일교차가 커서 독특하고 청량감 있는 머스켓향의 홍차를 생산하고 있다. 인도에서 생산하는 차는 90%가 홍차이고 나머지가 녹차이다. 인도인들은 홍차에 우유와 향신료를 넣은 '차이(chai)'를 주로 마시며, 1인당 연간 차 소비량은 약 700g이다.

인도 차 생산의 특징은 200ha 이상의 대농장(estate)이 전체의 약 80%를 점유하고 1,000ha 이상의 농장도 많은데, 최근에는 케냐 등 아프리카와 남아메리카 지역에서의 차 경작이 활발해짐에 따라 차 재배의 세계적 비중이 떨어지는 경향이 있다.

3) 스리랑카

스리랑카는 전통적으로 커피 생산국으로 널리 알려져 왔으나 1867년 커피 녹병이 전국적으로 번지면서 커피 생산이 불가능해지자 영국인에 의해 차 재배가 도입되었다. 스리랑카 차는 일명 '실론티'로, 약 22만 2천ha의 다원에서 약 33만 톤을 생산하는 차엽 생산국이며, 세계 총 교역량의 약 17%를 수출하는 주요 차 생산국이다. 생산량의 90% 이상을 수출하고, 국가 총 수출의 30%를 홍차가 차지한다. 스리랑카 정부는 차의 보급이나 기술 개발, 품질 개선, 수출 활동 등을 직접 지원하며 정부 부처인 티보드(Tea Board)를 중심으로 차에 대한 각종 정책과 지원활동이 이루어지고 있다.

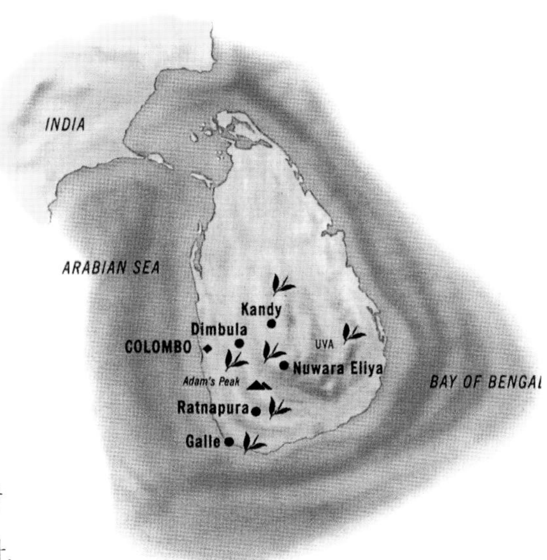

스리랑카의 차 생산지는 다원의 해발 높이에 따라 구분하는데, 해발 1,200m 이상을 고지대, 1,200m~600m 사이를 중간지대, 600m 이하를 저지대로 구분하여 차의 가격과 품질에 차이를 두고 있다. 전반적으로 일교차가 크고 고지대에서 생산되는 차(high grown tea)는 수색이 밝은 오렌지색으로 향이 뛰어난 편이고, 저지대에서 생산되는 차(low grown tea)는 수색이 밝은 홍적색을 띠고 부드러운 떫은맛이 특징이다.

스리랑카 홍차는 향기가 독특한 고급차로 알려져 있고 계절별로 품질이 뛰어난 차를 'Season Tea' 또는 'Quality Season'이라고 한다. 2~3월에 생산하는 딤불라(Dimbula)와 7~8월에 생산하는 동부지역의 우바(Uva)는 맛과 향이 뛰어난 고급 홍차이다.

4) 일본

일본의 차산업은 9세기 초에 전래된 이래 1200년 동안 독자적인 차문화와 제조 기술을 발전시켜 일본인의 생활과 정신에 큰 영향을 끼쳤다. 일본의 차 재배는 평균기온 13℃, 연강수량 1,500mm 이상의 남쪽지역에서 이루어지고 있는데, 이들 지역은 야산이 많아 다원의 60%가 경사지 다원으로 조성되어 있다.

재배 면적은 약 5만ha 정도이고 면적이 점차 감소하는 경향을 보인다. 재배 면적 중 65%가 야부기다 품종에 편중되어 있다. 일본에서 생산하는 차의 종류는 옥로, 차광재배차, 말차, 증제차, 옥록차, 번차의 6종류가 있으며, 덖음차를 소량 생산하고 있으나 저급차 수요는 감소하고 고급차 생산을 선호하고 있어 옥로차 등의 생산이 늘고 있다. 일본 국내에서 생산된 녹차는 대부분 국내에서 소비하고 있고 1인당 연간 소비량은 총 1kg에 달한다.

현재 일본의 차산업은 생산 원가 증대, 인력 부족 등의 문제로 향후 국내 차생산의 어려움이 예상되어 차 생산 설비의 자동화와 재배 관리에 주력하면서 중국이나 호주 등지에 현지 공장을 세워 일본인의 기호에 맞는 차를 생산 수입하고자 노력하고 있다.

5) 한국

국내 녹차 시장은 1990년대 이후 소비자의 건강 지향적 식품소비 패턴과 녹차의 효능이 알려지면서 재배면적, 생산량, 국내소비 등이 급격하는 증가 추세를 보였으나 2007년 농약 파동 이후 감소추세를 보이고 있다.

구분/년도	2000	2003	2006	2009	2011
재배면적(ha)	1,503	2,225	3,692	3,616	3,306
생산량(M/T)	1,434	2,053	4,080	3,266	2,110

국내 녹차 재배면적 및 생산량

국내 녹차의 연도별 재배면적은 2006년까지 증가 추세를 보이다가 점차 감소하고 있다. 생산량은 2000년의 1,434톤이었으나 2011년에는 2,110톤으로 1.5배 증가하였는데, 이는 2000년대 이후 녹차 주산지를 중심으로 지방자치단체가 차를 지역특화 사업으로 적극 육성하면서 재배면적과 생산량이 증가한데 기인한다. 지역별 주요 차 재배지는 전남지역으로 보성, 순천, 구례, 광양, 영암 등지이며, 경남은 하동과 사천이 중심이고, 제주도는 1980년대 평지다원을 현재의 다원으로 조성하여 대규모로 경영하고 있다.

구 분	경남	전남	전북	제주	충남	광주	전국
총면적	2,101	1,613	123	346	7	17	3,306
생산량(t)	830	989	142	125	8	16	2,110
총농가수(호)	2,167	2,002	66	87	5	3	4,330
kg/10a	70	88	116	58	116	95	79

국내 지역별 차 재배 현황

생활 수준의 향상으로 녹차 소비가 꾸준하게 증가하는 것은 물론, 차에는 인체에 유익한 기능성 성분이 함유되어 있다는 것이 널리 알려지면서 음료, 과자, 화장품, 의약품, 기능성 식품이나 건강보조식품 등 다양한 가공품 개발이 이루어지면서 1인당 연간 녹차 소비량도 급격하게 증대하고 있다.

茶 생활

1. 茶의 德

차가 있어 사람은 참으로 행복하다. 차를 단지 음료로만 취급하고 쉽게 마시기만 한다면 갈증을 더는 건강음료에 지나지 않을 것이며 이는 차가 우리에게 주는 진정한 덕(德)을 온전히 활용하지 못하는 것이다.

차는 심간(心肝)을 맑게 해주는 약(藥)으로, 자연(自然)의 청량함을 선사하는 음료(飮料)로, 심신수양(心身修養)의 벗(友)으로, 그리고 사람들 간의 교감(交感)의 매개체(媒介體)로 우리 인간에게 갖은 공덕(功德)을 베푼다. 이로서 지혜로운 이는 생활 속에서 차를 즐겨 음용함으로 차의 덕을 배워 득(得)하고 다른 이에게도 그와 같은 덕을 베푸는 이로운 이가 되는 것이다.

차의 물성을 알아 맛있고 향기로운 차를 우려내는 슬기, 차 속에 인간이 몰입하는 정돈된 행다법(行茶法), 그리고 차를 끓여 사람을 접대하는 예절, 이 모든 것이 조화되어 우러나오는 즐거움을 삶과 자연에 대한 심미감(審美感)으로 승화시키는 것이 바로 다도(茶道)의 세계이다. 차 생활에는 법도(法)가 있고 의식(儀)이 있고 절도(度)가 있고 예절(禮)이 있고 일거리(事)가 있고 기술(術)이 있고 기교(技)가 있고 즐거움(樂)이 있으며 예능(藝)이 있다. 이를 초월하여 달관한 경지에 이르면 우리는 분별과 주착이 없는 마음 본래의 자리에 다가가 앉는 것이니, 이를 일컬어 다성(茶聖)이요 다신(茶神)이요 다선(茶仙)이라 할 것이다.

1) 차는 몸을 편안하게 하여 준다.

『동의보감(東醫寶鑑)』에서는 차를 일컬어 '성품은 조금 차고 맛은 달고 쓰며, 독은 없다. 기운을 내리게 하고, 체한 것을 소화시켜주며, 머리를 맑게 해 주고, 소변을 잘 통하게 하며, 사람으로 하여금 잠을 적게 해주고 또 불에 입은 화상을 해독시켜 준다.'고 하였다. 또한 『중약대사전(中藥大辭典)』에는 '차는 주독과 식중독을 푸는 효능이 있어 기분을 상쾌하게 하며 졸음도 없앤다.'라고 쓰여 있다. 그러나 사람들이 진정으로 차에 매료되는 것은 단순히 차가 가지는 물질적 성상을 복용함으로 그 효능을 희구하는 것을 넘어 차를 우려 마시는 과정에서 얻게 되는 정신적 감응(感應)과 이에 따른 육체적 안락감 또한 중요한 이유이다.

먼저 주위를 정돈하고 물을 끓이며, 차를 따라 온기를 느끼며 향을 맡고, 깨끗한 찻물로 목을 적시고, 상큼한 맛에 집중하는 과정에서 어느덧 육신은 일상의 번잡함과 긴장을 풀고 조용한 안식의 숨을 토하게 된다.

2) 차는 정신을 맑게 하여 준다.

차를 마시기 전에 주변을 청허(淸虛)하게 소제(掃除)하고 다기를 깨끗하게 정돈한 후, 차를 우려내기 위해 물과 불에 집중하면서 자연스레 잡념을 떨치고 마음을 편안하게 다스리는 것이 다도(茶道) 수행이다. 차생활은 적막한 심연(深淵)의 편안함이 깊은 들숨과 날숨으로 마침내 피부 속의 작은 기공(氣孔)까지 그 문을 활짝 열고 마음껏 자연을 호흡하면서 삿된 생각과 번뇌를 던져 명경지수(明鏡止水)와 같이 자신과 세상을 비추는 것이다.

3) 차는 자연과 교감하게 한다.

'흰 구름은 비갠 하늘에 걸려있고 앉아서 차 마시니, 이 산이 이토록 아름다울 줄이야!' '거문고와 책은 모름지기 따르게 하고 녹과 벼슬은 어디에 쓸까? 어진 아내 따르고 효도하는 아이 있다. 보리알 말리는데 바람이 불고 살찐 물고기 못물에 노닐도다.'

차생활을 통해 심신이 맑아지면 인간이 하나의 조화로운 자연체임을 알고 그 소중함을 체득하게 된다. 자연체로서 인간은 한 없이 자유롭고 평화로운 것이다. 이때에 이르러 사람의 기상은 하늘과 땅 사이에 가득차고 의(義)롭게 행동하게 된다.

4) 차는 사람을 교류하게 한다.

'곡우는 햇차 따기 좋은 때라 차 솥에 물 끓자 벗이 찾아오네', '술잔은 항상 가득해야 하고 찻잔은 가득찰 필요 없네. 행산에 종일 비가 내리고 다시 세세히 마음을 논하네.' 차를 끓이며 나누는 다담(茶談)에는 여유와 공감이 있다. 찻자리는 끓이고 우리는 팽주의 손놀림에서 좌석의 서먹함과 권태로움이 사라지고 이를 지켜보며 지극히 기다리는 손님의 마음속에 여유가 잦아드는 교류의 자리이며, 나눔의 정을 통해 서로의 관계를 돈독히하는 대화와 교감의 매개인 것이다.

5) 차는 사람을 예의롭게 한다.

차는 사람간에 교류하므로 서로를 이해하게 하고 존중하게 하니 자연스럽게 서로를 위하는 마음[仁]이 예의범절로 나타난다. 예의란 서로의 공경이 마음가짐만으로는 부족하며 행동으로 드러나야 하는 것으로 말투나 몸가짐 등이 일정한 범절(凡節)로 표현되는 것이다. 그러나 상대를 위하는 마음이 없이 허례허식으로만 범절을 행한다면 이는 상대에 대한 예의가 아니다. 건강한 차생활은 차를 마시는 일상에서 심신을 닦아 자연과 교감하고 사람과 통정하는 활동으로 자연스럽게 예의범절이 몸에 배어나게 하여 습관이 되면 자신과 다른 이에게 즐거움을 주게 된다.

6) 차는 창의력을 발휘하게 한다.

올곧은 차생활은 몸을 가볍게 하고 정신이 깨끗해져 자신이 가진 선한 것들을 다른 이와 더불어 나누어 가질 수 있는 동기와 힘을 부여한다. 그 동기는 선한 마음으로부터 널리 세상을 이롭게 하고자 하는 무아봉공(無我奉公)의 요구요, 그 힘은 이를 보다 효과적으로 실현하기 위한 집중력과 창의력으로 자력을 길러 타인에게 봉사하는 자리이타(自利利他)의 상생의 힘이다. 이로서 차생활은 일상 속에서 진리를 탐구하고 수신하는 경건하고 엄숙한 구도의 생활 그 자체가 되는 것이다.

7) 茶의 七修

한재 이목은 『다부(茶賦)』에서 차의 덕을 일곱 가지로 제시하였다.

첫째 주발의 차를 마시니 마른 창자가 깨끗이 씻기고
둘째 주발의 차를 마시니 상쾌한 정신이 신선이 되려하네
셋째 주발에 병골이 깨어나고 두풍(頭風)이 말끔히 나은 듯하다.
내 마음, 공자가 부귀를 부운(浮雲)처럼 보았던 것 같이 뜻을 높이 세우고
맹자가 호연(浩然)하게 기(氣)를 길렀던 것과 같다.
넷째 주발에 웅장하고 호방한 기개가 피어나고 근심과 울분이 사라진다.
내 기분 태산에 올라 천하를 작게 여겼던 것과 같으니
아마도 이러한 경지는 하늘을 우러르고 땅을 굽어보아도 형용할 수 없으리라.
다섯째 주발에 색마가 놀라서 달아나고
게걸스런 시동(尸童)도 눈멀고 귀먹으니
이내 몸, 구름치마에 깃털 저고리 입고
흰 난새를 월궁(月宮)으로 채찍질하여 가는 것 같도다.
여섯째 주발에 해와 달이 방촌(方寸, 心)에 들어오고
만물이 대자리 만하게 보이니
내 영혼은 소보와 허유를 전구(前驅) 삼고 백이와 숙제를 종복 삼아
현허(玄虛)에서 상제(上帝)에게 읍(揖)하는 것과 같구나.
어쩐 일인가! 일곱째의 잔은 아직 반도 마시지 않았는데
홀연히 맑은 바람이 흉금에서 일어나고
하늘 문 바라보니 매우 가까운데
울창한 봉래산을 사이에 두었구나.

2. 茶의 樂

차 마시기의 즐거움이란 무엇인가? 차를 마시면 마음이 편안해지고 기운이 생기며, 손님과 맑은 이야기를 나누니 즐겁고, 미적 흥취에 이끌려 창작활동을 도우며, 정신을 맑게 하여 독서에 몰두하게 한다. 또한 차는 사람을 깨우치게 하여 수신(修身)에 도움이 되고, 신선과 같은 깊은 경지에 이르게 하며, 삼매경(三昧境)에서 차를 끓이고, 자연이 숨 쉬는 멋진 곳에서 차를 마시며, 다구를 선물로 주고받으며 그것을 예찬하는 등의 취미생활로 이끈다. 더불어 약으로서의 효능이 있다 하니 이와 같은 이유로 우리 선조들은 차를 즐겨 마셨다.

- 차를 마시면 마음이 편안해지고 기운이 생긴다.
- 손님과 맑은 이야기를 나누니 즐겁다.
- 예술적 흥취에 이끌려 창작활동을 도우며 독서에 몰두하게 된다.
- 차는 사람을 깨우치게 하며 수신(修身)하게 한다.
- 깊은 경지에 이르러 신선이 된 것 같다.
- 삼매경(三昧境)에서 차를 끓이고, 멋진 곳에서 차를 마시고, 다구를 선물로 주고받고 그것을 예찬하는 등의 취미생활을 하게 된다.
- 약으로서의 효능이 있다.

1) 차는 정신을 건강하게 한다

(1) 마음이 편안해지고 기운이 생김

신라의 최치원이 '차를 얻었으니 근심을 잊게 되었다.'고 하였듯이 차를 마시면 시름이 없어지고 마음이 편안해진다는 글을 흔히 볼 수 있다.

고려 말의 충신 이숭인(李崇仁)은 하늘 아래 떠도는 한(恨)을 씻어 준다고 했고, 포은 정몽주는 '차 마시는 버릇으로 세상일을 잊는다.'고 하였다. 추사의 동생이자 서예

가인 김명희(金命喜)는 '(차의) 향기와 맛을 따라 바라밀(波羅蜜)에 든다'고 하였는데, 바라밀은 현실의 괴로움으로부터 벗어나 피안의 경지에 이름을 말한다. 김종직의 문인(門人)이며 생육신 중의 한 사람인 남효온(南孝溫)도 아래 시와 같이 차로써 마음을 다스렸다.

은솥에 차 끓이다

일찍이 세속 향해 동서로 치달았는데
십년 찌든 배 속 솔개 울듯 하네
추운 강가에서 아이를 불러 저녁에 차를 달이니
나의 갈증난 심장의 열기가 가라앉는구나
많은 시름 놓아지니 마음이 밝아지고
긴긴 날 안석에 앉아 보고 듣지 않는다
동화문(東華門) 밖에는 시비를 다투어
소란스레 지껄여도 그 소리 듣지 않네.

(2) 맑은 이야기[淸話]의 즐거움

고려의 문장가 이규보는 찻자리의 이야기를 흔히 '청화(淸話, 맑은 이야기)' 혹은 '연어(軟語, 부드러운 말)'라 하며, 오순도순 앉아 이야기 나누는 장면을 시로 읊어 '둥그렇게 모여 앉아 차 끓이며 함께 맑은 이야기 하니, 나도 몰래 허튼 시름이 말끔히 잊어지누나'라고 하였다.

차 한 잔에 이야기 한 마디
점점 심오한 경지에 들어 가네
이 즐거움 참으로 맑고 조촐하니
굳이 술에 취할 필요가 있으리.

(3) 예술적 흥취와 독서

선비들은 대자연에 묻혀 그 속에서 차를 마시면서 시를 짓고 그림을 그리거나 음악을 감상하는 등 예술적 흥취에 빠졌다. 차를 예찬하거나 차를 마시며 지은 선조들의 시나 글이 1,000여 편이 넘게 전해진다.

초의스님은 해질녘에 대동강에서 배를 타고 '시낭(詩囊, 시문의 초벌 원고 넣는 주머니)과 다완이 작은 배 안에 같이 있네'라고 읊었다. 이규보는 차 마시고 흥이 일면 거문고 타고 시를 지었고, 이상적(李尙迪)은 '거문고 잔잔히 새 곡조에 접어드니, 차 냄비의 물 끓는 소리 맑게 들린다.'고 하였다. 명필로 유명한 한석봉(韓濩, 1543~1605)은 초가집인 청묘려(淸妙廬)에서 거문고도 타고 책도 읽고 화로에 불 피워 차 끓여 마시며 흥에 부풀어 신나게 글씨를 썼다고 한다. 추사 김정희는 참선과 차 끓이는 일로 또 한 해를 보냈다고 할 정도로 그의 생활은 차와 선(禪)과 예술로 일관하여 스무 편이 넘는 차시가 전해오고 있다.

고려와 조선의 선비들이 실내에서 차를 마시는 곳은 주로 서당이나 사랑방으로 오늘날의 서재였으므로, 차를 마시고 독서에 몰입하는 것은 일상의 일이었을 것이다. 서경덕(徐敬德)도 '차 마시고 옛 책을 뒤적이네'라고 읊었고, 조선 말엽의 화가 이인문(李寅文)의 그림에는 '소나무 가지 주워 쓴 차 달여 마시고 내키는 대로 주역, 사기, 도연명의 시 등을 읽는다.'고 쓰여 있다.

(4) 그릇됨을 깨우치고 수신(修身)하게 함

옛 선인들은 차를 마시면 그릇된 생각을 없애며 나쁜 마음을 물리치고 올바름을 깨우치게 한다고 생각하였다. 이와 같은 마음에서 고려와 조선시대에 법을 다루는 사헌부의 관리들은 차를 마시는 의례를 행한 후에 죄를 논하고 기강을 바로 잡은 일을 하였으며, 부적에 '茶'자를 써 붙이면 나쁜 귀신을 쫓는다고 믿었는데, 이 모든 것이 위와 같은 연유때문이라고 생각할 수 있다. 이색의 아래 시는 차생활이 자신을 수신제가(修身齊家)하는 군자가 되게 함을 나타낸다.

차 마신 후 읊음

작은 병에 샘물 길어
깨어진 솥에 노아(露芽)차를 달이네
귀가 갑자기 밝아지고
코로는 다향을 맡네
어느새 침침하던 눈이 맑아져
보이는 데에 흐릿함이 사라졌구나
혀로 맛본 후 목으로 내려가니
살과 뼈가 똑 발라 비뚤어짐이 없도다
가슴 속 영혼의 마음자리는
밝고 깨끗하여 생각에 그릇됨이 없네
어느 겨를에 천하를 다스리랴
군자는 마땅히 집안을 바르게 해야 하리.

이 글에서 이색은 차를 끓여 마시면 귀, 코, 눈, 입, 마음의 오관(五官)이 즐겁고, 특히 행동이 아니라 생각에도 그릇됨이 없게 한다고 하였다. 또 차는 본성에 삿됨이 없으니 군자와 같다고 한 초의의 글이나 혹은 신위(申緯)의 아래 시도 차가 자신을 바로 잡아주는 스승일 수도 있음을 뜻한다.

쓴 차 마시는 엄숙한 때는
속인의 어리석음 깨치기에 알맞고
좋은 때 좋은 장소는 참선하기에 적합하구나.

한편 육우는『다경』에서 '차는 맛이 지극히 차서 행실이 한결같고 정성되며 검소의 덕이 있는 사람이 마시기에 가장 적합하다'고 하였다.

(5) 깊은 경지에 이르며 신선(神仙)이 된 것 같음

고려의 차인 이규보는 차의 맛이 도의 맛이라 하였는데, 이는 차를 마시면 걸림이 없는 경지에 이름을 뜻하는 것이다.

> 타오르는 불에 끓인 향차는 참으로 도(道)의 맛이고
> 흰 구름과 밝은 달은 곧 가풍이라네.
>
> 비록 늙었으나 손수 샘물을 길어
> 차 한 잔 마시니 바로 참선의 시작이네.

고려 말의 이연종(李衍宗)은 '차를 마셔 깊은 경지에 이른다.'고 했고, 추사는 차 마시는 일을 선(禪)의 경지라 하였다.

> 생각에 잠겨 고요히 앉아 있노라면 차가 한창 익어 향기가 나기 시작하는
> 듯하고 신묘한 작용이 일어날 때는 물이 흐르고 꽃이 피는듯 하네.

또한 추사는 초의에게 '명선(茗禪)'이란 글을 써주었으며, 신위는 '차맛이 달큰하게 감돌아 졸음이 오니 이것이 바로 선(禪)이구나'라 하였다.

이렇듯 깊은 경지에 이른 사람을 신선으로 생각하여, 차를 마시니 신선이 되는 것 같다는 내용을 흔히 볼 수 있다. 그래서 차의 이름을 선차(仙茶)라 부르기도 하였다. 정희량(鄭希良)은 '간담이 뚫리어 신선과 통하고 동안(童顔)이 된다'고 했으며, 이목(李穆)은 '창자가 시원하고 머리가 맑아지며 신선이 되는 것 같다'고 하였다. 초의는 『동다송』 제 11절에서,

> 메마른 것을 떨치고 어린아이가 되는 신통하고 빠른 효험이 있어
> 여든 살의 나이에도 얼굴이 복숭아꽃처럼 예쁘다네.

라고 하였고, 박영보(朴永輔)가 초의에게 보낸 글머리에 '옛날에는 차를 마시고 신선이 되었으며, 못 되어도 청정(淸淨)한 현사(賢士)는 되었다'고 씌어 있다.

(6) 취미

선조 차인들은 손수 물을 길어 삼매경에서 차 끓이는 일을 즐겼다. 불길을 맞추고 물을 다루고 물 끓는 자연의 소리를 듣고, 어린 차싹의 생김새를 보고, 차 끓을 때나 찻잔에 어리는 다연(茶煙)을 보는 것이 좋아 이를 시로 표현하곤 했다. 또 차 맷돌, 차 끓이는 쇠주전자, 찻잔 등의 다구를 선비들 간에 선물로 주고받으며 그 멋을 예찬하고 감상하는 것을 낙으로 삼았다. 이규보는 남인(南人)이 보낸 쇠주전자에 삼매의 솜씨로 손수 차를 끓이며 몹시 즐거워하였다. 고려 말의 충신 이색은 이우량(李友諒)으로부터 선물 받은 한 쌍의 찻종(茶鍾)에 대해 '찻종을 보니 아담하여 나쁜 기운이 없네'라고 하여 찻잔을 단순한 기물로만 보지 않고 철학적 심미안으로 보았음을 알 수 있다. 김시습도 '다구'를 선물 받고 고마움을 시로 썼다. 또 차를 마시는 곳에는 학, 매화, 난초, 소나무, 대나무, 너럭바위, 물 등이 있어 그 속에서 즐거움을 더하였다.

2) 차는 약이다.

차는 약으로서의 가치도 높아 차는 '약'이라고 불리면서 오랫동안 쓰여 왔다. 고려시대에는 의약과 치료에 관한 일을 맡아보던 태의감(太醫監)이 다방(茶房: 조정과 왕실의 차에 관한 일을 맡아보는 관청)에 소속된 기구였고, 다방에서는 명의(名醫)가 벼슬을 하고, 약방문을 썼다. 조선 초 하연(河演, 1376~1453)이 경상감사로 있을 때 편찬한 『경상도지리지(慶尙道地理誌)』의 「약재(藥材)」 항에는 작설차가 게재되어 있으며, 조선 후기에는 임금에게 지어 올리는 약 처방에 차가 들어 있는 경우를『조선왕조실록』에서 볼 수 있다. 도교적인 체계로 정리한『동의보감(東醫寶鑑)』에서 허준(許俊, 1546~1610)은 '고차(苦茶, 작설차)'에 대해 다음과 같이 설명하였다.

> 정신을 진정시키고 소화를 돕고 머리와 눈을 맑게 하며 소변을 잘 나오게 하고 소갈증이 멈추어지며 사람으로 하여금 잠을 적게 한다. 또한 뜸질하여 데인 독을 풀어준다.

또한 '차는 비리고 더러운 것을 씻는다', '창자를 씻는다'등의 글을 볼 수 있다. '단차(丹茶)'는 신선들이 먹는 불로장생의 만병통치약이라 하며, 제사의 제물로 '세차(細茶)'가 쓰였다. 민가에서도 차를 약으로 많이 마셨는데 이는 조선시대 차 민요에서도 알 수 있다.

늙은 잎 따서 차약 지어

초엽 따서 상전께 주고
중엽 따서 부모께 주고
말엽 따서 남편께 주고
늙은 잎은 차약 지어
봉지 봉지 담아두고
우리 아이 배 아플 때
차약 먹어 병고치고
무럭무럭 자라나서
경상감사 되어 주오

3. 차와 예절

일상생활에서 차는 손쉽게 마실 수 있는 음료이기도 하지만 한편 차는 훌륭한 벗과 같이 함부로 다룰 수 없는 품성을 지니고 있다. 이규보는 차가 부귀한 집에서 키운 아름다운 처녀와 같고 눈이 높아 평범한 신랑에게 시집가기를 싫어하고 훌륭한 낭군(차인)을 만나기를 원한다고 했다. 또 이숭인이 '아름다운 차는 아름다운 사람과 같다'고 한 것을 보아도 차는 소중히 다루어졌음을 알 수 있다. 육우도 『다경』에서 '차는 맛이 지극히 차서 행실이 한결같고 정성되며 검소의 덕이 있는 사람[精行儉德之人]이 마시기에 가장 알맞다'고 하였듯이 차를 다룰 때는 정성을 들이게 되고 자신을 객관적으로 보게 되므로 겸손해져 예의를 갖추게 된다. 또 차는 손님께 대접하는 경우가 많으므로 예를 다하게 된다. 조선 초의 의인(義人) 이목(李穆)도 '차가 사람으로 하여금 예를 갖추게 한다'고 하였고, 다산의 사돈인 문산(文山)은 차꽃을 '예화(禮花)'라고 하였다. 초의는 '차를 끓여 시를 즐기는 손님에게 예를 갖춰 대접한다.'고 하였다. 손님에게 차를 권하는 예의는 노자(老子)의 유명한 제자인 관윤(關尹)이 함곡관에서 '늙으신 철인(哲人)'에게 먼저 한 잔의 황금빛 불로장수 약을 바친 데서 비롯되었다고 한다. 그러나 차가 사람보다 존중된다거나 거북스런 예절로 불편해서는 안된다.

예절이란 사람들 간에 공경을 나타내는 말이나 행동인데, 예절의 근본은 변함이 없으나 행동양식은 그 시대의 사상, 문화, 제도 등에 따라 조금씩 달라져 왔다. 『주자대전(朱子大全)』에 의하면, 주자가 가례(家禮)를 편찬할 때 그동안 준행되어 온 예절의 절차를 자기 의사로 가감한 것이 많았으므로 육자수(陸子壽)가 물었을 때 고칠 것은 고쳐야 하고 또 고치는 것이 이제 처음이 아니라고 답했다고 한다.

우리가 선조들의 생활예절을 되새겨 보면서 오늘날의 예절을 바르게 익힘은 내일을 위해 바람직하다. 한 잔의 차를 마실 때 바쁠 때는 서서 급하게 마실 때도 있듯이 차 마실 때 형식적인 예절이 반드시 따라야 하는 것은 아니다. 다만 차생활을 함과 동시에 올바른 생활예절도 몸에 배어 습관이 되면 자신과 이웃에게 흐뭇함을 줄 수 있다.

1) 선조들의 생활예절

(1) 고구려시대

고구려의 예절로는 손을 포갤 때 중국과 반대로 왼손을 안에 넣고 오른손을 밖에 두었으며, 존경하는 사람 앞을 지나갈 때는 공경의 표시로 잦은걸음으로 지나갔다고 한다. 고구려의 절하는 자세는 한 다리를 뒤에 뻗치고 한 다리는 무릎을 꿇고 있는 자세인 궤배(棺拜 : 무릎 꿇어 절하기)였다.

(2) 고려시대

서긍의 고려견문기인 『선화봉사고려도경(宣和奉使高麗圖經)』에는 아래와 같은 내용들이 수록되어 있다.

- 고려는 문물예의(文物禮儀)의 나라라 일컫고 있다.
- 서로 주고받는데 절하고 무릎을 꿇으니 공경하고 삼가는 것이 크게 숭상할 만하다.
- 부인이나 승려가 다 남자 절을 한다.
- 음식을 바치거나 대야를 받들 적에는 머리를 숙이고 무릎걸음으로 가며 높이 손을 받들어 이를 바치니 그 위의가 매우 공손하다.
- 고려의 여성은 손톱 보이는 것을 부끄럽게 여겨 대개 붉은 한삼으로 손을 가린다.

(3) 조선시대

조선 후기의 실학자 이덕무(李德懋, 1741~1793)가 후진들을 위하여 만든 수양서(修養書)인 『사소절(士小節)』에는 예의에 관해 아래와 같이 기록되어 있다.

- 군자는 말을 적게 하는 것을 귀히 여겨 반드시 인물의 장단점 말하기를 삼간다.
- 꿇어앉아서 손가락으로 버티지 말고 발등을 겹치지 말고 엉덩이를 땅에 떨어뜨리지 말고 발을 들어 밖으로 향하게 하지 말 것이다.
- 식사를 마치고 밥상을 물리지 않았을 때 일어서는 것은 점잖은 행동이 아니다.

- 식사를 마치면 반드시 수저를 가지런하게 놓아 손잡이 끝이 상 밖으로 나오지 않게 할 것이다. 이는 상을 물릴 때 그것이 문설주에 부딪칠까 염려되기 때문이다.
- 어버이를 섬기는 사람은 약을 달이고 차를 끓이는데 그 물과 불의 정도를 알지 않으면 안 된다.

『증보산림경제(增補山林經濟)』 가정(家政)편 「수신(修身)」에 아래 내용이 있다.

- 앉을 때는 반드시 무릎을 꿇고 앉아야 한다. 오래되면 습관이 되어 아주 편하다. 비록 어린아이 일지라도 꼭 그렇게 습관을 들일 일이다.
- 음식을 먹는 데도 예절이 있다. 밥상이 들어오면 반드시 일어섰다가 앉아서 의관을 바로하고 경건한 마음으로 대해야 한다.
- 어른을 모시고 식사할 때 어른이 제반(祭飯)을 하면 먼저 수저를 들지만 끝나기는 뒤에 해야 하고, 차를 마시고 소반을 물릴 때도 감히 먼저 해서는 안 되며, 또 젓가락 놓는 소리를 내어서도 안 된다.

(4) 구용과 구사

율곡(栗谷) 이이(李珥)의 『격몽요결(擊蒙要訣)』에는 군자가 그 몸가짐을 단정히 함에 있어 취해야 할 아홉 가지 자세인 구용(九容)과 이와 함께 교시(敎示)한 구사(九思)가 있다.

① 구용(九容) : 아홉 가지 몸가짐

- 족용중(足容重) : 발은 무겁게
- 수용공(手容恭) : 손은 공손하게
- 목용단(目容端) : 눈은 단정하게
- 구용지(口容止) : 입은 가만히 다물고
- 두용직(頭容直) : 머리는 똑바르게
- 입용덕(立容德) : 서 있을 때는 덕성스럽게

• 성용정(聲容靜) : 소리는 고요하게
• 기용숙(氣容肅) : 기상은 엄숙하게
• 색용장(色容莊) : 낯빛은 엄격하게

② 구사(九思) : 아홉 가지 올바로 생각하는 법

• 시사명(視思明) : 볼 때는 바르고 옳게 볼 것을 생각
• 청사총(聽思聰) : 들을 때는 소리의 참 뜻을 밝게 들을 것을 생각
• 색사온(色思溫) : 표정을 지을 때는 온화하게 할 것을 생각
• 모사공(貌思恭) : 몸가짐은 공손해야 할 것을 생각
• 언사충(言思忠) : 말을 할 때는 참되고 거짓없이 할 것을 생각
• 사사경(事思敬) : 일은 공손하게 할 것을 생각
• 의사문(疑思問) : 의심나고 모르는 것이 있으면 물어 완전히 알도록 할 것을 생각
• 분사난(忿思難) : 분하고 화난 일이 있으면 어려움에 이르지 않을까를 생각
• 견득사의(見得思義) : 자기에게 이로운 것을 보면 정당한 것인가를 생각

2) 오늘날의 생활예절

(1) 인사예절

① 손을 맞잡는 공수법(拱手法)

• 남자의 평상시 공수는 왼손이 위, 흉사시(凶事時) 공수는 오른손이 위이다.
  (흉사란 사람이 죽어서 약 백일(졸곡)까지를 말한다.)
• 여자의 평상시 공수는 오른손이 위, 흉사시 공수는 왼손이 위이다.
• 공수할 때 엄지손가락은 엇갈려 낀다.(소매가 넓고 긴 예복은 소매 끝을 눌러 흘러내리지 않게 한다).
• 소매가 넓은 예복을 입었을 때는 공수한 손이 수평이 되게 올린다.
• 평상복을 입었을 때는 공수한 손의 엄지가 배꼽부위에 닿게 내린다.
• 공수하고 앉을 때는 남자는 중앙에 여자는 오른쪽 다리 위에, 한 무릎을 세울 때

는 세운 무릎 위에 공수한 손을 얹는다.

② 큰절

❖ 남자 큰절의 기본동작

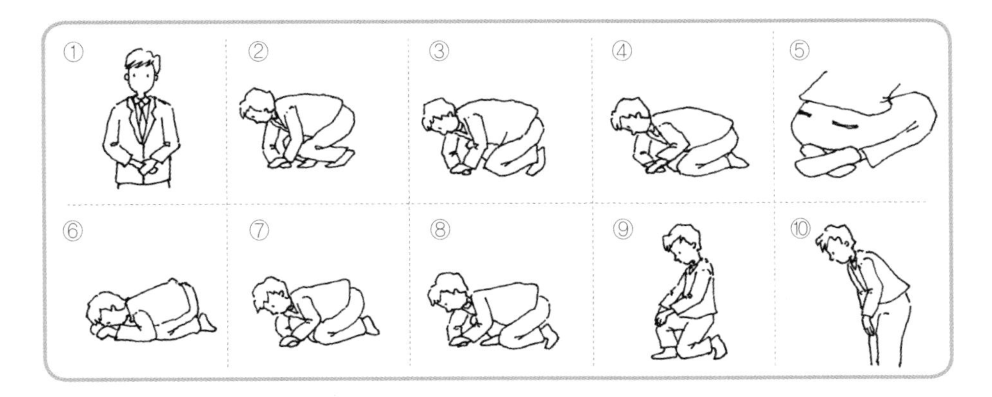

- 공수하고 절할 대상을 향해 선다.
- 엎드리며 공수한 손으로 바닥을 짚는다. (손을 벌리지 않는다)
- 왼 무릎을 먼저 꿇는다.
- 오른 무릎을 왼 무릎과 가지런히 꿇는다.
- 왼발이 아래가 되게 발등을 포개고 뒤꿈치를 벌리며 엉덩이를 내려 깊이 앉는다.
- 팔꿈치를 바닥에 붙이며 이마가 손등에 닿도록 하고 잠시 멈춘다. (평절의 경우

이마가 손등에 닿으면 바로 일어선다)

- 고개를 들며 팔꿈치를 바닥에서 뗀다.
- 오른 무릎을 먼저 세운다.
- 공수한 손을 바닥에서 떼어 오른 무릎 위에 올려놓는다.
- 오른 무릎에 힘을 주며 일어나 왼발을 오른발과 가지런히 모은다.
- 바로 서서 공수한다. 가볍게 목례한다.

❖ 여자 큰절의 기본동작

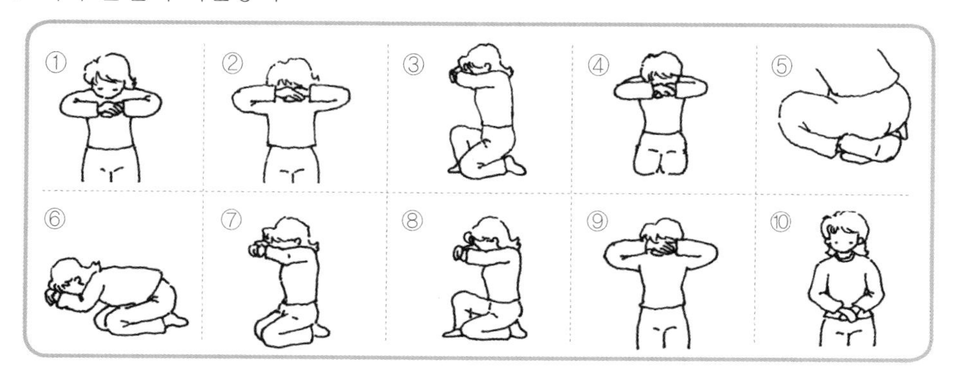

- 공수한 손을 어깨 높이에서 수평이 되게 올린다.
- 고개를 숙여 이마를 손등에 댄다.
- 왼 무릎을 먼저 꿇는다.
- 오른 무릎을 왼 무릎과 가지런히 꿇는다. (다리모양은 무릎을 꿇거나 가부좌로 앉거나 중요하지 않다. 단, 처음부터 끝까지 몸의 중심이 흔들리지 않는 것이 중요하다.)
- 오른발이 아래가 되게 발등을 포개고 뒤꿈치를 벌리며 깊이 앉는다.
- 윗몸을 앞으로 60도쯤 굽혀 잠시 (속으로 하나, 둘, 셋까지) 멈춘다.
- 공수한 손을 눈높이에 둔 채 윗몸을 일으킨다.
- 오른발을 세우고 왼발을 세워 일어선다.
- 일어나서 두 발을 가지런히 모은다.
- 손을 내려 공수한다. 가볍게 목례한다.

❖ 큰절을 하는 경우와 횟수

• 혼례 • 제사

• 상례의 영전에서

• 현구고례(見舅姑禮 : 폐백 드릴 때)

• 어른의 회갑, 고희, 회혼례에 헌수할 때

• 남자는 재배, 여자는 4배를 한다.(가정의례준칙에서는 남녀 재배)

③ 평절

❖ 남자의 평절 : 큰절을 올릴 때와 같다. 단, 큰절의 기본동작 ⑥번에서 평절의 경우 이마가 손등에 닿으면 바로 일어선다.

❖ 여자의 평절

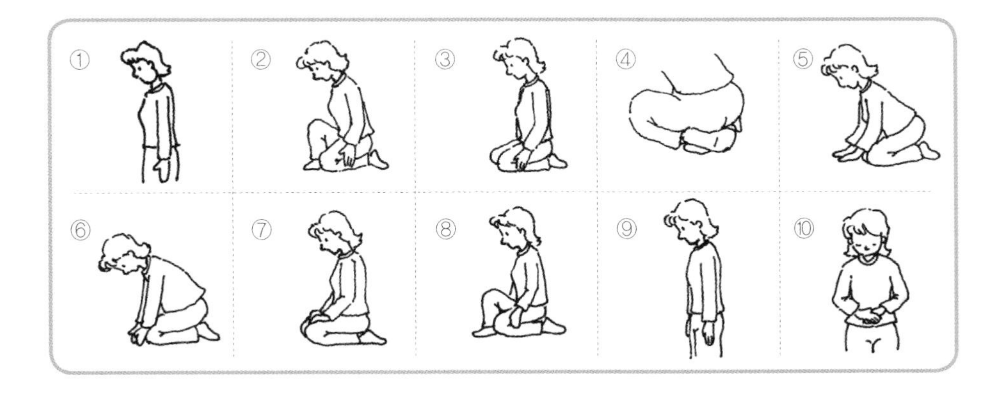

• 어른이 앉아 계신 곳을 향하여 바른 자세로 서서 공수한다.

• 손을 양 옆으로 내리면서 왼 무릎을 먼저 꿇는다.

• 오른 무릎을 왼 무릎과 가지런히 꿇는다.

• 오른발이 아래가 되게 발등을 포개고 뒤꿈치를 벌리며 깊이 앉는다.

• 팔은 어깨 너비로 벌려 손가락을 모아 몸 쪽으로 향하게 하고 손끝을 바닥에 가볍게 댄다.

• 상체를 30도 정도 굽혔다가(속으로 하나, 둘까지) 일으킨다.
• 상체를 일으키며 손바닥을 바닥에서 뗀다.
• 오른 무릎을 세우며 손끝을 바닥에서 뗀다.
• 일어나서 두 발을 모은다.
• 두 손을 앞으로 모아 공수한다. 가볍게 목례한다.

❖ 평절을 해야 하는 경우

• 정초 세배
• 어른의 생신
• 문안 인사(오랫만에 만났을 때)
• 상례에서 상주와 인사할 때

(2) 언어 예절

① 가정에서의 언어예절

언어는 자기 의사를 밖으로 나타내는 첫 번째 수단이며 반드시 상대적으로 이루어진다. 호칭을 사용할 때 그 밑바닥에 언제나 우리 예절의 핵심이 깔려 있게만 하면 무슨 호칭을 쓰든 상대를 거스르는 일이 없이 호감을 일으키게 할 수 있다.

• 촌수와 친족관계

명칭	관계	명칭	관계
부자(不子)	아버지와 아들	부녀(父女)	아버지와 딸
모자(母子)	어미니와 아들	모녀(母女)	어미니와 딸
구부(舅婦)	시아버지와 며느리	고부(姑婦)	시어미니와 며느리
옹서(翁壻)	장인과 사위	조손(祖孫)	조부모와 손자 · 손녀
형제(兄弟)	남자 동기간	자매(姉妹)	여자 동기간
남매(男妹)	남자 동기와 여자 동기	숙질(叔姪)	아버지의 형제와 형제자매의 자녀
수숙(嫂叔)	형제의 아내와 남편의 형제	동서(同壻)	형제의 아내끼리 · 자매의 남편끼리

• 부모에 대한 호칭

구분		살아계신 부모		돌아가신 부모	
		부	모	부	모
직접 호칭	자녀가	아버지	어머니	현고(顯考) (축문이나 지방을 쓸 때)	현비(顯妣) (축문이나 지방을 쓸 때)
	조부모 · 친척에게	아머지	어머니	아버지	어머니
관계 호칭	아내 · 형제자매 · 처가에	아버지	어머니	아버지	어머니
	남편 · 시댁에	친정아버지 ○○외할아버지	친정어머지 ○○외할머니	친정아버지 ○○외할아버지	친정어머지 ○○외할머니
	타인에게	아버지 가친(家親)	어머니 慈親)	아버지 선고(先考) 선친(先親)	어머지 선비(先妣)

② 자기표현 방법

행동은 말보다 강력하다. 가장 솔직한 말이라도 머뭇거린다거나 간접적인 방식으로 표현한다면 그것은 호소력을 상실하고 말 것이다. 산만한 눈맞춤은 대개 부정의 표현이고, 상대방의 시선을 피하지 않고 지나치게 응시하는 것 역시 좋지 않다. 말과 어울리는 동작이나 화제와 몸자세는 말을 강화시켜 준다.

'무엇을 말해야 하나'라는 문제보다 '어떻게 말해야 하는가' 하는 문제에 초점을 맞춰야 한다. 행동을 직접 보지 못하거나, 대화를 잘 알아듣지 못해도 어떤 감정으로 대화를 나누고 있는지를 목소리를 통해서도 알 수 있다. 너무 빠른 말투는 신경질적인 느낌, 공격적인 느낌을 주며 지나치게 머뭇거리는 말투는 메시지를 불확실하게 만든다. 한국말은 1분에 약 70~80 단어로 이야기 하는 것인데, 여러 형태의 글들을 여러번 연습함으로써 상황에 따라 알맞은 속도로 이야기 할 수 있는 능력을 기르게 된다. 정감을 주는 목소리로 이야기 하려면 음조와 억양이 중요하다. 이것은 감정을 표현하는 중요한 수단으로 단조로운 음조로 이야기 하면 듣는 사람들을 금방 지루하게 만들고, 모든 감정을 똑같은 억양으로 표현한다면 듣는 사람의 신경을 거슬리게 할 수 있기 때문이다.

3) 차생활 예절

(1) 다회 초대

① 다회를 여는 때

손님이 오면 자연스레 찻자리가 마련되나 특정한 때에 다회를 열고자 할 때에는 초대장을 보내어 미리 약속하고 모임의 뜻을 손님에게 전해야 한다. 옛날에는 선비들이나 이웃끼리 수시로 '다회'를 열었으며 자연의 변화에 맞추어 모이는 경우가 많았다. 오늘날 다회는 가정의 크고 작은 축하다회(입학 · 졸업 · 직장관계), 생일다회, 새집들이 다회 등이 있는데, 자연의 변화에 맞추는 것이 한층 나으며, 때 · 곳 · 시각 등을 적어도 일주일 전에 서면으로 알리는 것이 보통이다.

② 손님의 수

손님과 더불어 차를 마실 때는 멀지 않은 거리에 앉아 대화를 하게 마련이다. 사람이 너무 많으면 목소리가 커야하고 대화의 중심을 잃게 되어 산만해지기 쉬우므로 적은 인원이 좋다. 고려와 조선시대의 선비들이 중국의 죽림칠현(竹林七賢)을 본따 일곱 명이 계회(契會)나 기로회(耆老會)를 만들어 차를 마시며 모임을 갖는 경우를 볼 수 있으나, 둘러앉아 오순도순 이야기하기 좋은 인원으로는 4~5명이 적당하다.

『다신전』에서는 인원수에 따른 찻자리를 다음과 같이 표현하고 있다.

- 신(神) : 혼자 마시는 것, 신령스럽고 그윽하며 이속(離俗)한 경지를 말한다.
- 승(勝) : 둘이 마시는 것, 좋은 정취 또는 한적한 경지를 말한다.
- 취(趣) : 3~4명이 마시는 것, 취하고 즐겁고 유쾌한 경지를 말한다.
- 범(泛) : 5~6명이 마시는 것, 평범하고 저속하다고 한다.
- 시(施) : 7~8명 이상이 마시는 것, 음식 나누어 먹기와 같이 박애(博愛)라고 한다.

(2) 자리 배치

옛 차인들은 찻자리[명석, 茗席]에서 흔히 둘러앉기[위좌, 圍坐]나 나란히 벌려앉기[열좌, 列坐]로 앉았다. 때로는 무릎이 닿을 정도로 가까이 앉거나 화롯가에 둘러앉아 차를 끓여 마셨다. 여러 사람이 의례차를 마실 때에는 대체로 나란히 앉아 차를 마셨다. 조정의 다례, 기로회(耆老會)나 계회(契會) 등에서는 일렬 혹은 ㄱ·ㄴ·ㅁ자로 앉아서 차를 마셨다. 이때는 차를 잔받침에 받쳐 손님 앞에 놓인 각상에 갖다 드리거나 잔상에 담아 드렸다.

오늘날 많지 않은 인원이 모이는 평좌(平坐) 다회에서는 대개 다과상을 두고 둘러앉고 그 곁에 다판을 놓아 차를 끓여내는 것이 보통이다. 때로는 다판과 다과상을 겸한 다례상을 두고 둘러앉기도 한다. 손님을 접대할 때 명주(茗主)는 상석과 거리를 두고 하석 가까운 곳이나 출입구 쪽에 앉기도 한다. 여러 사람이 다회를 할 때는 다반에 차를 담아 각자가 차를 놓고 옆 사람에게 건네어주며, 사찰 등지에서 일렬로 나란히 마주 앉을 때는 동쪽에 남자가 앉고, 서쪽에 여자가 앉기도 한다.

자리 배치에서 웃어른의 자리인 상석(上席)은 대체로 아래와 같다.

- 방의 출입구로부터 먼 쪽
- 온돌의 경우에는 아랫목
- 창을 통해 바깥을 내다볼 수 있는 위치
- 집 밖일 경우에는 트인 경치나 물을 내려다 볼 수 있는 자리
- 병풍을 두른 경우는 병풍 앞

또한 제일 어른인 좌상(座上)은 대개 나이가 많은 사람 순으로 정하나 조직사회에서는 직급의 서열에 따른다. 비슷한 나이일 때는 일찍 온 순서대로 입구에서 먼 쪽에 앉는 것이 무방하다.

오른쪽을 바른쪽이라 하고 좋지 않은 관직으로 옮기는 것을 좌천(左遷)이라 한 것에서도 알 수 있듯이, 옛 선비들 사이에서는 오른쪽을 중히 여기고 왼쪽을 천시하는 존우비좌(尊右卑左) 사상이 있었기 때문에 윗사람의 오른쪽에는 앉지 않았다. 심지어는 왼손으로 갓을 만져서도 안 되었다. 또 남향집을 향하여 쳐다볼 때나 남향하여 앉아있는 어른을 쳐다볼 때는 오른쪽이 해 뜨는 동쪽이고 왼쪽은 서쪽이므로 오른쪽 줄에 윗사람을 모셨다.

(3) 찻자리의 절

조선 말엽의 유희(柳僖, 1773~1837)는『물명고(物名攷)』에서「배다(拜茶)」를 설명하기를 '손님이 내방하면 서로 절하고 인사를 한 후 서로 마주 앉아서 차를 마신다'고 하여 당시 선비들 간이나 혹은 윗사람께 간단한 절을 하고 차를 마셨던 것을 짐작할 수 있게 한다. 오늘날 찻자리에서는 반절이나 목례를 하고 차를 마시는 경우가 많으나 생활관 실습 등 차 예절을 익히고 수련하는 과정에서는 큰절, 평절, 반절을 반복하여 익혀 두면 좋다.

- 큰절 : 결혼 후 신랑신부가 처음 부모를 뵐 때, 부모의 회갑 때, 상례나 제사 때 올리는 절로 재배(再拜)한다.
- 평절 : 명절 때, 부모가 장기 여행할 때나 자녀가 오랫동안 집을 떠날 때 웃어른께 올리는 절로 한 번만 한다.
- 반절 : 같은 항렬의 친척끼리, 혹은 나이 많은 삼촌과 조카, 선후배나 평교 사이에서 맞절을 할 때 하는 절이다. 또 절 받기를 사양하며 정중히 답하는 절을 할 때도 반절을 한다. 방석 위에서 해도 된다.

(4) 앉기

- 평좌 : 나이가 비슷한 평교(平交) 사이나
  아랫사람을 대했을 때, 혹은 명상할 때의
  편안한 앉음새이다. 바지를 입었을 때는 책상다리(가부좌)를 하고 긴치마를 입었을 때는 한쪽은 책상다리 한쪽은 무릎을 세우기도 한다.
- 꿇어앉기 : 무릎을 뒤로 접어 발끝을 포개고 발뒤꿈치에 엉덩이를 대고 앉는 자세이다. 웃어른 앞에서 차를 끓일 때나 혹은 수련할 때 꿇어앉으면 처음에는 어려우나 아랫배에 힘을 주어 척추가 수직이 되게 앉으면 오래 있을 수 있고 숙달되면 오히려 피로가 회복된다.
- 반 꿇어앉기 : 한쪽 무릎은 꿇고 한쪽 무릎은 세워 앉는 자세이다.
- 비껴 앉기 : 두 다리를 한쪽으로 포개어 비끼고 엉덩이를 바닥에 대어 앉는 자세이다. 꿇어 앉아 다리가 아플 때는 비껴 앉기도 한다. 손님을 모시고 차를 끓일 때는 꿇어 는 것이 찻일하기 편하고 보기에도 좋다. 대화를 나눌 때에 비껴 앉기도 한다.

(5) 나르기

상을 들 때는 팔꿈치의 각도가 60~90°정도 되게 들면 보기에 좋다. 엄지손가락 끝이 상 위로 올라오지 않고 엄지의 마디가 상의 전과 나란하게 잡는 것이 좋다. 가슴에 상이 닿지 않아야 하며, 상을 내릴 때는 손님과 거리를 띄워 조용히 몸과 상이 같이 내려가 앉아 살짝 밀어 준다.

짧은 치마를 입고 앉고 설 때는 무릎이 엉덩이보다 높지 않도록 유의하며 들고 간 다반을 놓을 때는 오른쪽(손님의 왼쪽)에 두고 차를 놓아둔다. 빈 그릇을 다룰 때도 가득 찬 그릇을 잡는 것처럼 무겁게 다룬다.

4. 차 우리기

1) 물

(1) 물의 선택

『다신전』에서는 '차는 물의 신(神)이요, 물은 차의 체(體)이니 진수가 아니면 그 신기가 나타나지 않고 정차(精茶)가 아니면 그 체를 볼 수가 없다.'고 하였다.

물이란 차를 끓이는 데 있어서 가장 소중한 것이며, 물이 좋아야 맛있는 차를 끓일 수 있다는 점을 감안할 때 좋은 물을 구하는 일이야말로 맛있는 차를 끓이는 비결이다. 그래서 예로부터 차인들은 좋은 물을 구하기 위하여 많은 노력과 경비를 아끼지 않았다. 산마루에서 솟아나는 샘물은 맑고 무거우며 돌 틈에서 나는 샘물은 맑고 희며, 누런 돌(黃石) 틈으로 흐르는 물은 좋으나 푸른 돌(靑石) 틈에서 나는 물은 쓰지 못한다. 또 흐르는 물은 고여 있는 물보다 좋고, 그늘에 있는 물은 햇볕에 있는 물보다 나으며 진수(眞水)는 맛과 향기가 없는 것이다. 진수는 스스로 여덟 가지 덕(八德)을 지녔는데 가볍고(輕), 맑고(淸), 시원하고(冷), 부드럽고(軟), 아름답고(美), 냄새가 나지 않고 (無臭), 비위에 맞고(調適), 먹어서 탈이 없는 것(無患)을 말한다.

조선 초『용제총화(弁籍叢話)』에 보면 상곡 성석인(桑谷 成石咽)과 기우자 이행(騎牛子 李行)이 서로 친분이 두터웠는데 하루는 기우자가 상곡을 찾아갔다. 상곡은 그의 아들에게 명하여 차를 달이게 하였는데 찻물이 넘쳐 다른 물을 더 부었다. 기우자가 맛을 보고 그에게 하는 말이 이 차에 네가 두 가지 생수를 더 부었구나 하였다. 기우자는 이렇게 물맛을 잘 분별하였는데 충주의 달천수(達川水)를 제일로 삼고, 금강산에서 나오는 한강의 우중수(牛重水)를 두 번째로 삼고, 속리산의 삼타수(三陀水)를 세 번째로 삼았다는 말이 있다.

(2) 물의 종류

물은 우리 체중의 70%를 차지하며 성인은 매일 약 2.5ℓ의 물을 배출하게 되므로,

음식물로 섭취하는 외에 하루 1ℓ(5컵 정도) 이상의 물을 마셔서 보충하는 것이 건강에 좋다. 물은 신체조직에 필요한 것을 보급하고 흡수하며 생리기능을 돕고, 암모니아나 요소 등 나쁜 성분을 배출하며 체온을 조절하므로 평소에 좋은 물을 많이 마시는 것은 건강에 매우 유익하다.

'차는 물의 신(神)이고 물은 차의 몸(體)'이라고 했듯이, 아무리 좋은 차라도 물이 나쁘면 제 맛을 낼 수 없다. 차를 끓여 마셔보면 물맛을 쉽게 구별할 수 있다. 좋은 물은 냄새가 없고 맑고 차며 칼슘, 칼륨, 규산 등의 미네랄이 알맞게 들어 있다.

• 천수(天水)

비나 눈은 가을에 내리는 것이 제일 좋고 다음이 봄물이다. 가을 물은 희고 차며, 봄물은 맑고 무겁다. 물이 맑고 시원하면 좋지만 탁하고 무겁고 너무 달면 좋지 않다. 여름에 내리는 폭우는 바람과 뇌성을 수반해서 대기 중의 먼지를 많이 함유하였으며, 성질이 사납고 거칠어 쓸모가 없다. 장마비나 가뭄 뒤에 갑자기 내리는 비, 냄새가 나고 빛깔이 검은 물, 흙탕물이 섞인 것, 장대같이 쏟아지는 소나기 등은 먹을 수가 없다. 그리고 겨울에 내리는 눈은 냉기가 극심하여 취할 바가 아니나 혹 한가할 때 소담스럽게 내린 함박눈을 가지고 차를 끓이면 풍치가 있다. 고상한 정취로 가끔 즐길 수는 있으나 장복하면 건강에 해롭다. 도서지방에서는 지금도 빗물을 받아먹고 있지만 요즈음은 오염이 많이 되어 침전시켜 쓰지 않으면 안 된다.

• 샘물(地水)

땅속에서 솟아나는 샘물로는 완만하게 바위 사이를 흘러나오는 유천(乳泉)이 제일 좋다. 샘물은 맑고 시원하고, 달고, 향기로운 것이 좋은데 맑기는 쉬워도 차갑기는 어려우며, 달기는 쉬워도 향기롭기는 또한 어렵다.

땅속에 돌이 적고 흙이 많거나 모래가 차지고 진흙이 엉킨 곳은 결코 맑고 차가운 물이 나올 수가 없으며, 산맥이 꾸불꾸불하고 그 맥이 끊어지지 않아 물이 정류하지 않고 흘러서 바위 사이를 돌아 돌 사이에서 솟아 나와야만 물맛이 향기롭고 달고 시원할 수 있다.

여울이 깊고 흐름이 빨라 급히 솟아나는 물이나 바위 속 깊은 산그늘에 가려져 있어 차가운 것은 차를 끓이는데 쓸 것이 못된다. 또 흐르지 않고 멈춰있거나 고여 있는 물은 원천(源泉)이 없기 때문에 필경 가물 때는 마르고 말 것이다. 이런 물은 찻물로 부적절할 뿐 아니라 먹어서도 안 된다. 모래 속으로 스며서 흐르는 물이 있는데 떠내도 마르지 않고 계속해서 고이는 것은 먹어도 무방하지만 가뭄 때 마른다면 이것 또한 흙 속에 고인 물과 다를 바가 없다. 아무리 물이 맑고 시원하다해도 먹을 수 있는 것은 아니다.

산중의 계곡이나 폭포의 물이 맑고 시원하기는 하나 장복하면 목병이 나고, 독이 있는 나무가 샘가에 있으면 그 나무의 독액이 스며 나와 해를 입는 경우가 있다. 이 때는 나무를 뿌리 채 뽑아 그 해를 방지해야 한다. 또 이 악수(惡水)는 맑고 향기로운 물의 기운을 손상시켜 단맛과 향기를 감소시킨다고 한다. 그래서 샘가에는 예로부터 향기로운 나무나 약이 되는 나무들을 심는다.

무릇 좋은 물을 만나는 것도 큰 복이 되나니 물은 양생(養生)을 하여 오래 살게 하고, 무병(無病)하게 하여 사람으로 하여금 복락을 누리게 한다. 이러한 물은 달고 향기로우며 반드시 돌 틈에서 나오는 석간수(石間水)이다. 또한 샘물을 끌어오는 대홈통을 죽견이라고 하는데, 차 끓이는 곳이나 부엌 가까이까지 몇 개의 죽견과 돌 물통에 걸쳐 물을 흐르게 하여 맨 나중 것은 허드렛물을 쓸 수 있게 하였다. 김시습은 아래 시에서 죽견에 흐르는 물소리가 차 끓이는 소리와 어울린다고 하였다.

죽견

대를 쪼개어 찬 샘물 끌었더니
졸졸대며 밤새도록 운다네
옮겨 와 흐르니 깊은 산골물은 말라도
갈라오니 작은 물통에는 찰랑이네
잔잔한 소리 꿈속에서도 졸졸대고
맑은 운치 차 끓는 소리와도 어울리네
찬 두레박줄 드리우지 않고서도
높은 우물가에까지 끌어오네.

• 강물(江水)

흐르는 물도 차 달이는 물로 쓰였다. 고려시대에 평양의 북쪽에 있는 박금천(薄金川)의 물맛은 달고 청량하여 차 달이기에 알맞아 도외지 사람들이 와서 길어가느라 항상 떠들썩했다고 한다. 조선시대에는 궁중에서 차를 끓일 때 반드시 한강의 강심수(江心水)를 길어 썼다고도 한다. 강물은 물에서 멀리 떨어진 것일수록 좋다. 요즈음은 오염이 심해서 그냥 먹을 수는 없고 침전시켜서 사용한다. 대도시 상수도 물은 거의 강물을 쓰는데 침전시켜 소독해서 사용하므로 냄새가 심하고, 오염도도 높아 차를 끓이는 데는 적당하지 않다. 차를 좋아하는 사람은 수돗물이 아닌 샘물을 구하는 것이 좋고, 상류에서 천천히 흐르는 물이나 골짜기의 돌이 많은 곳을 느리게 흐르는 오염되지 않은 물이 찻물로 적당하다.

• 우물물(井水)

옛날 식수의 급원은 대개 우물이었으므로 차 끓일 물로 우물물을 많이 썼다. 우물은 안전하게 물을 퍼낼 수 있게 "정(井)" 자 모양으로 돌을 이어놓았다.

강릉 한송정에 있던 두개의 돌우물(石井)은 신라의 사선들의 차 끓이던 물로 유명했으며, 이연종(李衍宗)은 차 끓이기 좋은 물을 '용천봉정수(龍泉鳳井水)'라고 하였고, 조선 말엽의 유희(柳僖)는 『물명고』에서 우리나라에서 찻물로서 좋은 물은 한양의 미정(尾井)이란 우물물이 가장 달다고 했다. 우물은 대부분 수맥을 알 수 없고 주변에서 스며 고이는 물로 가물면 마르기 쉽고 건수(乾水)가 많다. 비가 오면 수량이 늘고 개이면 그 양이 줄어든다. 칼슘이온이나 마그네슘이온이 비교적 많이 들어 있는 센물로 차를 달이면 차의 탄닌산과 결합하여 침전물이 생기므로 수질이 엉켜 맛이 짜고 색이 탁하고 비리며, 차의 향기와 맛이 달라진다. 해변가나 논밭가의 물은 짜고 기름기가 어려 차 맛을 버리기 쉽다. 이런 물로 차를 달이면 찻잔 수면 위에 기름이 뜨고 맛도 비리고 향기도 죽어버린다. 우연히 판 우물이 물줄기를 만나 큰 가뭄에도 마르지 않는다면 먹을 수는 있으나 산천의 석간수에 비할 바는 아니다. 우물물은 자주 퍼내어 깨끗이 해야 좋은데, 오늘날 농촌 우물에는 질소화합물이 들어가기 쉬우니 논밭과 거리가 멀어야하고, 살림집이나 공장 또는 큰 도로 가까이에 있어도 오염될 가능성이 크다.

• 온천(溫泉)

온천수는 대개 유황성분이 함유되어 엉기고 맛이 비리다. 또 뜨거운 기운이 땅속에서부터 솟아올라 끓일 필요가 없으나 차를 달이는 데는 마땅치가 않다. 온천수에 함유되어 있는 여러 가지 불순물이 차의 맛과 향을 훼손시키기 때문이다. 우리나라에는 많은 곳에서 온천수가 솟아 나오고 있으나 어떤 것도 찻물로는 쓸 수가 없다.

• 영천(靈泉)

영천은 하늘의 은택으로 내린 샘물인데 아는 사람은 드물고 있는 곳도 많지 않다. 명산이나 대찰이 있는 곳에 가끔 한 두개 보이나 만나기 힘든 샘물이다.

송광사에 있는 영천은 일 년에 서너 번 넘쳐흐른다고 한다. 물의 기운이 넘쳐 솟아올라올 때 그 물을 받아 마시면 고질병도 고치고 능히 장수할 수 있다. 또 대흥사의 산내 암자인 도선암에는 고산천이 있는데 이 샘물도 일 년에 한 번 자정에 넘쳐흐르는데 이 물을 마신 스님의 고질병이 씻은 듯이 나았다고 한다. 이 샘물은 고산 윤선도가 즐겨 길어 마셨기에 고산천이라는 이름을 얻었다.

• 약수(藥水)

약수는 물 가운에 천연 탄산가스나 주사 등의 약 성분이 들어 있는 것을 말한다. 만약 물 속에 주사가 녹아 들어있다면 이 물을 장복하면 능히 병도 물리칠 수 있으려니와 장수할 수도 있다. 남설악의 오색약수나 초정약수는 이상한 맛과 향이 있어 그냥 마시기는 좋으나 드물고, 유난히 단맛이 나는 감천(甘泉)이나 향기가 나는 향천(香泉)은 찻물로 쓸 수가 없다.

• 양수(養水)

좋은 물을 구하지 못하였을 때는 반드시 양수를 해서 쓰면 차의 맛을 낼 수가 있다. 양수 방법은 옹기 독 두 개를 구하여 각각의 옹기 속에 깨끗한 왕모래와 작은 자갈을 넣어 준비해 두었다가 첫 번째 항아리에 물을 부어 침전시키면 잠시 후에 물이 맑아지고 맛도 좋아진다.

이 물을 흔들지 않고 조심스레 퍼내어 두 번째 항아리로 옮긴다. 다시 잠시 기다리면 물이 침전된다. 첫 번째 항아리 속의 모래와 자갈을 꺼내 깨끗하게 씻어서 다시 넣고 두 번째 항아리에 있는 물을 다시 첫 번째 항아리로 옮겨 침전시킨다. 이렇게 서너 번 계속해서 침전시켜 걸러내면 웬만큼 수질이 나쁜 물도 좋아지고 맑아져서 차 맛을 크게 맛을 손상시키지 않는다. 그러나 요즈음은 정수기가 널리 보급되어서 많이 활용하므로 정수기에 정화해서 사용하면 물맛을 좋게 할 수도 있다.

(2) 물 끓이는 법(湯法)

물을 잘 끓이는 법은 차를 잘 끓이는 비법이다. 물을 잘 끓여야만 맛있는 차를 낼 수 있으므로 찻물을 끓이는 데 많은 정성을 쏟을 필요가 있다. 좋은 물을 구하는 것도 중요하나 좋은 물을 잘 끓이는 것은 더 중요하다. 아무리 좋은 물을 구하였다 하더라도 끓이는 데 실패하면 맛있는 차를 우릴 수가 없다.

찻물을 끓이는 데에는 불과 물 끓이는 탕기가 필요한데, 불은 냄새가 나지 않고 고르고 순수한 불이어야 하며, 탕기는 돌솥이 제일 좋고 다음이 도자기나 옹기제품이 좋으며 다음은 쇠 제품이다. 물은 순숙한 상태까지 끓여야 하는데 이는 물 끓는 정도를 보고서 판별해야 하며 너무 끓여서 탕이 늙어버리거나 덜 끓어서 맹탕이 되어서도 안 된다. 이를 감별하는 방법은 크게 3가지 방법과 작게 15가지 방법이 있다.

삼대변 (三大辨)

- 형변 (形辨) : 물이 끓는 형태를 보고서 분별하는 법
- 성변 (聲辨) : 물이 끓는 소리를 듣고서 분별하는 법
- 기변 (氣辨) : 물이 끓는 증기를 보고서 분별하는 법

십오소변 (十五小辨)

- 형변 오소변 : 해안, 하안, 어목, 연주, 용천
- 성변 오소변 : 초성, 전성, 진성, 취성, 무성
- 기변 오소변 : 일루, 이루, 삼루, 사루, 난루

형변 오소변법 (形辨 五小辨法)

탕이 끓는 형태를 보고 분별하는 법이다. 탕관 안을 살펴보고서 분별하기 때문에 내변(內辨)이라고도 한다.

- 해안(蟹眼) : 게의 눈이다. 게의 눈처럼 탕관 바닥에 바짝 달라붙어서 처음 생긴 물방울이다.
- 하안(蝦眼) : 새우 눈이다. 새우 눈처럼 탕관 바닥에서 막 떠오르려고 부상할 때로, 게의 눈보다는 약간 큰 모양의 물방울을 말한다.
- 어목(魚目) : 물고기의 눈이다. 물고기의 눈처럼 둥글고 또렷한 것인데, 새우의

눈이 탕관 바닥에서 떠오르고 있는 상태의 물방울을 말한다.

- 연주(連珠) : 구슬을 실로 꿰어서 놓은 모양으로 탕관 바닥에서부터 수면 위까지 연결되어 물방울(魚目)이 떠오르는 것을 말한다. 어목이 계속해서 연결된 상태이다.
- 용천(湧泉) : 샘물이 밑에서부터 위로 솟아오르는 모양을 말한다. 탕이 끓어서 거꾸로 샘솟듯 올라오는 상태를 용천이라 한다.
- 등파고랑(騰波鼓浪) : 북을 치듯 파도가 일어나고 탕이 뒤집어지는 것을 말한다. 탕이 끓어서 넘칠 듯 뒤집어지고 파도가 밀리며 물방울이 튀기는 상태를 말한다.
- 세우(細雨) : 잔 빗방울이 탕의 수면 위에 내리는 듯한 것을 말한다. 탕이 끓어서 파도가 치고 출렁이며 물방울이 튀어서 가랑비가 내리듯 계속해서 일어나는 상태를 말한다.

성변 오소변법 (聲辨 五小辨法)

탕이 끓는 소리를 듣고 분별하는 법이다. 탕관 밖에서 소리를 듣고서 분별하기 때문에 외변(外辨)이라고도 한다.

- 미미성(微微聲) : 탕에서 맨 처음 나는 소리로, 초성이 울리기 직전에 미세하게 들릴 듯 말 듯 나는 소리이다.
- 초성(初聲) : 미미성에서 날카롭게 변해서 강하게 나는 소리이다.
- 전성(轉聲) : 초성이 잦아지면서 작아지고 굴러가는 듯한 소리를 낼 때를 말한다.
- 진성(振聲) : 굴러가는 소리가 진동하는 소리로 변하는 것을 말한다.
- 취성(驟聲) : 진동하는 듯한 소리가 말을 몰아가듯 밀리는 소리를 말한다. 소리가 휘몰리는 것 같다.
- 송풍성(松風聲) : 소나무에 바람이 스치는 소리이다. 이 소리는 절정의 소리로서 산란한 마음을 편안하게 해주며, 정(定)에 들 수 있도록 도와주며 우주 가운데서 나는 소리 중에서 가장 미묘한 소리이니 가히 삼매에 들 수 있는 소리이다. 모든 차인들은 이 소리를 사랑한다.

- 회우성(檜雨聲) : 전나무에 빗방울이 떨어지는 소리이다. 송풍성과 같은 소리로서 송풍회우(松風檜雨)라고도 한다.
- 삼매음(三昧音) : 삼매경에 들 수 있는 소리이다. 송풍성이나 회우성을 삼매음이라고도 한다.
- 무성(無聲) : 송풍성이 조금 지나서 작아지면서 온천지가 잠든 듯이 조용하며 탕이 끓는 소리는 전혀 나지 않고 물결소리만 미세하게 나는 상태를 말한다. 이 상태를 순숙했다고 한다. 무성인 상태가 지속되면 물결치는 소리만 들린다.

기변 오소변법(氣辨 五小辨法)

탕(湯水)이 끓는 증기(蒸氣)를 보고서 분별하는 법이다. 탕관의 안과 밖에서 함께 보면서 분별하는 첩변(捷辨)이라고도 한다. 탕의 기(氣)는 내기(內氣)와 외기(外氣)로 구분된다.

- 내기란 탕 자체에 함유되어 있는 수기(水氣)를 말하는 것으로 끓여지는 과정에서 차차 증기로 해서 사라진다. 이 수기는 사비(四沸) 초에 이르면 완전히 증발한다. 일비(一沸) 말부터 수기가 증발하기 시작해서 이비(二沸) 때에 가장 많이 증발하고 사비(四沸)에 이르면 완전히 증발하고 외기(外氣)가 생기기 시작한다.
- 외기란 탕의 내기가 다 증발한 후에 생기는데 잘 익은 탕수가 외부의 대기와 접촉하는 부분에서 탕의 온도가 높고 대기의 증기로 화해서 탕의 기류(氣流)와 함께 상승하는 것을 말한다. 일루(一縷), 이루(二縷), 삼루(三縷), 사루(四縷), 난루(亂縷), 연취(煙翠), 기직충관(氣直沖貫)은 외기이다. 외기는 삼비(三沸) 말부터 생기는데 불규칙적으로 많게도 또는 적게도 생겨서 증발한다. 이 외기는 계속 이어서 나오는 것이 아니라 한 줄기 증기가 밀려나오다가 잠시 멈추고 다시 외기가 생긴다. 또 생긴 외기는 밀려나오고 또 생긴다. 이처럼 외기는 나오다 안 나오다 하면서 연속적으로 증발한다.
- 일루는 연주(連珠)처럼 기(氣)가 한 줄기로 증발 부상하는 것을 말한다. 이루는 두 줄기, 삼루는 세 줄기, 사루는 네 줄기를 말하며 난루는 기루를 헤아릴 수 없

을 만큼 어지럽게 피어오르는 것을 말한다.

- 연취(煙翠)는 기색(氣色)이 푸른 연기처럼 맑은 것을 말한다. 연취는 내기와 외기 사이에서 나오며 외기 중에 있는 빛깔이다.
- 일비 말에 나오는 증기는 먼 산간 마을의 외딴 집에서 피어오르는 저녁연기와 같고 이비 때에 나오는 증기는 하늘을 뒤덮은 우유 빛 구름과 같고 삼비에 나오는 증기는 가을 밤 달빛과 같이 맑고 푸르다.
- 기직충관은 기가 상승하는 기운이 탕면(湯面)을 꿰뚫고 올라 승천하는 것을 말한다. 이 지경에 이르러야만 탕이 순숙(純熟)했다고 한다.

2) 불

(1) 불 조절 – 문무화후(文武火候)

차를 맛있게 잘 끓이는 요령 중의 하나가 불기운을 잘 다스리는 일이다. 불기운은 성질이 사납고 극렬한 것과 유연하고 체성이 허약한 것, 또 기운이 온화하고 적당한 것 등 다양하다. 이러한 불기운을 잘 알아서 다스린다면 좋은 차를 만들 수 있고, 또 좋은 물을 끓여낼 수가 있는 것이다.

진다(眞茶)와 진수(眞水)를 만드는 비법이 모두 이 불 조절에 달려있으니 불을 모르고는 차를 마신다고 할 수 없는 것이다. 이것은 마치 도공이 도자기를 만들 때 흙과 물과 도공의 혼이 합해져서 흙으로 옥을 완성하는 것과 같은 이치이다.

차인은 찻잎과 불과 물로써 우리가 원하는 진미(眞味), 진향(眞香), 진색(眞色)의 신비스런 차를 만들어내는 것이다. 그래서 차인은 찻잎과 불과 물에 대해서 탁월한 식견이 있어야 할 것이다.

문무화후(文武火候)란 불을 다스리는 치화(治火)의 법도이다. 불기운이 극렬하고 매섭고 뜨거워서 만물을 다 태울 듯이 사나운 것을 '무(武)'에 이르렀다고 하고, 유약하고 쇠진하며 체성이 허약하여 탕수의 수기(水氣: 물 가운데 들어있는 탁한 기운)를 전소시킬 능력이 없는 것을 '문(文)'에 치우쳤다고 한다.

불기운의 다스림은 '문'에 치우쳐서도 안 되고, '무'에 치우쳐서도 안 된다. 만약 불기운이 문에 치우쳐서 더디고 게으르다면 탕수가 순숙해지지 않고 물비린내가 나고 수기가 소멸되지 않아 차 맛을 낼 수가 없다. 또 무에 치우친다면 탕수가 본성을 상실하여 수성이 위로 뜨고 가벼워지며 중화의 덕을 상실하고 만다. 그래서 불 가늠은 문에 이르러서도 안 되고, 무에 이르러서도 안 되는 것이다. 그 중도(中道)인 중화(中和)를 얻어야만 된다. 이것을 '문무화후'라고 하는데 그 적절함을 다하여 중화의 불기운을 얻어야만 좋은 탕수인 진수를 얻을 수 있는 것이다. 이 진수를 만드는 비법은 좋은 물을 얻어 중화를 얻은 불기운으로 잘 끓이는 길 뿐이다.

중화를 얻는 방법은 첫째, 양호한 연료선택 둘째, 불기운의 변화에 대한 올바른 관찰 셋째, 부채질이나 연료를 첨가하여 불기운을 살려 중화를 유지시키는 일이다. 좋은 연료를 구하여 불을 일구어 기운을 승화시키되 극렬해도 안 되고, 늘 곁에서 살펴 기운이 격해지면 기운을 죽이고, 너무 허약해지면 부채질이나 연료를 첨가해서 불기운을 북돋아야 한다. 이렇게 해서 탕과 불기운이 함께 잘 어울려서 중화의 덕으로 '진수'를 만들어 내는 것이다. 이처럼 진수를 만들어 내야만 '진다'(眞茶)와 합쳐서 중용의 덕을 얻을 수 있는 길이 열리는 것이다. '진다'와 '진수'를 얻으면 신(神)과 체(體)를 규명하게 되고 신과 체를 규명해야만 건(健)과 영(靈)을 얻게 되고 건과 영을 얻어야만 묘리(妙理)의 진체(眞諦)를 얻을 수 있게 되는 것이다.

(2) 불의 종류

• 숯불

불의 종류는 연료에 따라 달라지기 때문에 그 종류는 대단히 많다. 그러나 예부터 많이 애용해 온 것은 숯불이다. 숯불은 나무를 열기로 태워서 만든 것이기 때문에 덜 탄 숯은 연기가 나고 냄새가 나며 화력도 좋지 못하다. 반대로 잘 구워진 숯은 화력도 좋고 연기나 냄새도 나지 않으며 찌꺼기가 남지 않고 깨끗하게 연소된다. 그러므로 숯은 잘 태워야만 하며 숯을 굽는 재료의 나무도 결이 단단하고 좋으며 냄새가 나지 않고 부패되지 않아야 한다.

대개 숯을 굽는 나무는 참나무, 느티나무, 뽕나무, 오동나무, 팽나무 등이 좋으며 가시나무나 상수리나무 등도 쓸 만하다. 그러나 잣나무나 전나무 또는 계수나무 같이 냄새가 나거나 나무진이 많이 스며 나오는 나무 종류는 숯을 굽는 데는 마땅치 않으며 차를 만들 때의 연료로도 부적당하다. 그리고 연기가 많이 나는 솔방울이나 덜 마른 생나무를 연료로 쓰면 연기가 많이 나와 차와 탕수를 해치게 된다. 이것은 차에는 악마와 같은 것이다. 또 속이 빈 대나무나 체성이 약한 썩은 나무 가지나 낙엽을 태워서 탕을 끓인다면 불의 체성이 부박(浮薄)하여 중화의 기가 없으므로 좋은 탕수를 만들 수가 없다.

그리고 타다 남은 허탄(虛炭)이나 볏짚으로 탕을 끓여도 마찬가지로 진수를 얻을 수 없다. 하지만 산중에서 솔방울이나 낙엽을 긁어 차를 끓여 마시는 일은 고상한 운치가 있다. 그러나 이따금 즐길 일이지 장복하면 체증이 맺히므로 경계할 일이다.

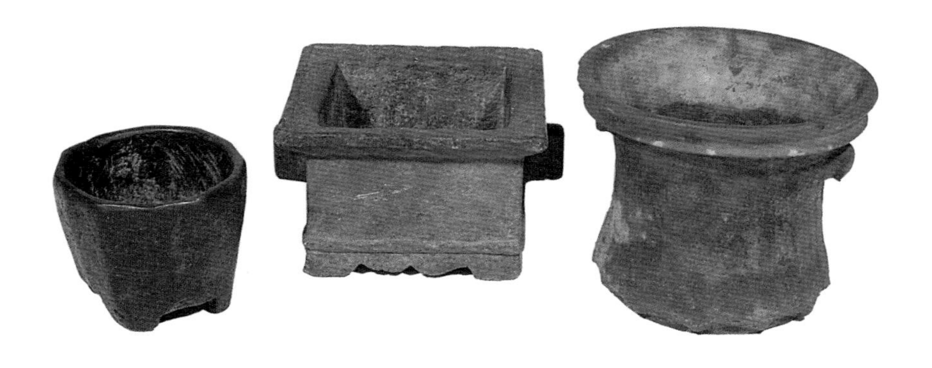

• 연탄불

연탄불은 연기는 나지 않으나 가스가 많이 나오고, 냄새가 나서 탕수를 버리게 되고, 또 불기운이 유약하거나 게으르기 쉽고, 부드럽고 허약하여 탕을 끓이는 데는 마땅치가 않다. 그러나 백탄은 풍로에 넣고 바람을 부쳐서 불을 잘 피워 빨갛게 달군 다음 탕관을 올려놓고 계속 부채질해서 끓이면 냄새도 안 나고 가스도 적게 나기 때문에 숯 대신 많이 써왔다. 어쨌든 연탄불로 탕을 끓여서 차를 우리면 향이 죽고 맛도 제대로 나지 않는다.

• **가스불(레인지, 버너)**

가스는 냄새도 적고 화력도 좋아서 현대생활에 알맞은 연료이다. 잘만 활용하면 모든 일에 만족스런 열기구가 된다. 탕을 끓이는 데에도 가스불은 연소가 잘 되고 화력조절이 편리해서 아주 적합한 연료이다. 탕을 가볍게 빨리 끓이는 것이 좋은데 너무 강렬한 불로 급히 끓이는 것은 좋지 못하다. 가스불은 화력이 강렬하여 급히 끓이기가 쉽지만 화력을 낮출 수 있도록 장치가 되어있어 적당한 불기운을 조절하여 사용할 수 있다.

가스불로 탕을 달일 때에 주의할 점은 탕이 늙어 노수(老水)가 되어 버리는 일과 수성(水性)이 바닥나거나 탕이 말라 버리는 일이다. 가스불은 탕이 쉽게 증발하는 단점이 있어 노수가 되면 빠른 속도로 탕이 증발한다. 따라서 가스불로 탕을 끓일 때는 너무 급히 끓이거나 탕이 늙어 버리지 않도록 잘 살펴야 하며, 탕의 수성이 가볍게 수면 위로 뜨거나 감칠맛이나 중후한 맛이 나도록 힘써야 하며, 싱그럽고 산뜻한 맛을 살려야만 한다.

• **전열기(포트)**

탕을 끓일 수 있는 전열기로는 포트를 많이 이용하는데 편리하기는 하지만 좋은 탕을 얻을 수는 없다. 포트는 열전도가 느리고 약하기 때문에 수성이 침체되고 수기가 증발하지 않는다. 다만 물을 뜨겁게 하는 정도이니 진수를 얻을 수가 없다. 그러나 요즘 과학의 발달로 인해 좋은 찻물을 얻을 수 있는 제품이 많이 나오고 있다. 편리하기로는 이보다 나은 것이 없다.

3) 중정법(中正法)

진미, 진향, 진색이 뛰어난 좋은 차를 우려내려면 먼저 중정법을 터득해야 한다. 중정법은 차를 끓이는 요체로서 세 가지 방법이 있다.

첫째, 차의 양과 탕수의 양을 알맞게 하여 중정을 지키는 법이다. 손님의 수에 따라 찻잔의 수를 정하고 찻잔의 수에 따라 차와 물의 양을 정하는데 차가 많아도 안

되고 물이 많아도 안 된다. 만약 차가 많고 물이 적으면 차의 빛깔이 진하고 맛도 강하고 비리며 향기도 부족하다. 그렇기 때문에 차의 양과 물의 양을 서로 알맞게 해야만 한다. 차의 양은 대략 2~3g 정도로 하되 차에 따라서 더하기도 하고 덜하기도 한다. 증제차는 맛이 연하고 부드러우므로 차의 양을 많게 하고, 부초차는 약간 적게 하면 일반적으로 맛있게 차를 우려낼 수 있다.

둘째, 차를 우리는 시간을 늦지도 빠르지도 않고 알맞게 하여 중정을 지키는 법이다. 차와 탕수를 다관에 넣고 우리는 시간을 알맞게 해야만 맛있는 차를 낼 수가 있는데 우려내는 시간이 너무 빠르면 차의 맛이 싱겁고 완전하지 않으며 빛깔도 엷고 향기도 떨어진다. 반대로 너무 오래 우려내면 맛이 쓰고 떫으며 빛깔도 노랗고 빨갛게 변하고 향기도 지나쳐 버린다. 그러므로 너무 늦지도 않고 빠르지도 않게 알맞은 시간에 차를 꺼내야만 한다. 보통 1~2분 정도면 차가 우러나는데 차와 물의 온도에 따라서 우리는 시간이 각기 다르기 때문에 가장 적당한 시간을 헤아려 두었다가 그 정도를 맞춰 꺼내야만 한다. 이는 오직 오랜 숙달과 경험에 의해서 그 정도를 맞출 수 있으니 차를 많이 끓여 보아야 한다. 그리고 그 정도는 다관의 표면에 미치는 열전도에 의해서도 감지할 수 있으니 가볍게 다관을 어루만지면서 헤아려 보아야 한다. 그래서 가장 적합한 온도를 알아야 한다.

셋째, 우려낸 차를 찻잔에 따를 때 급주(急注)나 완주(緩注)를 하지 않고 자연스럽게 따라 차의 양과 농도를 고르게 하여 중정을 지키는 법이다. 차를 찻잔에 따를 때 너무 급한 마음에 서둘러 왈칵왈칵 부어서 찻잔마다 따른 양이 다르고 농도가 고르지 않다면 이런 것을 급주라 한다. 급주를 하면 자리에 참석한 손님들도 불안하고 자연스럽지 못하고 정취 있는 분위기는 깨어지고 만다. 반대로 너무 조심스럽고 두려워하여 손이 떨려 팔이 내려지고 차를 흘리거나 다관에서 나오는지 안 나오는지 알 수 없을 정도로 따른다면 차가 고르지 않고 향취나 맛이 떨어지게 된다. 이런 것을 완주라 하는데 완주를 하면 답답하고 게으르고 자연스럽지 못하다. 이것 역시 중정을 잃은 것이다. 완주나 급주를 하지 않고 편안한 마음으로 자연스럽게 바로 앉아 조용히 따른다면 중정을 얻어 맛있는 차를 우려낼 수 있을 것이다.

적당한 양을 적당한 시간동안 우려 완주나 급주를 하지 않고 바르게 따르는 것을 중정법이라 한다. 중정법은 그 덕(德)이 중용에 있고, 중용을 얻는 데에는 팔에 책임이 있다. 마음이 조급하거나 착잡해도 안 되고 서두르거나 게을러서도 안 되며, 편안하고 자연스러운 자세로 임해야 한다. 이는 오직 마음에서 그 덕을 실천하도록 정성을 다하는 것으로, 이처럼 중정을 얻게 되면 자연히 차의 신(神)과 체(體)를 규명할 수 있다.

※『다신전』에 나오는 투다법(投茶法)

- 상투(上投) 찻물을 먼저 다관에 넣고 차를 넣는 방법으로 여름에 사용한 방법이다. 오늘날은 주로 숙우를 사용하므로 상투법은 거의 쓰지 않는다.
- 중투(中投) 찻물을 반쯤 넣고 차를 넣은 다음 나머지 물을 채우는 방법으로 봄, 가을에 사용한 방법이다.
- 하투(下投) 차를 먼저 넣은 다음 물을 나중에 채우는 방법으로 겨울에 사용한 방법이었으나, 오늘날에는 계절에 관계없이 가장 많이 쓰이는 방법이다.

4) 차 감별법(鑑別法)

차에는 진미, 진향, 진색이 있는데 차를 마실 때에는 이 삼기(三奇)를 완성해야 한다. 따라서 색(色), 향(香), 미(味)로서 차를 감별할 수 있다.

(1) 색(色)

차의 빛깔은 푸른 취색이 상품이며, 우려낸 차의 빛깔은 순백색을 으뜸가는 진색(眞色)으로 삼고 청백색이 그 다음이며, 회백색이 그 다음이고, 황백색이 그 다음인데, 위로는 하늘이 주는 좋은 때를 얻고, 밑으로 사람의 힘을 다 하면 차는 반드시 순백색이 된다. 기후가 갑자기 따뜻해지면 움이 튼 차 싹은 미친 듯이 자라므로 차 따기와 만들기에 쫓기어 쪄낸 찻잎이 지체하여 쌓이게 된다. 이런 차는 희더라도 누르다. 청백색의 차는 찻잎찌기와 누르기가 약간 서투른 것이며, 회백색의 차는 찻잎찌기와 누르기가 지나치게 익숙한 것이다. 찻잎의 진액 짜내기가 미진하면 빛깔은 검푸르게 되며, 불에 쬐어 말리기가 너무 세차면 빛깔은 검붉게 된다. 떡차나 잎차의 찻물은 맑으면서 붉은색이나 황색 혹은 녹색을 띠고, 발효된 차일수록 황색보다 붉은색이 진하다.

(2) 향(香)

차에는 천성의 향기가 있는지라 용뇌(龍腦)나 사향(四香) 같은 것은 견줄 것도 못된다. 차에는 천성의 향기가 갖추어져 있어 인공적인 향을 첨가할 필요가 없다.

또한 차에는 참된 향기(眞香), 난초 향기(蘭香), 맑은 향기(淸香), 순수한 향기(純香)가 있는데, 겉과 속이 한결같은 것을 순향이라 하고, 너무 설지도 너무 익지도 않은 것을 청향이라 하며, 화력이 고르게 조정된 것을 난향이라 하고, 곡우 전의 신묘한 기운이 잘 갖추어진 것을 진향이라 한다. 또한 머금은 향기[含香], 새는 향기[漏香], 뜬 향기[浮香], 간향(間香) 등이 있는데, 이러한 것은 모두 올바르지 못한 향기이니 취할 바가 아니다. 그러나 이와 같은 향기는 쉽게 감별하기 어렵고, 차를 태워서 나는 구수한 향기나 익혀서 풋내가 나는 향이나 이물질이 섞여서 나는 악취는 가려야 한다.

(3) 미(味)

차는 맛을 으뜸으로 삼는다. 차의 맛은 오미(五味)를 두루 갖추어야 하는데, 그 중에서 이 다섯 가지 맛이 복합적으로 어우러져 담백하고 감칠맛이 나는 것을 최상으로 친다. 차의 맛은 차의 종류, 물, 온도, 우리는 시간 등에 따라 다르며, 또한 마시는 사람의 건강상태나 기분에 따라서도 달라진다. 선조들은 차의 맛을 '달다(甘)'는 말로 많이 표현했으며, 그 외에 제호와 감로에 비유하기도 하였다.

초의선사는 『동다송』과 『다신전』에서 '우리나라의 차는 맛과 효능을 동시에 겸비하여 중국의 차에 뒤지지 않는다.'고 하였으며, 장원은 『다록(茶錄)』에서 '맛이 달고 부드러운 것이 상등이요, 쓰고 떫은 것이 하등이다.'라고 하였다. 송나라 휘종(徽宗)이 쓴『대관다론(大觀茶論)』에서는 차의 맛에 대하여 다음과 같이 기술하고 있다.

> 차는 맛을 으뜸으로 삼는다. 맛은 단것, 향기, 무거운 것, 미끄러운 것이 갖추어져야만 완전하다. 차의 창(槍), 바꾸어 말하면 가지가 처음으로 움트는 것(싹)은 나무의 성미가 시기 때문에 창(싹)이 지나치게 자라면 처음에는 달고도 무거우나, 마지막에는 어슴푸레하게 떫은 맛이 난다. 차의 기(旗), 바꾸어 말하면 잎이 이제 막 피어난 것은 잎의 맛이 쓰고, 기가 지나치게 쇠(老)면 처음에는 비록 쓴맛이 혀에 머무르지만 꿀꺽 마시면 도리어 달콤하다.
>
> 그러나 이러한 것은 가린 차로 만들어진 고형차(한 싹에 한 잎이 달린 것을 가린 싹으로 만든 차)에나 있는 일이며, 만약 훨씬 뛰어난 물품이라면 천성의 향기와 영묘한 맛이 있으니 자연 같지가 않다.

은은한 향기에 개운하고 시원하고 청량한 기운이 비위에 맞고, 감칠맛이 나는 담백함은 소화를 돕고 미각을 새롭게 하는 효능을 가지고 있으며, 온갖 번뇌를 녹여 준다.

5. 차 도구

차생활을 위해서는 차를 우려 마시는 도구, 즉 다구(茶具)를 갖추어야 한다. 예전에는 다구와 다기(茶器)가 서로 구별되는 개념이었다. 육우의『다경』에 의하면 '다기'는 '음다(飮茶) 도구' 즉, 차를 끓이는 용구를 가리키며, '다구'는 '제다 도구'를 가리키는 것으로 '차(茶)를 만들 때 필요한 갖가지 도구를 정갈히 준비해 준다[具]'는 의미였다. 그러나 오늘날 다기는 흔히 다구로도 불린다.

다구는 어떤 차를 마시느냐에 따라 달라지며, 또한 기능적인 면 이외에 예술적인 면과 시대 및 사회, 그리고 개인의 취향에 따라 매우 다양하므로 이 장에서는 너무 전문적인 것보다는 실생활에서 유용한 기본적 도구를 중심으로 설명하고자 한다. 또한 다구는 차를 마시는데 없어서는 안 될 중요한 요소이지만 차를 담아 마시는 용기일 뿐이다. 역사적으로 차를 마시는 행위가 사람들에게 정신적 경지로 승화되어 온 만큼 실용성과 심미성을 고려는 하되, 차생활의 진정한 뜻을 해치지 않도록 너무 사치하거나 다구를 갖추는 일에 얽매이지 않아야 할 것이다.

1) 종류

(1) 찻주전자 [茶罐]

다관은 차를 우리는 그릇이다. 다관의 생명은 첫째, 체 장치가 가늘고 섬세하여 차 찌꺼기가 나오지 않아야 하며 둘째, 부리가 잘 만들어져 차를 따를 때 찻물이 잘 멈추어 새거나 흘러내리지 않아야 하고 셋째, 속이 희어서 차의 양을 확인할 수 있어야 한

공기구멍의 위치는 부리에서 반대쪽에 두는 것이 과학적으로 가장 물의 흐름을 원활하게 하는 것이다.

다. 다관을 만드는 재료는 도기나 자기, 동이나 은 등을 사용하지만 실용성이나 품격 면에서 도자기가 최고이다. 크기는 큰 것보다는 작은 것이 더 운치가 있으나 찻자리 인원수에 따라 적절하게 선택해야 한다.

찻주전자는 손잡이의 위치에 따라 상파다관, 횡파다관, 후파다관으로 구분된다.

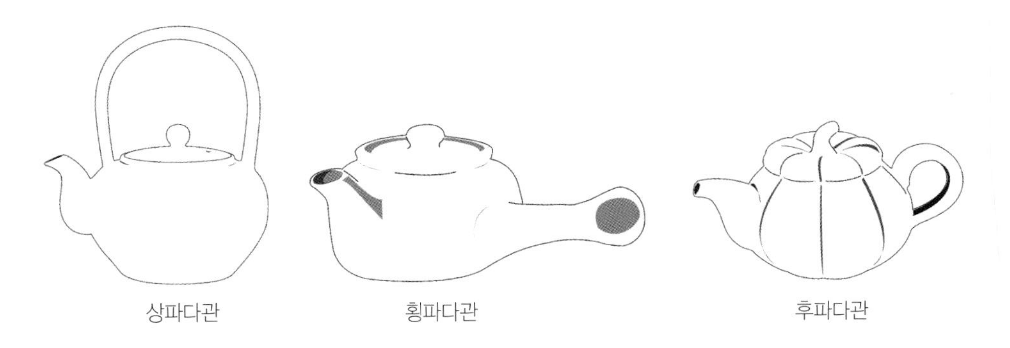

- 상파다관(上把茶罐) : 다관의 손잡이가 위에 있는 것
- 횡파다관(橫把茶罐) : 다관의 손잡이가 옆에 있는 것
- 후파다관(後把茶罐) : 다관의 손잡이가 뒤에 있는 것

(2) 찻잔 (茶盞)

찻잔은 차를 따라 마실 때 쓰는 그릇이다.

도자기 제품을 주로 쓰는데, 간혹 은이나 동 또는 나무로 만들어 쓰는 경우도 있으며 그 생김새에 따라 명칭이 다르다. 잔의 구연부(口緣部)가 넓고 크며 굽이 좁고 높은 것은 다완(茶碗), 구연부와 굽의 넓이가 비슷하고 굽이 높으며 수직으로 생긴 것은 다구(茶鴝), 절의 범종 모습과 유사하고 크기만 작게 축소하여 만든 다종(茶鐘), 다완을 축소시켜 만든 것 같으며 굽이 좁고 낮은 찻잔(茶盞) 등이 있는데, 구연부가 안으로 굽은 내반과 밖으로 퍼진 외반이 있다. 찻잔은 그 종류가 대단히 많으며 사람마다 각자의 취향에 따라 각기 다른 모양과 빛깔의 찻잔을 사용하고 있는데, 흰색이 차 빛깔을 제대로 감상할 수 있어서 좋고, 청자나 남백색(藍白色)의 잔도 차 빛을 나쁘게 하지 않는다. 흑유(黑釉)를 써서 만든 검은 빛이 나는 천목(天目)류의 찻잔이나 회백색의 분청 다완은 말차용으로 많이 사용된다.

(3) 찻잔받침 [茶托]

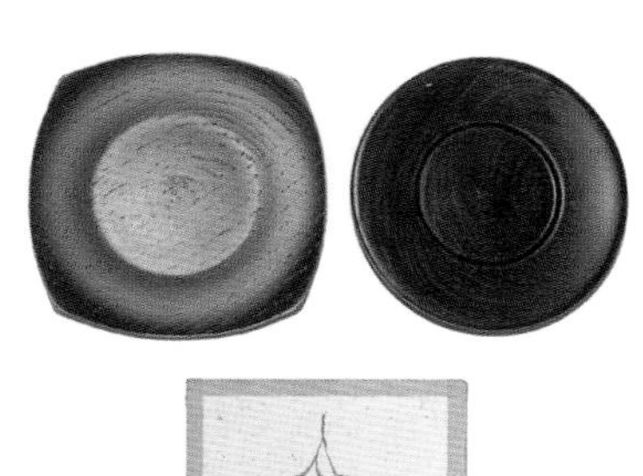

찻잔받침은 은, 동, 철, 도자기, 나무 등 여러 가지 재료로 만든 것이 있으나 사용할 때 소리가 나거나 잘 깨지고 녹이 스는 병폐가 있으므로 나무로 만든 것을 가장 많이 사용한다. 또한 나무는 다양한 형태로 만들 수 있으며, 나무의 결을 살려서 만들기도 하고, 옻칠을 해서 쓰기도 한다.

(4) 식힘 사발 (숙우, 熟盂)

잎차용 탕수를 식히는 사발이다. 말차를 낼 때에는 쓰지 않으며 잎차를 우려 마실 때에 필요한 그릇이다. 이것은 도자기로 만든 것이 좋으며, 탕수를 다관에 따르기가 편리하도록 한쪽 귀가 달린 것이어야 한다. 재래 귀대접과 모양이 비슷하며, 크기는 다관의 크기에 비해서 어울리면 된다. 옛날에는 숙우를 사용하지 않고 계절에 따라 투다법(投茶法)을 달리하여 온도를 알맞게 맞추었다.

(5) 차수저 (차시, 茶匙)

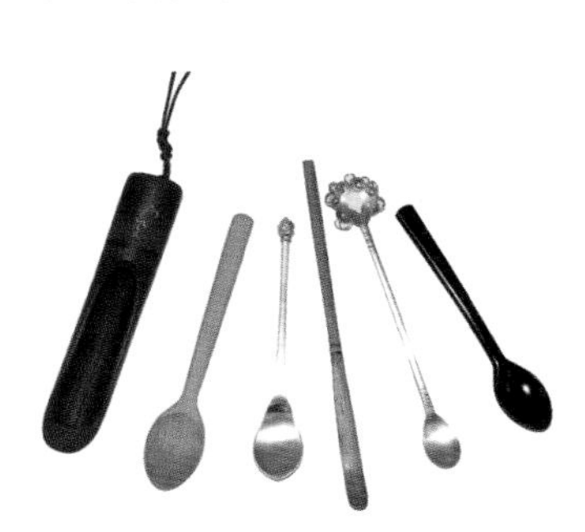

차수저는 은, 동, 철, 나무, 대나무 등으로 만들어 썼는데, 동이나 철은 녹이 슬기 쉽고 냄새가 난다. 그러므로 나무로 만들어 옻칠을 해서 사용하거나 대나무로 만들면 좋다.

대나무는 차의 향을 해치지 않고 냄새도 나지 않으며 습기에는 강하고 차와 성질이 잘 맞는다. 또한 문양을 새겨 아름답게 꾸밀 수도 있다.

(6) 찻상 (茶床)

손님에게 차와 다식을 낼 때 사용하는 상이다. 찻상은 은, 동, 나무 등으로 만들어 사용해 왔는데 그 중에서도 나무로 만들어 옻칠을 하고 자개를 박아 보기 좋게 꾸며서 사용한 것이 많다. 찻상은 둥글거나 네모진 것이 대부분인데 너무 커도 안 되고 너무 작아도 볼품이 없다. 크기가 적당하여 다관과 찻잔 그리고 숙우와 차수저 등을 올려놓을 수 있을 정도면 족하다. 또 다리가 있는 것과 없는 것이 있는데 사용하기에 편리하면 어느 것이나 무방하다. 일반적으로 찻상은 두 개를 쓰지만 찻자리의 형편이나 차를 내는 사람의 용도에 따라 한 개를 쓸 수도 있고 여러 개를 쓸 수도 있다.

(7) 차수건 [茶巾]

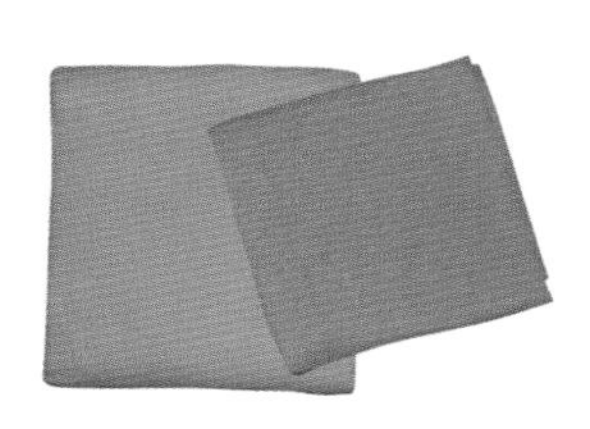

차수건은 다관과 찻잔 등 다구 일습을 사용할 때마다 물기를 닦는 마른 행주이다. 무명이나 세마포(細麻布) 등 부드럽고 먼지가 잘 털어지는 재질의 천을 쓰는 것이 좋으며, 특히 마포는 때를 잘 받아낼 뿐만 아니라 멸균시키는 작용까지 한다. 크기는 너무 커서 사용하기에 거추장스러워도 안 되며 너무 작으면 불편하다.

(8) 찻상보 (茶床褓)

찻상보는 다기나 찻상을 덮는 보자기이다.

예로부터 적색과 남색으로 안팎을 삼아서 만들어 사용했는데 적색은 벽사의 의미와 함께 사악함을 물리치고 길함을 뜻하는 것으로 전통적으로 귀한 물건을 싸거나 치장할 때 사용하였다. 또한 적색은 불[火]의 빛깔로 짐승이나 벌레들이 꺼리는 색이다. 남색은 적색과 함께 음양을 상징하며 조화를 나타낸다. 찻상보는 다구에 먼지가 끼지 않도록 덮어두는 것이므로 찻상을 덮을 만한 크기로 마련하며, 빛깔이 너무 울긋불긋하거나 요란하면 속되고 천박하게 보인다.

(9) 탕관 (湯罐)

탕관은 찻물을 끓이는 솥 또는 주전자이다.

은제, 동제, 철제, 자기, 옹기, 석기 등 여러 가지 재료를 이용하는데, 돌솥(石鼎)은 돌 속에 천지의 수기(秀氣)가 엉겨 있다가 탕을 끓일 때 녹아 나와 차와 함께 어울려 맛을 싱그럽게 하므로 제일 좋고, 자기나 옹기가 좋으며, 그 다음으로는 은으로 만든 것이 좋다. 철이나 동으로 만든 것은 녹이 나고 냄새가 나서 좋지 않다. 크기는 보통 반 되 들이부터 큰 것은 서너 되 크기까지 있다.

큰 것보다는 작은 것이 아담하고 예쁘지만 한차례 차를 끓여 마실 수 있는 정도는 되어야 한다. 형태도 여러 가지로 솥과 같은 것에서부터 주전자 종류까지 다양하다. 어느 것이든 무방하지만 전통적인 우리의 형태를 찾아 쓰면 더욱 좋다.

(10) 퇴수기 (退水器)

다관이나 찻잔 등을 예열하고 헹구어낸 물을 버리는 그릇으로, 차 찌꺼기를 씻어 내기도 한다. 이 그릇은 자기류를 곧잘 쓰지만 목기류를 써도 좋다. 자기처럼 부딪쳐 깨질 염려도 없고 소리도 나지 않기 때문이다.

(11) 물바가지 (표자, 杓子)

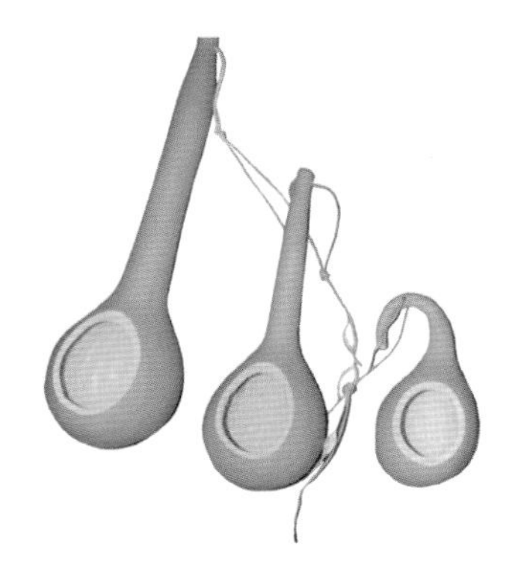

표자는 탕관에서 물을 뜰 때 쓰는 도구이다. 물바가지나 국자 모양으로, 주로 조롱박이나 대나무로 만든다. 탕관에 손잡이가 있거나 옮겨 쓰기 편리할 경우에는 필요하지 않지만 솥으로 된 탕정(湯鼎)을 사용할 때에는 꼭 있어야 하는 도구이다.

(12) 물항아리 (水桶)

차 끓일 물을 담아두는 항아리이다. 도자기 제품을 주로 쓰지만 돌로 된 것을 써도 좋다. 집안에 좋은 샘이 있으면 필요없지만 물을 저장해 두었다 써야 하는 경우에는 꼭 있어야 한다. 좋은 그릇을 장만하는 것이 좋지만 가정에서 흔히 쓰는 옹기 항아리를 깨끗하게 닦아서 사용해도 무방하다.

이 밖에 차를 보관하는 차호(茶壺)나 찻통(茶桶), 물을 끓이기 위해 불을 피우는 화로(火爐), 향로(香爐), 가루차용 차선(茶筅) 등이 있다.

2) 육우 『다경』에 나타난 차 도구

• **풍로(風爐)**

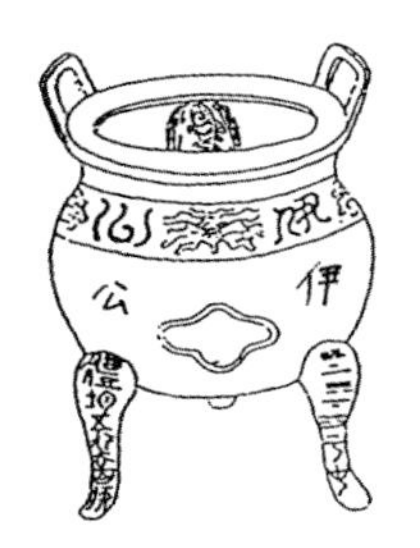

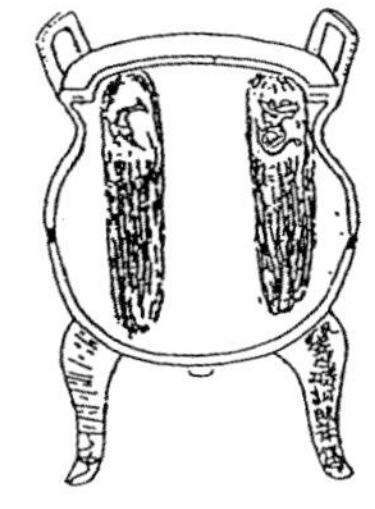

차를 끓일 때 불을 피우는 기구로, 바람구멍이 있는 기명(器皿)이다. 고정(古鼎) 형태로 동(銅), 철(鐵)로 주물해서 만든다. 풍로의 세 다리에는 각각 7자씩 고문(古文) 21자가 적혀 있는데 '감상손하이어중(坎上巽下離于中)', '체균오행거백질(體均五行去百疾)', '성당멸호명년주(聖唐滅胡明年鑄)'라고 적혀있다. 풍로의 세발 사이에 창문이 1개씩 있고 밑으로 창을 내어 바람과 재가 드나들도록 하였다. 3개의 창문 위에는 '이공(伊公)', '갱육(羹陸)', '씨다(氏茶)' 6글자가 적혀 있다. 이것은 '이공갱, 육씨차'로 이공은 국을 잘 끓였고 육씨는 차를 잘 끓인다는 뜻이다. 풍로 안에는 높고 낮은 차이를 낸 3개의 칸막이가 있는데, 각각 짐승과 괘가 그려져 있다. 한 칸막이에는 불을 상징하는 꿩과 이(離 : ☲)괘가, 다른 칸막이에는 바람을 상징하는 범과 손(巽 : ☴)괘가, 또 다른 칸막이에는 물을 뜻하는 물고기와 감(坎 : ☵)괘가 그려져 있다. 손괘인 바람은 불을 일으키고, 이괘인 불은 물을 끓게 하므로 풍로에 이/손/감괘를 갖추게 한 것이다. 풍로의 표면에는 연파(連涯), 수만(垂蔓), 곡수(曲水), 방문(方文) 등의 장식문양을 새겼고, 밑에는 재받이인 회승(灰承)을 둔다.

• **거(減)** : 숯광주리. 대나무로 짜서 만든다.

• **탄과(炭檛)** : 숯을 가르는 기구로, 한쪽 끝은 날카로우며 가운데는 풍성하고 손잡이는 가늘게 육각형(六隆) 방망이로 만드는데 망치나 도끼 모양의 탄과도 있다.

• **화협(火筴)** : 부젓가락. 풍로에 불을 피울 때 필요한 기물이다.

• **복(鍑)** : 솥. 차를 끓이는 기물이다.

• **교상(交床)** : 솥을 받치는 기물로 상다리는 십자 모양으로 교차되어 있고, 교상의 가운데에 구멍을 내어 솥 밑이 받쳐지도록 되어 있다.

• **협(夾)** : 집게. 떡차를 숯불에 구울 때 집게에 끼워 굽는다.

녹수낭
유낭
거
찰
차궤와 게
죽협
표
탄과
화협
분과 지낭
복
숙우
완

교상
협
나합
연, 불말
수방
척방
재방
건
도람
구열

• 지낭(紙囊) : 불에 구운 떡차를 넣어 향이 새어나가지 않게 하는 종이주머니이다.
• 연 · 불말(· 拂末) : 차매와 가루털개. 연은 지낭에 보관한 병차(餠茶)를 쪼개어 가루를 낼 때 사용하는 기물이며 불말은 가루를 떨어내는 데 사용한다.
• 라합(羅合) : 뚜껑이 있는 통에 차가루를 치는 체가 달려 있는 기물이다.
• 칙(則) : 비책(匕策)의 일종. 차의 분량을 헤아려 측정할 때 사용하는 기물이다.
• 수방(水方) : 찻물을 보관하는 네모진 물통이다.
• 녹수낭(男水囊) : 물 거르는 주머니이다.
• 표(瓢) : 표주박. 물을 뜨거나 끓여진 차를 떠낼 때 사용한다.
• 죽협(竹娛) : 대젓가락. 이비(二沸) 때 차 가루를 탕수에 넣고 휘저을 때 사용한다.
• 차궤 · 게(受寛 · 揭) : 소금단지와 주걱
• 숙우(熟盂) : 숙수(熟水)와 준영(雋永)을 저장하는 그릇. 이비(二沸)때 물 한바가지를 숙우에 떠놓았다가 삼비(三沸)때 분도(奔濤), 천말(堅沫)이 일어나면 이비 때 떠노흔 숙우의 물을 부어 끓음을 가라앉히는데 쓰며, 말발(沫泮) 가득한 준영을 숙우에 담아 구비육화(救沸育華)에 사용한다.
• 완(燔) : 차를 받아 마시는 그릇. 차색을 돕는 자기로 월주(越州)의 청자를 으뜸으로 여겼는데, 이 완에 차를 담으면 차탕색(茶湯色)이 녹빛이 되기 때문이었다.
• 분(兩) : 삼태기. 10개 정도의 완을 포개어 담을 수 있도록 만든 다완 수납용으로 써 그릇과 그릇 사이에 종이수건을 끼워 그릇이 손상되지 않도록 한다.
• 찰(札) : 차솔. 다기를 닦을 때 사용하는 큰 붓모양의 솔. 종려나무 껍질을 잘게 쪼개어 수유나무나 대나무에 묶어 사용한다.
• 척방(滌方) : 차 그릇 설거지통이다.
• 재방(滓方) : 찌꺼기를 수납하는 통이다.
• 건(巾) : 거친 비단으로 만들며 다기를 깨끗이 하는데 쓰인다.
• 구열(具列) : 다사(茶事)를 행할 때 다기(茶器)를 진열하는 기물이다.
• 도람(都籃) : 전체 다기를 넣어 들고 다닐 수 있도록 만든 기물이다.

6. 차 음식

차 음식이란 찻자리에서 차와 함께 즐기는 음식과 차를 이용한 음식으로 크게 나눌 수 있다. 전자의 가장 대표적인 것이 다식(茶食)이며, 후자는 차가 지니고 있는 색, 맛, 향 그리고 성분의 효능을 살려서 질병 예방이나 건강증진 효과를 기대할 음식으로 활용하는 것으로, 찻잎, 차 가루, 차를 우려낸 물 등을 이용하여 음식을 만들어 차의 기능성과 활용성을 높인 것을 말한다.

다식은 찻자리를 풍요롭게 만드는 구성요소인데, 차문화가 발전하면서 차를 즐기는 사람에게 시각적, 미각적 즐거움과 더불어 건강과 기능성을 제공하는 매우 중요한 요소로 인식되고 있다. 다식은 볶은 곡식의 가루나 송화가루를 꿀로 반죽해서 뭉쳐 다식판(茶食板)에 넣고 갖가지 문양이 나오게 박아 낸 유밀과에서부터 유과, 정과, 숙실과, 과편, 말이, 강정 등 만드는 방법이나 종류가 매우 다양하다. 특히 최근에는 현대적인 생활문화가 보편화 되고 입맛이 다양해지면서 전통 다식 이외에 세계 여러 나라의 차문화와 함께 들어온 빵과 쿠기류, 떡, 그 외 다양한 퓨전 형태의 다식까지 그 범위가 급격하게 확산되고 있다.

1) 다식의 정의

『한국음식대관』에 의하면 '오늘날의 다식은 곡물가루 · 꽃가루 · 한약재가루 · 종실 · 견과류 등을 가루 내어 꿀을 넣고 반죽하여 박아낸 것이다.'라고 정의하고 있다. 따라서 다식은 인간이 먹을 수 있는 모든 식물의 뿌리, 줄기, 잎, 꽃, 열매 등을 날로 먹을 수 있는 것은 그대로, 날로 먹을 수 없는 것은 볶거나 찌거나 말리거나 발효시켜 가루로 만든 다음 꿀이나 시럽 · 엿 · 조청 등을 넣고 반죽하여 다식판에 찍어낸 것을 전통 다식이라 칭할 수 있다. 넓은 의미의 현대 다식은 우리의 전통 먹거리인 떡을 비롯한 한과류 · 과정류를 포함할 수 있으며, 차의 성품을 크게 해치지 않을 음식이면 다식이 될 수 있다 하겠다.

차와 함께 먹는 다식은 우리 고유의 음식으로 차 마시는 풍습과 함께 발달하여 국가적인 제전이나 제사음식, 다담상 등으로 오늘날까지 그 맥을 이어오게 되었다.

2) 다식의 역사

다식의 기원에 관한 견해는 세 가지 정도로 전해오고 있다. 『삼국유사』 제 8권 「신라본기」의 찻잎가루로 다식을 만들어 제사에 올린 것이 시초가 되었다는 설, 고려 초 『대각국사문집(大覺國師文集)』의 「우상대사제문(祐詳大師祭文)」에 다식이 제유로 사용되었다는 설, 『성호사설(星湖僿說)』의 「거여밀이(粔籹蜜餌)」에 나타난 다식은 송나라의 대소용단(大小龍團)이 잘못 전해져 용봉단차(龍鳳團茶)로 유래되었다는 설 등이 있으나 지금까지 밝혀진 최초의 다식 관련 문헌은 고려 초의 『대각국사문집』으로 사료된다.

(1) 신라시대

다식은 과정류의 일종으로 주재료는 대개 곡물과 기름, 꿀이다. 『삼국사기』에 신문왕 3년(683)에 왕비를 맞이할 때 납폐 품목으로 쌀 · 술 · 기름 · 밀 · 장 · 지 · 포 등의 기록이 있는 것으로 보아 역사상 위 세 가지 재료가 갖추어진 때는 삼국시대로 이 재료를 이용하여 만들어졌으며 과정류의 일종인 다식은 문헌기록상 고려시대부터 나타난 것으로 사료된다.

(2) 고려시대

① 고려 초 『대각국사문집』의 『우상대사제문』에 다식이 제물로 쓰여진 기록이 있는 것으로 보아 다식은 적어도 1000년의 역사성을 지닌 우리민족 고유의 음식

임을 알 수 있으며 중국으로부터 용봉단차가 전래된 1078년 이전부터 차와 함께 상용되었던 것으로 사료된다.

② 『고려사』 「대관전연군신의(大觀殿宴群臣儀)」에는 왕이 명절이나 생일, 책봉 후에 신하들로부터 하례 받고 차와 술을 대접받는데 차를 마신 후 식사 뒤에 다식이 따로 나왔다고 한다. 락인(樂人)이 '치어구호(致語口號)'를 하며 성덕을 기리는 시(詩)를 바쳤다고 한다. 이때의 다식은 차를 마실 때 먹는 부수적인 다식이 아니라 차와 마찬가지로 귀중하게 여겼음을 알 수 있다. 또한 가장 큰 풍속으로 많은 물품을 이용하여 온 백성이 하나 되어 화려하고 성대하게 치루는 진다의식인 중동팔관회의(仲冬八關會儀)에 다식을 임금께 올리고 임금은 신하에게 하사한 것으로 보아 차와 다식을 먹는 풍습은 고려 이전부터 전해온 오랜 풍습으로 사료된다.

③ 고려 말의 성리학자 이색의 『목은집』에 나타난 '다식을 잘게 씹으면 단맛이 치설(齒舌) 가운데 감돈다'는 내용은 곡식 가루를 꿀로 반죽하여 다식판에 찍어내어 만든 오늘날의 다식 맛과 별로 다름이 없음을 말해 주는 것이기도 하다.

(3) 조선시대

① 『조선왕조실록』 성종 9년(1478)에는 국내 특산물에 다식이 포함되어 있으며 세종 8년(1426)에도 선대부터 우리나라에 충성을 바치고 귀순한 대마주(對馬州) 종언칠(宗彦七)에게 다식 2각을 하사한 것을 비롯하여 다식은 국제간의 예물로 중요한 자리를 차지하였음을 알 수 있다.

② 『규호시의방(閨壺是議方, 1670)』과 『요록(要錄, 1680)』에는 진말다식법이 소개되어 있다. 그러나 고려와 조선 초까지의 문헌에서는 다식이라는 용어 외에 그 제조법에 관한 내용은 찾아 볼 수 없으나, 조선 중기에 이르러 조리법이 구체적으로 문헌에 나타난다. 또한 여성이 쓴 정식 조리서로, 동양최고이며 규방에서 나온 최초의 한글조리서인 안동 장씨의 『음식지미방(飮食知味方, 1670)』에는 '눋도록 볶은 밀가루 한 말에 청밀 1되, 참기름 8홉을 섞어 만들어 기왓장 속에 먼

저 흰모래를 깔고 다음 깨끗한 종이를 깔아서 그 위에 다식을 벌려놓는다. 암기와로 덮고 뭉근하게 타는 불로 아래 위에 달군 숯을 놓으면 익는다. 청주를 조금 넣고 구우면 매우 연하다.'라는 진말다식에 대한 조리법이 상세하게 기술되어 있으나 오늘날의 다식과는 그 재료나 형태, 모양 등이 다르게 나타나고 있다.

③ 이익의『성호사설』제 6권「만물문」에서는 '우리나라는 쌀가루를 꿀과 섞어 뭉쳐서 나무통에 넣고 짓이겨 동그란 떡으로 만드는데 사람들은 이 다식이라는 이름과 그 뜻을 아는 이가 없다.'라고 했다. 또한 다식의 어의(語意)를 '다식은 송(宋)의 대소용단(大小龍團)이 잘못 전해진 것'이라고 하고 '차는 본래 전탕(煎湯)하는 것이지만 가례(家禮)에는 점다(點茶)를 쓴다.'라고 하였다. 이 책에 의하면 차는 일찍부터 물에 끓여서 마시는 것이었다. 그런데 송대에 이르러 정공언(丁公言)과 채군모(蔡君謨)에 의해 찻잎을 쪄서 일정한 무늬를 가진 틀에 찍어 고압(高壓)으로 쪄내어 다병(茶餠)을 만들어 점다(點茶)로 끓이는 방법이 생겼다고 한다. 점차는 사발에 찻가루를 넣고 탕수(湯水)를 부운 다음 솔로 휘젓는다. 이러한 것이 그 명칭만 남고 실물은 바뀌어 황률가루 등으로 어조화엽(魚鳥花葉)의 모양을 만들어 쓴다고 해설한다. 제사에 다식을 올렸다는 귀중한 자료로 사료된다.

④ 유중림(柳重臨, 1643~1715)의『증보산림경제(增補山林經濟)』에는 지금과 같은 방법으로 소개되어 있다. 재료에는 밤 · 대추 · 곶감 · 호도 · 송홧가루 · 도토리말 · 산약 등을 사용하였고, 이때 처음 기록으로 흑임자다식이 선을 보였다. 또한 목판인출(木板印出)이라 하여 다식판의 사용이 분명하게 등장하기도 하였다.

⑤ 빙허각 이씨(憑虛閣 李氏, 1759~1824)의『규합총서(閨閤叢書)』에는 녹말다식이 처음 기록되어 있는데 다식의 빛깔과 향을 돋우기 위하여 오미자, 연지, 계피가루 등을 사용하였다고 한다. 또한 검은깨를 볶아 꿀로 반죽하여 돌절구에 찧어 기름을 짜낸 후 글자를 깊고 분명하게 새겨 글자부분만 사탕가루를 메우고 검은깨를 박아내면 흑백이 분명하여 검은 비단에 흰 실로 수놓은 듯 하다고 하였다.

⑥ 다산 정약용의『아언각비』에 보면 다식은 '인단(印團)의 속칭으로 황율말 · 송홧

가루 · 검정깨 · 녹두말 등을 꿀에 반죽하여 나무로 된 목판에 넣어 꽃, 나뭇잎, 고기, 나비 등의 모양으로 찍어낸다.'라고 하였다.

⑦ 서유구(1764~1845)의 『임원십육지(林園十六志)』에는 다양한 다식이 소개되어 있다. 또한 『담용지』 권 2 「다식모(茶食模)」에서는 '회양목으로 만든 것이 제일 좋으며 길이는 1척 정도(一尺余), 넓이는 2촌(寸), 두께는 1촌(寸) 가량으로 앞면과 뒷면에 직경 1촌에서 8~9분(分)의 구덩이를 파고 그 밑에 수(壽) · 복(福) · 만(卍) · 칠보화조(七寶花鳥)를 새기고 콩이나 깻가루 등을 꿀에 반죽하여 구덩이에 채우고 상하판을 서로 맞춘 후 모서리를 방망이로 두들기면 하나씩 떨어져 나온다.'라고 하여 다식판 사용에 대한 상세한 기록을 볼 수 있다. 따라서 다식판 문양의 가장 큰 특징은 독창적인 아름다움 뿐 아니라 그 당시의 사회상이나 예술성이 응축되어 있음을 알 수 있다.

이상과 같이 용봉단차가 고려에 전해진 시기와 대각국사의 제문에 다식이 사용된 기록으로 보아 고려 초에 이미 다식이 용봉단차와 병용되고 있었음을 추측할 수 있으며, 용봉단차를 모방한 것이 아니라 우리나라에서는 이미 신라시대부터 내려오는 팔관회, 진다의(進茶儀)나 대관전연군신의(大觀殿宴群臣儀)와 같은 각종 의례에서 사용되었으며, 조선을 거쳐 오늘에 이르러 다양한 재료와 함께 더욱 정교하게 자리매김되었다. 그리하여 오랜 세월 속에서 시대적 배경의 영향을 받으면서 수정과 보완, 변천과 발달을 거듭하면서 고유한 전통과 토착성을 지니게 되었고 전통음식으로 오늘날까지 계승되고 있다.

다식에 관한 기록이 수록된 문헌을 시대순으로 정리하면 아래 표와 같다.

년 대	문 헌	저자 및 의례명
1055 ~ 1101	대각국사문집	의 천
1392	고 려 사	팔 관 회
1328 ~ 1396	목 은 집	이 색
1426 ~ 1496	조선왕조실록	예 물
1670	음 식 지 미 방	안 동 장 씨
1680년경	요 록	미 상
1681 ~ 1763	성 호 사 설	이 익
1766	증보산림경제	류 중 림
1815	규 합 총 서	빙허각 이씨
1819	아 언 각 비	정 약 용
1827	임 원 십 육 지	서 유 구

3) 다식의 종류

다식에 대한 기록은 대각국사의 제문에 제물로 올린 것이 최초이며 그 다음『목은집』에 기록된 팔관다식 순으로 사료된다. 또한 가장 많은 종류가 기록된 문헌은『음식법』(1854)으로 13종류의 다식이 소개되었으며 건치, 포육, 광어 등의 동물성 재료도 사용하였다.

흑임자다식 · 송화다식 · 녹말다식 · 밤다식 · 콩다식 · 각색다식 · 강분다식은 1600년대 이후부터 현재까지 일반조리서나 궁중의궤 모두에 많이 기록되어 있는 반면 상자다식 · 갈분다식 · 산약다식 · 잡과다식 · 팔관다식 · 대추다식은 1800년 이후의 기록에는 없다. 각색다식 · 가색소다식 · 삼색다식 · 사색다식 · 오색다식은 궁중의궤에만 기록되어있는 것으로 보아 궁중에서는 색의 조화를 이루는 여러 종류의 다식을 만들었던 것으로 생각된다.

(1) 전통 다식의 종류

• 곡물로 만든 다식 : 찹쌀다식, 보리다식
• 견과류로 만든 다식 : 밤다식, 잣다식, 호도다식
• 한약재로 만든 다식 : 승검초다식, 계강다식, 산약다식
• 종실로 만든 다식 : 흑임자다식, 콩다식
• 꽃가루로 만든 다식 : 송화다식
• 동물성 재료로 만든 다식 : 건치, 육포, 광어다식
• 기타 다식 : 삼색다식, 오색다식, 각색다식

① **쌀다식** : 옛 문헌에서는 그 기록을 볼 수 없고 『조선요리』(1940)에 처음 소개되었으며 다식의 종류 중 가장 늦게 만들어진 것이다. 먼저 찹쌀을 씻어 불렸다가 증기로 찐 다음 말려 노릇노릇하게 볶는다. 볶은 찹쌀에 소금을 약간 넣어 곱게 빻아 체로 쳐 놓는다. 가루에 꿀과 조청을 넣고 반죽한다. 다식판에 참기름을 약간 바르고 반죽한 것을 먹기 좋은 크기로 박아 찍어낸다.

② **밤다식** : 밤다식은 『도문대작』(1611)에 가장 먼저 소개되었으며 팔관다식 다음으로 두 번째로 오래된 다식이다. 황율다식 혹은 건율다식이라고도 하는데, 노인이나 어린이용 간식으로 이용하면 좋다. 밤다식은 밤을 삶아 속껍질까지 벗긴 다음 으깨어 어레미에 치고 여기에 계피가루, 유자청, 꿀을 섞어 반죽을 하여 다식판에 박아 찍어낸다.

③ 흑임자다식 : 검은 깨를 깨끗하게 씻어 물기를 빼고 살짝 볶아 기름이 나도록 오래 찧어서 꿀로 반죽을 한 다음 다식판에 박아 만든다.

④ 녹말다식 : 짙은 색의 오미자 물을 준비하여 녹말가루에 오미자 물, 꿀을 섞고 잘 반죽하여 다식판에 박아 내면 예쁜 분홍 빛깔의 다식이 된다.

⑤ 콩다식 : 콩다식은 푸른 콩가루나 노란 콩가루를 각각 꿀에 반죽하여 다식판에 박은 것으로, 궁궐에서는 파랑콩가루로 만든 다식을 '청태다식'이라 표기하였다. 황태와 청태를 물에 씻어 건져 시루에 쪄낸 후 말려서 고소한 맛을 얻기 위해 다시 볶은 다음 가루로 만든다. 볶는 것보다 찐 것이 색상도 선명하고 맛도 훨씬 좋다. 콩다식은 궁중에서 만들기 시작한 다식이며 비교적 다른 다식에 비해 늦게 만들어진 것이나, 1913년 〈조선요리제법〉에 소개된 후로 현재까지 많은 문헌에서 찾아볼 수 있다.

⑥ 승검초다식 : 참당귀의 뿌리를 건조시킨 승검초의 가루를 곱게 체에 쳐서 송화가루를 섞고 꿀을 넣어 반죽하여 다식판에 박아 만든다.

⑦ 생강다식 : 생강가루를 체로 곱게 쳐서 녹말가루를 섞고 꿀로 반죽한 다음, 계피가루를 약간 치고 다시 잘 반죽하여 다식판에 박아 만든다.

⑧ 용안육다식(龍眼肉茶食) : 용안육을 곱게 찧어서 고운 체로 쳐서 꿀로 반죽하여 다식판에 박아 만든다.

⑨ 송화다식 : 솔잎은 암을 막아주고 침침한 눈을 밝혀주며 대머리로 고민하는 이들에게는 머리를 나게 한다고 해서 신선 식품으로 유명하다. 솔꽃 또한 귀한 음식으로 여겼다. 5월 초순부터 피기 시작하는 솔꽃을 받아 꿀에 반죽해 다식판에 찍어 낸 송화다식은 궁중의 잔치상에는 필수 음식으로 올랐고 민가의 제사상에도 빠지지 않았다. 이 송화다식은 다식판을 특히 깨끗하게 하여 노란색이 곱게 되도록 해야 예쁜 색깔의 다식을 만들 수 있다.

차 마시기가 널리 보급된 지금 송화다식은 다식(茶食)의 주인공 역할을 하고 있다. 〈본초강목〉에는 "송화는 맛이 달고 온하며 독이 없다. 심장과 폐를 부드럽게 하고 기운을 늘려주며 풍을 제거하고 지혈을 시킨다."고 적혀 있다. 또한 송화가루는 공기 주머니가 두 개 있어 산소 공급 효과가 매우 커서 다쳐서 피가 나거나 화상을 입었을 때 이것을 바르면 지혈 효과가 있다. 그리고 종기가 곪아 고름이 생겼을 때 송화가루를 바르면 흉터가 생기는 것을 방지할 수 있다. 또 송화는 방부성이 강해 오래 두어도 변하지 않는다는 장점이 있다.

송화는 봄철에 소나무에서 얻을 수 있는 노란 꽃가루로 꽃망울이 터지기 전에 꽃송이를 따다가 넓은 함지박에 널어 건조하면 송화가루가 쏟아진다. 이것을 고운 체에 쳐서 큰 그릇에 담아 물을 부으면 송화가루가 모두 뜨게 된다. 4~5일쯤 울궈낸 후 고운 헝겊에 받아 다시 말려서 쓴다.

송화다식은 『증보산림경제』에 처음 기록되었으며 『규합총서』에 소개된 녹말다식, 흑임자다식, 밤다식과 함께 현재까지 가장 많이 만들어지고 있다. 다식 중 최고의 다식이며 우리나라에서는 경상북도 춘양에서 나는 송화로 만든 것이 일품으로 궁궐에까지 바쳤다고 한다.

⑩ **땅콩다식** : 속껍질만 있는 생땅콩을 은근한 불에 볶아서 완전히 식힌 다음 껍질을 제거하고 필요한 양만큼 가루내어 꿀이나 물엿으로 버무린 뒤 용도에 알맞은 크기로 다식판에 찍어서 활용하면 된다. 만들기가 간편하고 고소한 맛과 함께 모든 먹는 이의 마음을 즐겁게 하여 학생들의 다식 만들기에 아주 적절하다.

⑪ **잡과다식** : 잡과다식은 말린 과일을 가루로 하여 꿀로 반죽해서 다식판에 찍어낸 것으로, 주재료는 대추 · 건시 · 건율 · 바나나 · 무화과 등이며 『증보산림경제』(增補山林經濟)에 의하면 볕에 말려 저장하였다가 흉년을 대비했다 한다.

이밖에도 밀가루를 누릇누릇 볶아서 만드는 진말다식, 보리다식 등이 있는데, 각각의 다식을 만들어 색을 맞추어 돌려내면 대단히 아름답다. 그리고 다식을 만들 때는 꿀은 흰색 꿀(아카시아 꿀 등)을 넣어야 주재료 그대로의 맛과 향을 살릴 수 있고, 색도 제색을 내서 깨끗하다. 또한 꿀은 각각 그 재료에 따라 수분을 지닌 정도가 다르므로 가루에 조금씩 넣고, 어우러지는 정도를 보아가며 반죽한다.

(2) 현대적인 다식의 종류

• 유밀과 : 약과류, 만두류, 한과류
• 유　과 : 강정류, 산자류, 빙사과류, 연사과류
• 정　과 : 당근정과, 연근정과, 무정과, 죽순정과, 사과정과, 인삼정과
• 숙실과 : 조란, 율란, 생란, 인삼
• 과　편 : 차편, 앵두편, 모과편, 호박편, 인삼편, 오렌지편, 딸기편
• 말　이 : 곶감말이, 대추말이, 수삼말이
• 강　정 : 깨, 콩, 땅콩, 흑미, 쌀강정

① 곡식 가루를 꿀이나 조청에 반죽하여 다식판에 찍어내는 다식 : 오색다식이 대표적인데 흑임자, 녹말, 송화, 오미자, 청태로 만든다.
② 여러 가지 곡식 가루를 반죽하여 기름에 지지거나 튀기는 유밀과 : 약과와 매작과가 있는데, 약과는 찹쌀과 호박으로 만들고, 매작과는 다양한 재료를 이용하여 여러 가지 색으로 만든다. 녹색은 파래 가루와 녹차로, 노란색은 단호박으로, 살구색은 메밀가루로, 분홍색은 맨드라미, 검은색은 흑임자, 흰색은 인삼으로 색을 낸다.
③ 인삼, 사과, 도라지, 연근, 매실, 당근, 우엉과 장미꽃 모양을 낸 무와 같은 과일이나 뿌리 등의 재료를 조청이나 꿀에 졸이는 정과

④ 사과, 오렌지, 포도, 망고, 당근, 솔잎, 강낭콩, 백년초, 오미자편, 앵두편, 복분자편 등 과일을 삶아 걸러 굳힌 과편

⑤ 율란, 생란, 당근란, 조란, 인삼 등을 익혀 다른 재료와 섞거나 조려 만든 숙실

⑥ 꾸지뽕, 산딸기, 호박, 고구마, 녹차, 팥, 오디 같은 과일 및 농산물을 이용한 양갱

⑦ 대추꽃말이, 곶감말이, 감돌개와 같이 견과류나 곡식을 중탕한 조청에 버무려 만든 엿 강정

⑧ 떡 종류 : 꽃떡, 호박송편, 호박단자, 쑥구리단자, 흑미인절미, 송기떡, 감자 송편, 삼색경단, 구름떡, 무지개떡, 백설기 등 매우 다양하다.

⑨ 약식

4) 다식판(茶食板)

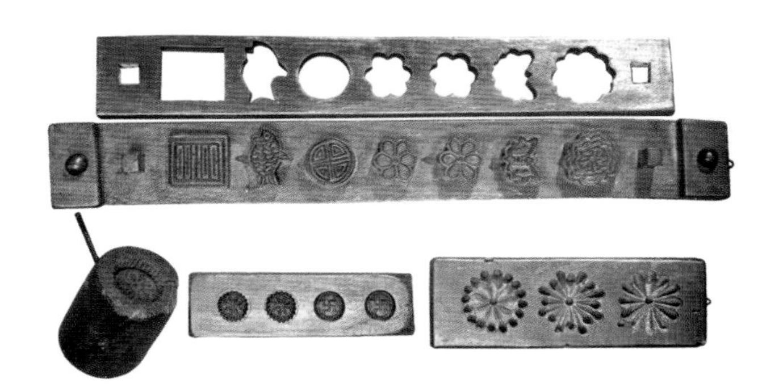

(1) 재 질

다식판은 다식이나 약과의 재료를 조합하여 형태를 찍어내는 틀이다. 다식판은 강하고 질기면서 무늬가 단조롭고 결이 없이 치밀하고 곱고 탄력성이 있는 나무가 좋은데, 박달나무 · 회양목, 감나무 · 대추나무가 좋고, 그 외 은행나무 · 호두나무 · 느릅나무 · 때죽나무 · 팽나무 · 고로쇠나무 · 벗나무 · 후박나무 · 살구나무 · 돌배나무로도 만든다.

(2) 문 양

다식판의 문양은 회화적이고 설명적인 무늬 보다는 추상적이고 도안화된 무늬가 많다. 그 무늬 속에 담긴 기원의 의미를 파악하기란 어렵지만 다른 나라의 문양들에 비해 다양할 뿐 아니라 독창적인 아름다움이 있다. 그것은 자연에 친근하고 자연에 투철하고 자연 묘체를 선천적으로 체득하고 있어서 호소력을 지니고 있으며, 또한 요사스럽거나 천하지 않은 점잖고 깊이있는 내면의 아름다움을 지닌다.

① 동물문(動物紋) : 동물 중에서 문양에 등장하는 것은 상서(祥瑞)로운 짐승이나 새, 물고기 등이다. 그 중에서 가장 많이 나타나는 것은 물고기 문양인데 물고기는 어로 생활을 통한 풍요를 기원하는 주술적(呪術的) 의미를 지닌 것으로 부귀(富貴), 길경(吉慶), 다손(多孫)을 의미한다. 또한 여유로움을 나타내기 때문에 그릇에 그려 넣기도 하고 다식을 고일 때 웃기로 많이 사용되었다. 또 잉어가 용문의 급류를 거슬러 올라가는데 성공하면 용으로 변한다는 일화가 있어 학문적 명성이나 시험에 합격하여 등용됨을 기원하면서 조각하였고, 두 마리의 물고기가 함께 나타날 때는 환희와 성(性)적인 의미를 뜻한다. 새는 생명감 있는 모습으로 입 맞추는 한 쌍의 새, 매화가지에 앉아 있는 새, 나비나 꽃과 어우러져 있는 모습 등으로 회화적이고 묘사적이다. 방아 찧는 토끼는 달을 의미하고, 나비모양의 호접문은 기쁨이나 여름 부부의 금술 좋음을 나타내며, 매미 문양은 길조(吉兆)를 의미하며, 봉문은 협동의식이 강하고 근면함을 상징한다. 진상품에는 봉황무늬를 사용하였고 편복(박쥐)무늬는 복(絡)자가 복(福)자와 동음이어서 복을 뜻한다. 박쥐가 쌍이면 쌍복(雙福)이라 하고 다섯 마리면 오복이라 하여 수 · 복 · 강령 · 덕 · 노종명을 일컫는다.

② 식물문(植物紋) : 우리나라에서 가장 널리 사용되고 있는 것으로 국화 · 매화 · 이화 · 난초 · 소나무 · 대나무 · 포도 · 목단 · 당초 등이 있다. 이는 사계절이 뚜렷한 자연 속에서 살면서 초목의 변화를 늘 지켜보기 때문일 것이다. 따라서 식물들을 사실적인 형태로 문양화하고 더 나아가 도안화된 것을 보면 우리민족의 뛰어난 조형성(造形性)을 알 수 있다. 매화는 운치, 난초는 향기, 국화는 윤택한 기운, 대나무는 청아함을 나타내며, 복숭아는 벽사와 장수의 의미로 사용된다.

③ 문자문(文字紋) : 부(富) · 귀(貴) · 다(多) · 남(男) · 수(壽) · 복(福) · 녕(寧)의 길상여의(吉祥如意) 등은 조상들이 지녔던 희구(希求)를 표현한 것으로 서민이나 귀족이나 구별 없이 지니고 있던 바램이었다. 이러한 바램이 길상 문자로 도안되거나 변형하여 무늬로 사용되기에 이른 것이다. 다식판은 주로 상류층에서 많이 사용하였다.

④ 기하학문(幾何學紋) : 기하학적 문양은 원이나 각 안에 '十'자형, 'V'자형 무늬로 격자무늬, 빗살무늬 또는 톱니무늬를 구성한다. 이러한 추상적인 문양들을 단순한 문양으로 그려 다식판에 조각함으로써 소박한 취향을 보여주게 되는데, 벽사의 뜻으로 부적 모양의 무늬가 있고 지상문(산수문), 뇌문, 회자문 등은 비교적 섬세하게 이뤄져 있다. 단오절 문양으로는 수레차문, 완자문, 성좌문이 있다.

5) 다식의 선택

(1) 색상으로 표현하는 다식

색을 쓰는 이유는 음식에 색을 들여 아름답게 하기도 하지만 식욕을 증진시키고 먹음직스럽게 보이며, 신선도를 유지시키기 위함으로서 우리나라는 약식동원(藥食同源)의 사상대로 그 재료가 가지고 있는 효능을 자연스럽게 섭취하므로서 건강에 이로움이 되도록 하는 배려까지 있다고 볼 수 있다.

황색	송화, 치자, 울금, 단호박, 노란콩, 황매
홍색	오미자, 지초, 연지(잇꽃), 백년초
자색	흑미, 적두, 대추, 송기
녹색	가루차, 갈매, 쑥, 승검초, 청태
갈색	계피, 간장, 꿀
흑색	흑임자, 석이버섯, 흑임자, 검정콩
흰색	찹쌀가루, 녹말가루

한국의 전통색은 우주가 음과 양의 두 요소로 이루어진다는 생각에서 출발하여 목화토금수(木火土金水)의 음양오행설에 기반을 두고 있는 것을 우리 문화의 곳곳에서 발견할 수가 있다.

색상	오행설	색상과 미각	색의 의미	주술적 풍습
청색	목	식욕 감퇴, 떫은 맛	생명, 발전, 창조, 불멸, 정직, 희망	출산 시 청기를 문전에 매달아 놓는다.
적색	화	식욕 증진, 대중적인 맛	힘, 정열, 생성, 창조	봉선화 물들이면 병이 낫는다. 아들이 태어나면 붉은 고추를 달아 놓는다.
황색	토	식욕 증진, 감미로운 맛	우주생성의 기본색, 광명, 생기	오방색의 중앙 색으로 중국에서는 황제만이 황색옷을 입었다.
백색	금	식욕과 무관	결백, 진실, 삶, 낮, 순결	에너지의 근원, 태양색, 소복색.
검정	수	식욕과 무관	실재(實在)를 상징	건강식품의 상징

• 제례 : 요란한 색이 아닌 무채색에 가까운 흑임자다식, 홍화다식, 쌀다식 등

• 혼례 : 축하용으로 화려하게 노란 송화다식, 푸른 승검초다식, 분홍 녹말다식, 누리끼리한 쌀다식, 검은 흑임자다식 등

(2) 문양으로 표현하는 다식

문 양	의 미	목 적
물고기, 거북, 새, 수복강녕(壽福康寧)	무병장수	수연례 찻자리
석류문, 박쥐, 부귀다남(富貴多男)	다산과 다남	혼례 찻자리
국화문, 목단문, 파초문, 칠보문, 팔괘문	화목과 번영	개업찻자리, 집들이 찻자리
복숭아 문양	벽사와 장수	회갑연 찻자리
국화문, 연꽃문, 목단문	가장 많이 쓰이는 꽃무늬	경사 및 축하 찻자리
수례차문, 성좌문	윤회사상, 정토	장례 찻자리
사군자의 매화는 운치, 난초는 향기, 국화는 윤택한 기운, 대나무는 청아함		

(3) 차의 종류에 따른 선택

① 녹차에는 송화다식, 흑임자다식, 콩다식 등이 잘 어울린다.

② 백차에는 맛이나 향이 강하지 않은 과일로 만든 푸딩 종류가 좋다.

③ 우롱차[烏龍茶]에는 콩다식과 양갱 등이 좋다.

④ 홍차에는 달콤한 쿠키나 케익, 스콘 등을 곁들이면 좋다.

⑤ 황차에는 다과로는 땅콩이나 호박씨, 깨로 만든 강정이 어울린다.

⑥ 흑차는 육포(肉脯)나 과일 등으로 만든 전과류나 떡, 과일의 씨앗 등을 곁들여 먹으면 차의 맛이 훨씬 더 향긋하게 느껴진다.

(4) 계절별로 어울리는 차와 다식

① 봄 : 매실정과, 송화다식을 곁들인 녹차

② 여름 : 연밥선식, 복숭아, 오미자와 함께 즐기는 연차

③ 가을 : 대추꽃말이, 송기떡, 녹차꽃떡, 송편, 고구마양갱, 호박양갱과 함께 즐기는 송이차와 녹차

④ 겨울 : 다시마, 북어다식, 인절미를 곁들인 황차

6) 다식의 일반적 조건

- 한 입에 쏙 들어간다.
- 고물이 떨어지지 않는다.
- 입 안에 찌꺼기가 남지 않는다.
- 쉽게 상하지 않는다.
- 쉽게 굳어지지 않는다.
- 다식끼리 서로 엉겨붙지 않는다.

7. 찻자리꽃, 다화(茶花)

차문화공간에서 다화는 찻자리의 성격과 분위기를 시각적으로 경험하게 한다는 점에서 매우 상징적이다. 찻자리꽃이란 그림, 음악 등과 함께 찻자리를 아름답게 꾸미거나 감상활동을 통해 차생활의 품격을 고양시키는 중요한 매체이다. 명나라 시인 원굉도(袁宏道)는 그의 저서 「병사(甁史)」에서 "차를 곁들여 꽃을 감상하는 것이 최상이고, 이야기를 곁들이는 것이 그 다음이며, 술을 곁들이는 것은 최하"라고 하면서 "무릇 꽃을 감상하는 데 있어 만약 그 시기를 논하지 않고 장소를 가리지 않으면 신기가 산란해져 서로 연결되지 않으니 기방이나 술집 안의 꽃과 무엇이 다르겠는가!"라고 하였다. 이와 같이 다화는 종류와 양, 꽂는 방법과 위치 등을 달리함으로써 찻자리의 목적을 상징적으로 드러내고, 운치 있는 분위기를 조성하며, 찻자리를 준비한 사람의 마음과 정성을 시각적으로 경험하게 한다.

1) 다화의 개념

꽃은 동서고금을 막론하고 하늘과 땅 사이에 가장 아름답고 성스러운 것으로 대부분의 길흉사 의식(儀式)에 사용하는 제물 중의 하나이다. 대자연의 신비와 아름다움을 축소시켜 찻자리로 옮긴 것이 바로 다화이다. 그러나 현대에 이르러 찻자리에 꽃을 인위적으로 기교를 배합하여 자연 본래의 가치를 상실하는 경우를 종종 볼 수 있는데, 이보다는 목적이나 용도에 알맞고 차실의 정서와 조금이라도 가깝게 접근할 수 있으며, 차의 이상과 접목되도록 해야 할 것으로 본다. 즉 다화는 정갈하게 차려진 다구와 함께 청초·소박하며 간결하게 연출하여 차를 우리는 겸허한 마음과 어우러져 찻자리의 품격을 고조시키는 매개체가 되어야 한다.

- 찻자리의 분위기, 즉 모임의 취지나 규모에 알맞은 소재를 선택하여 크기, 모양, 색상 등의 조화를 이룰 수 있어야 한다.
- 화려한 기구나 배경, 소재, 기교보다는 자연스러움과 순수함의 조화 및 절제미

를 우선으로 표현 한다.

- 계절감각과 자연의 신비를 터득하고 자연 속에 몸과 마음이 깃들어 감동과 겸허한 환희를 통해 주인과 손님이 합일정신(合一精神)을 느낄 수 있도록 한다.
- 외향적 기법보다 내적 표현이 고상하고 단순하며 사상(思想)이나 정신적 가치에 기준을 두고 청아한 자태를 창출한다.

2) 다화의 조건

차문화공간과의 조화로움에 비중을 두고 운치 있는 분위기를 조성할 수 있도록 소재 선택이나 꽃의 배합, 꽂는 방법 등에 신중을 기하여 다화를 선택한다.

- 차의 멋과 향을 해칠 우려가 있으므로 향기가 너무 강하거나 독성이 있는 것, 가시가 돋쳤거나 혐오감을 주는 모양, 화려한 장식 등은 피한다.
- 자연의 넉넉함과 소박하고 여유로운 멋을 느낄 수 있도록 인위성을 배제하고 계절에 맞는 종류를 선택하여 찻자리에 자연의 멋과 운치를 더한다.
- 찻자리 분위기와 공간 균형에 어울리는 꽃을 선택한다.
- 선택한 꽃의 모양과 색, 찻자리 향취에 어울리는 화기(花器)를 선택한다.
- 꽃말이 좋지 않은 것은 피한다.

3) 다화 준비

여러 가지 종류의 꽃을 사용하여 화려하게 하는 것이 아니라, 한두 가지 소재로 소박·간결하면서도 고귀해 보이도록 하며, 소재는 자연에서 구할 수 있는 것이면 좋다. 인위적인 것이라도 최대한 많이 자연을 느낄 수 있도록 연출하는 것이 좋다. 다화는 찻자리 주변 환경과 실내공간의 배치 및 장식, 상황에 따라 달라지는데, 대체로 아래와 같은 절차와 방법으로 준비할 수 있다.

(1) 주제 결정

- 찻자리의 취지와 목적에 맞게 다화의 용도(공간 연출용, 찻상용 등)를 선정한다.
- 공간 규모 및 분위기를 고려하여 다화의 수와 양을 결정한다.
- 용도와 찻자리 구성에 따라 다화의 위치, 높이, 방향 등 배치계획을 수립한다.

(2) 꽃 선정

- 다화의 주제, 차의 종류, 계절에 어울리는 소재를 선정한다.
- 공간연출용과 찻상용 등 용도에 따라 꽃의 종류, 색, 크기, 양을 결정한다.
- 두 가지 이상의 꽃을 사용할 때는 어울림을 신중하게 고려한다.
- 전체적인 분위기와 찻자리꽃의 어울림을 다시 한 번 고려한다.
- 예상치 못한 상황의 발생에 대비하여 필요한 꽃의 종류와 양을 여유 있게 준비한다.

꽃 선택 시 유의할 점

- 우리나라에서 자생하는 것을 우선한다.
- 향기가 진하지 않고 독성이 없어야 한다.
- 가시가 있거나 혐오스러운 것은 피한다.
- 지나치게 현란하지 않아야 한다.
- 찻자리의 목적과 다화의 주제에 맞아야 한다.
- 꽃 이름이나 꽃말을 고려한다.

찻자리에 어울리는 다화의 종류

- 계절별 야생화
- 분재나 화분
- 너무 화려하지 않은 조화(造花)
- 보기 좋은 나뭇잎과 단풍잎
- 화원에서 재배한 꽃
- 나무의 가지나 열매
- 풀잎

(3) 다화 용기, 화기(花器)

찻자리꽃은 꽃과 용기가 어우러져 함께 감상하는 것이므로 다화 용기인 화기 역시 다화만큼 중요하다. 화기를 선택할 때는 모임의 취지, 목적, 계절, 꽃의 종류와 양, 꽂는 방법 등 여러 요인에 유념하고, 더불어 용기의 특성이나 형태, 색감, 질감 등을 잘 파악하여 찻자리의 정서에 알맞게 연출 한다. 화기와 꽃의 조화가 가장 중요하다.

- 찻자리의 취지와 목적, 다화의 주제, 계절, 꽃의 양 등의 여러 요인들을 살펴본다.
- 모양, 크기, 색 등 꽃과의 어울림을 고려한다.
- 너무 크거나 화려하지 않아야 한다.
- 화기가 중심이 되지 않고 주제인 꽃을 돋보이게 해야 한다.
- 보다 인간적이고 자연에 가까운 것을 선택한다.
- 다화 전체의 조형미, 분위기 등을 고려하여 결정한다.

용도 및 형태에 따른 분류

- 수직으로 꽂는 화병
- 수평으로 꽂는 수반
- 흙을 담아 초화를 기르는 화분
- 대나무처럼 가늘고 긴 통 모양

재료 및 제작기법에 따른 분류

- 백자, 청자, 분청, 토기, 옹기 등 도자기류
- 대나무, 나무뿌리, 수석, 돌, 돌확, 이끼덩어리와 같은 자연적인 것
- 전통기와, 나무와 종이를 이용한 전통수공예품
- 유리, 스텐레스, 주물 등을 활용한 현대적인 생산물
- 그 외 물을 담을 수 있는 모든 것을 활용

(4) 다화 구성과 공간 연출

찻자리꽃은 범위가 애매하고 정해진 규범이 없어 공간연출용과 찻상용을 명확하게 구분하기는 어렵다. 따라서 1인, 5인, 15인 등 참가자 수와 공간 규모, 좌식과 입식 등의 찻자리 형태, 모임의 취지와 목적에 따라 준비한 꽃과 화기를 이용해 구성한다. 다화의 종류, 수와 양, 크기, 화기, 배치계획 등을 연출 이전에 미리 결정하되, 현장의 상황에 따라 결정된 꽃과 화기를 이용해서 구성하고 배치하여 아름다운 공간을 연출한다.

- 다화 구성에서는 조형미를, 공간 연출에서는 어울림을 고려한다.
- 동양적인 여백의 미를 살리려 찻자리 전체의 분위기를 조성한다.
- 다화를 배치할 때, 보는 사람의 시선을 고려하여 방향을 조정한다.
- 넝쿨이나 가지를 이용하여 선을 살려주면 좋다.

(5) 계절에 따른 다화 및 용기의 선택

• 봄 : 봄은 만물이 약동하는 계절이다. 이 시기에는 약동하는 생명감과 경쾌한 분위기를 느낄 수 있도록 움트는 새싹과 꽃 봉우리 사용하면 좋다. 용기로는 꽃의 생동감과 색상을 고려하여 토기, 분청, 옹기와 같은 중후한 것을 선택하며, 봄을 알리는 수선, 동백, 매화, 유채, 개나리, 진달래, 목련, 연산홍, 철쭉, 산수유 등을 소재로 화창한 봄의 싱그러움을 느낄 수 있도록 표현한다. 버들가지나 산당화 가지를 큰 화병에 꽂아 연출할 수도 있다.

• 여름 : 여름에는 청량감을 느낄 수 있는 분위기를 연출하면 좋다. 이러한 분위기에 어울리도록 용기는 대나무와 등나무로 만든 바구니, 죽통, 유리병, 백자와 같이 시원한 느낌을 주는 소재를 사용한다. 화병에 긴 난 잎(蘭葉)이나 창포, 해바리기, 원추리, 조팝나무 보리, 도라지, 자운영, 민들레, 패랭이, 포도덩쿨을 꽂거나, 높이가 낮고 입이 넓은 수반에 물을 담아 연꽃, 옥잠화, 수련, 작은 꽃과 수초를 띄워 시원한 분위기를 연출할 수도 있다.

• 가을 : 수확의 계절 가을의 찻자리 꽃으로는 풍성함과 서정적인 분위기를 느낄 수 있는 소재를 선택하면 좋다. 분청, 토기, 흑유 중 구연부가 넓은 화병에 감, 꽈리열매, 과꽃, 억새 등을 수북하게 담아 가을의 풍성함을 연출하거나 가을의 상징인 단풍잎과 산나무 열매를 사용해도 좋다. 다만 국화는 가을의 대표적인 꽃이지만 향기가 진하기 때문에 야외 찻자리에서 사용하거나 실내일 경우에는 꽃의 종류나 상황에 알맞은지를 고려해서 선택한다.

• 겨울 : 겨울은 춥고 음산한 계절이지만 그런 만큼 따뜻한 분위기를 자아낼 수 있는 다화가 요긴할 수 있다. 용기로는 온화함을 느낄 수 있는 동(銅)이나 철기(鐵器) 혹은 어두운 색의 옹기나 토기를 선택한다. 옛이야기를 들려주는 할머니처럼 소박한

표정의 황국과 말린 꽈리로 겨울 화롯가의 정경을 표현할 수도 있고, 봄을 기다리는 의미로 봄을 상징하는 꽃을 사용하기도 한다. 늘 푸른 소나무나 절개를 상징하는 대나무 등을 연출하거나 흠이 있는 다기를 화분으로 전용하여 정성들여 키운 야생화나 분재, 작은 동양란, 고구마 순 등도 계절감을 살린 좋은 다화가 될 수 있다.

(6) 상황별 찻자리꽃 연출의 예

- 고택분위기 : 고택의 실내분위에는 긴 병으로 된 화기에 매화나 산당화, 버들 같은 가지(계절에 따라 소재를 바꾸되 분위기는 같다)를 꽂아 실내에 두고 찻상 주변에는 작은 다화나 야생화 화분으로 장식한다.
- 한국의 정원 : 연못느낌이 나도록 돌확에 수초를 장식하거나 작은 물레방아, 또는 수석과 야생화를 이용하여 정원 느낌을 연출해본다. 찻자리에도 다화와 함께 자기로 된 소형의 개구리 인형을 장식 한다
- 초암다실 : 초암다실은 최소한의 필요한 것들로만 꾸민 곳으로 아주 간결하고 소박한 다화 1개를 찻자리에 둔다.
- 한송정 : 분청이나 토기 옹기에 소나무 가지를 선을 살려 크고 다소 무게감 있게 연출한다.

4) 다화의 소재

다화는 사계절의 변화를 통해 가장 아름다운 꽃, 나무, 풀, 열매 등을 소재로 삼는다. 따라서 우리의 산이나 들, 강이나 냇가 등지에서 자연스럽게 피고 지는 소재를 활용할

수 있으며 찻자리와 부합되는 몇 가지의 소재를 꽃말과 함께 알아두면 좋다.

수선화	신비 · 호의 · 신화	자귀나무	가슴이두근거림 · 환희
수수	오곡중의 하나	자운영	그대의 관대한 사랑
씀바귀	헌신	작약	부끄러움 · 교태
아주까리	우아 · 친구의 우정	제비꽃	행복 · 소박 · 정절
앵두	수줍음	조팝나무	노련하다
연꽃	청정 · 순결 · 신성	진달래	신념 · 청렴 · 절제
영산홍	첫사랑 · 사랑의 즐거움	질경이	발자취
오엽송	강건	차나무	추억 · 정조
옥잠화	조용한사람 · 고독 · 추억	철쭉	사랑의 즐거움
왕벚나무	절세미인 · 정서적인미인	포도덩굴	환희 · 박애 · 자선
용수초	온순	풍란	진정한 매력 · 신념
원추리	교태 · 아양 · 선고	해당화	온화 · 불필요
유채꽃	쾌활 · 냉담	해바라기	빛 · 숭배 · 기다림
은방울꽃	행복 · 기쁨	호박	해독
은행나무	진혼 · 정적 · 장엄	홍매	인내

8. 차문화공간

차문화공간이란 넓은 의미에서는 차생활을 영위하는 데 관여하는 모든 공간을 말하며, 좁은 의미에서는 음다행위가 이루어지는 실내외 공간, 즉 찻자리를 의미한다. 전자에 해당하는 것으로는 차의 생산과 소비는 물론 차문화의 진흥을 위한 다양한 매개공간을 포괄한다. 이러한 점에서 차문화공간은 한 사회의 속성이 집약적으로 표출되는 종합문화공간 내지는 종합예술의 장(場)이라 할 수 있다. 따라서 차문화공간이란 한 사회의 정치, 경제, 문화, 역사, 도덕, 종교, 사상, 생활양식 및 예술과 같은 정신문화와 물질문화가 조화롭게 공존하는 곳이자 격조있는 생활문화공간이라고 할 수 있다.

우리나라의 전통 다도는 신선사상을 비롯하여 불교 및 유교와 접목한 독특한 생활문화를 바탕으로 변화해 왔다. 정성을 다한 찻자리에서는 심신의 기운을 회복할 수 있으며, 편안하고 고요한 가운데 차의 깊은 맛을 음미하는 등 차의 멋과 맛을 경험할 수 있다. 또한 찻자리는 음다행위와 더불어 학문과 예술을 논하는 풍류의 공간이기도 하였다. 따라서 선조들의 차문화공간은 실내에 국한되지 않고 산과 들, 냇가, 바닷가, 바위, 수목 등 경관이 뛰어난 곳으로 확장되었으며, 자연 본래의 지형을 그대로 활용하거나 최소한의 덧붙임으로 주변에 정자나 누각을 지어 사용하였다.

1) 시대별 차문화공간

전통적인 차문화공간은 신라시대에 화랑들의 수도과정에서 경치 좋은 곳에 꾸민 다원(茶苑)이 있고, 고려와 조선 시대를 지나 근대를 거치면서 시대별, 계층별로 차를 즐기는 인구가 늘어남에 따라 차를 마시는 공간 또한 다양해졌다.

문헌에 나타난 시대별 문화공간과 차생활공간에 대해 알아보자.

(1) 가야

이능화의 『조선불교통사』에 의하면, 가락국 수로왕의 왕후인 허황옥이 아유타국(지금의 인도)에서 차씨를 가져와 심었다는 설이 있는데, 비록 전설이라 해도 가야시대부터 차를 마셨으리라는 추측을 가능하게 한다. 가야에서는 명절 제사에 차와 과자를 올려놓았다고 한다. 그리고 차문화공간으로 궁궐을 택했을 것으로 예상할 수 있다.

(2) 고구려

중국과 직접적 교류가 있었던 고구려의 차문화는 고분을 통해 그 흔적을 발견할 수 있다. 여러 곳의 고분벽화에 차 마시는 모습이 나타나거나 고분 안에서 떡차(餠茶)가 발견되기도 하였는데, 이는 제사용으로 궁에서 사용하였을 것으로 추측하고 있다.

(3) 신라와 통일신라

신라시대에는 주로 귀족, 화랑, 스님들이 차를 즐겨 마셨다. 왕과 왕족은 안압지의 임해전과 같은 별궁에서 차를 마셨는데, 이곳은 임금과 군신이 자연의 아름다움과 풍류를 즐기고 정사를 논하던 곳으로 연못과 전(殿)을 합한 당각루의 형태를 갖춘 궁전식 차문화공간이다. 또한 경주 남산 창림사에 있던 다실인 '다연원'은 국왕이 쉬면서 기도할 수 있는 객실과 같은 구실을 했던 곳으로 추측하고 있다.

차를 달일 때 쓰던 돌절구

신라 화랑의 찻자리로 알려진 강릉 한송정

귀족들은 별채나 사랑채의 방이나 대청마루에서 차를 마셨고, 화랑들은 강릉의 한송정이나 경포대같은 정자나 누대에서 차를 마시며 산천의 자연에 동화되어 심심을 단련하며 차문화공간을 이루었다. 특히 한송정은 신라 화랑들이 수련할 때 차를 마셨던 곳으로, 우리나라에서 가장 오래된 차 유적지의 한 곳으로 알려져 있다. 관동팔경 중의 하나인 강릉 경포대를 배경으로 차를 마시던 공간인 '한송정'은 신선도(神仙道)에서 유래된 화랑들의 다원으로, 화랑 사선(남랑, 영랑, 술랑, 안상)이 문도들과 함께 무술을 연마하고 차를 마시던 곳이다. 이곳은 우리나라에 현존하는 가장 오래된 차문화 유적지의 하나로, 화랑들이 자취를 남긴 이래 김극기(1170~1197), 안축(1287~1348)9), 이곡(1298~1351)과 같은 문인들이 찾아와 화랑의 자취를 찾아보고 이를 찬미하는 시를 남겼으며, 이곡이 저술한「동유기」에 이와 같은 내용이 상세하게 기록되어 있다. 이곳에는 화랑들이 야외에서 찻자리를 가질 때 사용했던 차우물(茶泉 또는 茶井) · 돌절구(石臼), 돌풍로와 돌확(석지조) 등이 보존되어 있다.

(4) 고려

이 시기는 우리나라 역사상 가장 차가 융성했던 시기로, 삼국의 차문화가 지역적으로 연계되어 발전했다고 볼 수 있으며, 중국 오대와 송의 영향을 받았다고는 하나 나름대로 그 시대의 독특한 분위기를 느끼게 한다. 상류층부터 서민층까지 차를 마시는 풍습이 보급되었던 것으로 보아 고려의 차문화는 한국 전통 차문화의 기초가 된다고 할 수 있다. 이 시기에는 차를 마시거나 휴식하는 다점(茶店)외에 왕, 고승, 부호 등 상류층의 개인전용 음다공간인 다정자(茶亭子)가 따로 있었다.

고려 사회에서는 왕실과 귀족사회는 물론 사찰을 중심으로 차생활이 일반화되었다. 왕(성종 982~997)이 손수 말차를 제조할 만큼 왕실과 사원에서 차를 중시하고 애음했으며, 국가의 주요행사는 주과식선(酒果食膳)을 올리기 전에 반드시 임금께 차를 올리는 진다의식으로 시작하였다. 궁중에서는 연등회 · 팔관회 등의 국가적인 대제전이나 왕자 · 왕비 등의 책봉의식에 진다의식(進茶儀式)을 행했다. 궁중에 차를 취급하는 관청인 다관청을 설치하고, 왕이 행차할 때는 의장대 행렬 중에 휴대용 화로를 나르는 군사와 다담(茶擔)을 나르는 군사가 별도로 있었다. 또한 궁중에 다방(茶房)을 두고 외국손님을 접대하는 등 실 · 내외 공간에서 차 행사가 있었는데, 궁중 다례풍속(茶禮俗)에는 '잔치할 때 우선 정원(庭園)에 차를 담아들고 손님 앞에 천천히 권한다'라고 쓰여 있다.

당시의 귀족계층에 속하는 승려들도 차를 즐겨 사찰에 차를 진공(進供)하는 다촌(茶村)까지 생겨났다. 승려들은 일상생활에서 식후나 손님을 맞이할 때나 선수행(禪修行)을 위해 차를 마셨으며, 헌다례(獻茶禮)를 행하였다. 또한 차를 재배하고 제조하기 위한 다소촌이 마련되었으며 일반 백성들이 차를 마실 수 있는 다점(茶店)이 생겨났고, 여행자 휴게소인 다원(茶院)이 설치되었다.

고려시대의 차문화공간은 왕궁, 관청, 상업적인 다점, 민가 등 그 범위가 넓었다. 고려의 궁중에서는 풍류를 즐기고 경치를 완상(玩賞)하며 놀이를 하는 장소로 정자를 지어 차를 마셨다. 고려중엽의 문장가이자 차인 이규보의 시에 의하면, 그는 주로 여염집, 절간의 방장(方丈), 산실(山室), 모제(茅齊) 등에서 차를 마셨다고 하는 것으로 보아 차문화 공간이 매우 다양했음을 알 수 있다. 문인과 승려들의 다시(茶詩)와 문헌에 나타난 차문화공간 관련 용어는 헌(軒), 옥(屋), 당(堂), 정(亭), 루(樓), 재(齋), 실(室), 거(居), 점(店), 촌(村), 방(房), 암(菴) 등으로 다양하다. 이렇게 다양한 용어는 차에 관한 글을 쓸 때 머물던 공간이 다양했기 때문이다. 또한 대각국사 의천을 비롯한 많은 고려의 선승들이 주석한 사찰과 암자 역시 훌륭한 차문화공간이라고 할 수 있다. 이렇듯 고려시대에는 이렇듯 풍류를 즐기는 놀이공간으로서는 물론 정신세계를 아우르는 다양한 형태의 차문화공간이 있었음을 알 수 있다.

(5) 조선

불교와 인연이 깊었던 차 문화는 숭유억불(崇儒抑佛) 정책에 따라 불교와 더불어 쇠퇴할 수도 있었지만, 외유내불(外儒內佛)이라 하여 공적으로는 유교사상을 강조하지만 사적으로는 불교를 숭배하기는 사회 분위기 속에서 또 다른 모습으로 변모하였다. 이러한 이중적인 정신구조를 보여주는 예로 차례 때 차를 올리는 의식이 있었다. 조선초기에도 왕실에서는 차례(茶禮)를 행했고 사찰을 중심으로 차생활의 전통을 이어왔다. 다만 공간의 실체에 대해서는 의외로 밝혀진 바가 없어 단언하기 어렵지만, 통상적으로는 주택의 사랑채나 누정, 서원, 사찰의 요사채, 암자 등이 주요 공간이었을 것으로 추정하고 있다.

서유구는 『임원경제지』에서 서재 옆칸에 공간을 마련하여 차료(茶寮)라 하고, 그곳에 갖추어야 할 것들을 다음과 같이 기술하였는데, 이것은 당시 선비들의 차생활 공간의 단면을 살펴볼 수 있는 단초를 제공하고 있다.

곁채(側室) 한 칸을 서재 옆에 마련한다. 차료(茶寮) 안에는 다조(茶竈) 하나, 찻잔 여섯 개, 차 주전자 두 개(그 중 하나는 끓는 물을 붓는 데 사용한다), 다구(茶臼) 하나, 먼지를 털고 쓰는 데 쓰는 포 각각 하나, 숯을 넣어두는 상자 하나, 불쏘시개 한 개, 화선(火扇) 한 개, 화두(火斗) 한 개(이것으로는 향병(香餠)을 굽는다), 다반(茶槃) 한 개, 다탁(茶卓) 두 개를 놓아둔다. 동자를 시켜 차 끓이는 일을 전담하도록 하여 긴 여름날 청담(淸談)을 나눌 때와 추운 밤 외로이 앉아 있을 때 시중들게 한다.

조선시대의 다방은 궁궐에서 왕실의 다례를 주관하였고, 외국사신의 숙소인 태평관에서는 사신에게 다례를 베풀었으며, 관청에는 날마다 한 번씩 모여 차를 마시는 다시(茶時)가 있었다.

재좌청(齋坐廳)에서는 큰일을 의논하여 탄핵할 때 정 5품 이상의 대관들이 마음과 몸을 깨끗이 하고 차를 마신 후 의논하였다고 한다.

이 시기의 차문화공간으로는 궁궐(宮闕), 관청(官廳), 재(齋), 당(堂), 강(江), 산

(山), 너럭바위, 초당(草堂), 암(庵), 정자(亭子), 루(樓) 등 그 범위가 넓다. 이것은 자율적이고 자유스러운 차문화 공간이었다. 궁궐에는 능허정, 애련정, 청의정, 관람정, 부용정, 향원정 등의 정자가 여러 곳에 있었으며 화려한 경회루도 있다. 일반 선비나 백성들이 풍류를 즐긴 차문화공간으로는 세검정, 고송정, 항미정, 식영정 등 수많은 정자가 있다. 이러한 공간을 통해 자연에 순응하고 동화되려는 우리의 민족성을 엿볼 수 있다.

이 시대에는 김종직, 서경덕, 이율곡, 정약용, 서산대사, 사명대사, 초의선사 등 수많은 차인이 있었으며, 다양한 차문화 공간에서 학자들과 승려들이 서로 교류하면서 차를 즐기는 독특한 면이 있었다. 따라서 차문화에 담겨진 사상은 불교, 유교, 도교의 정신과 연계되어 생활화되었다고 볼 수 있다. 당시의 차인들이 발표한 시를 중심으로 이 시대 차문화 공간의 특징을 파악할 수 있다.

• 자연을 벗 삼은 화담(花潭)의 찻자리

화담 서경덕(徐敬德, 1451~1497)은 그의 「산살이(山居)」라는 차시에서 '구름 바위 밑에 내 살 곳 마련함은 … 차 한잔 하며 고서 뒤적이네(雲巖我下居…茶餘閱古書)'라고 노래하였다. 이는 대자연을 벗 삼아 차를 마시고자 하는 시인의 마음을 담은 것이자, 큰 바위 아래 빈 터도 차를 마시는 훌륭한 공간이 되었음을 알려준다.

• 숲에서 즐기는 율곡(栗谷)의 찻자리

조선 중엽의 성리학자인 율곡 이이(李珥, 1567~1608)는 그의 「산중(山中)」이라는 시에서 '…숲 속에서 말차 끓이는 연기 일어나네(…林抹茶烟起)'라고 노래하였다. 숲에 앉아 한가하게 새소리와 물소리를 벗하며 차를 달이고 있는 모습을 그려볼 수 있는 이 시를 통해 조선의 선비에게 숲은 일상공간과 더불어 때로는 여럿이 모여 차회를 즐기거나 혼자 고즈넉이 차를 마시는 공간이었음을 알 수 있다.

• 유배지에서 새롭게 시작된 다산(茶山)의 찻자리

다산 정약용(丁若鏞, 1762~1836)은 농경사회에서 상공업사회로 변화하는 18세기 영조와 정조 시대의 실학자이자 개혁가이다. 그는 벼슬을 하다 파직되어 경상도 장기와 전라도 강진으로 유배된다. 유배 시절 강진의 만덕사(萬德寺)에서 아암(兒庵) 혜장선사를 만나 차를 접하였다. 그의 유배지 뒷산에는 차밭이 있었는데, 이 무렵 스스로 '다산(茶山)'이라 호를 정하였다. 그는 여러 편의 차시를 남기고 있는데 그 중에서도 차를 가꾸고 마시던 다산의 모습을 그려볼 수 있는 구절로는 '바위 샘물 떠와 찻병을 씻네…(岩泉水取洗茶瓶…)'라는 구절이 있다. 바위틈에서 흘러나오는 샘물을 떠 와 차 도구를 씻고 차를 우리는 모습은 산마루의 야생차를 배경으로 한 다산초당(茶山草堂)에서의 단출한 그의 차생활을 짐작하게 한다. 초당은 정자나 정원과 더불어 계절에 따라 다른 차생활의 멋스러움을 느끼기에 충분한 차문화공간이다.

• 소나무 아래 휴정(休靜)의 찻자리

서산(西山)이라 부르는 묘향산(妙香山)에 오래 있었다 하여 서산대사(西山大師, 1520~1604)라 불리는 휴정 스님은 중종(中宗) 15년 안주(安州)에서 태어났으며, 자(字)는 현응(玄應)이고, 법호는 청허(淸虛)이다. 대사는「윤방백의 운을 잇다」라는 시에서'…소나무 아래 돌에서 차를 끓인다(…煮茶松下石)'라고 읊고 있다. 이 시에서는 자연과 함께하는 차생활의 풍류를 느낄 수 있다.

• 동다송의 산실인 초의(草衣)의 찻자리

초의선사(草衣禪師, 1786~1860)는 전남 무안 사람으로 운흥사(雲興寺)에서 입산하여, 운흥사의 본산인 대흥사(大興寺)에서 완호선사(玩虎禪師)에게 배우고, 다산과 교류하면서 폭넓은 지식을 쌓는다. 특히 그는 해남 두륜산 대흥사에 일지암(一枝庵)을 짓고 차생활에 대한 책을 저술하였다. 그중에서『동다송』은 그의 완벽한 차생활의 모습들을 보여주고 있는 대표적인 저술이라고 할 수 있다. 모두 31송으로 구성된 이 책에서는 차나무의 색, 맛 등에서부터 차 공간의 분위기까지 제시하고 있다. 그는 혼자 마시는 차가 신(神)이라고 하였으니 최고의 경지라고 할 수 있다.

2) 차생활공간

(1) 자연 속

찻자리는 차를 마시는 공간으로 한정된 장소라기보다 찻자리가 될 수 있는 곳이라면 어디든 가능하다. 뛰어난 경관과 넓은 시야를 제공하는 자연의 일부일 수도 있고, 자연 속에 있는 다정(茶亭)일 수도 있다. 우리 조상들은 대자연 속에 누각이나 정자나 초당을 지어 그 곳에서 차를 마시기도 하고 대숲이나 소나무 밑, 너럭바위에 앉아서도 차를 즐겼다.

(2) 차실과 다옥

차실(茶室)이나 다옥(茶屋)에 관한 구체적인 형태나 구조를 자세히 알 수는 없으나 문헌 자료 속에서 차실에 관한 설명을 찾아 볼 수 있다. 차실이라 함은 일상생활 공간 안에서 독립된 집 또는 방으로 언제나 차를 끓일 수 있는 도구가 갖추어진 곳을 의미한다. 이러한 의미를 포함한 차실을 옛 문헌에서는 헌(軒)·옥(屋)·당(堂)·방(房)·거(居)·재(齋)·실(室)·암(庵)·정(亭)·여(廬)·루(樓)와 같이 다양하게 표현하였다. 이 중 '정'이나 '루'는 경치 좋은 곳에 사방을 바라볼 수 있게 지은 집으로 풍류객들의 모임 장소, 혹은 잠시 쉬면서 주변 경관을 감상할 수 있는 곳으로 오직 차를 마시기 위한 공간은 아니다. 다만 많은 사람들이 차와 담소를 나누는 공간으로 활용했다는 점에서 차생활공간으로 볼 수 있다. 예를 들어 신라 때 사선(四仙)들이 차를 즐겨 마셨던 한송정(寒松亭) 역시 이에 해당한다고 할 수 있다.

차실의 원류는 선승(禪僧)들의 정진을 위한 작은 암자로 대개 띠나 억새나 짚으로 지붕을 이은 초가여서 초암(草庵)·모암(茅菴)·산방(山房)·초당(草堂) 등으로 표현하고 있으며 때로는 선사들이 거처하는 방장(方丈)에서 차를 마시기도 하였다.

(3) 차 끓이던 곳

전남 승주군의 선암사에는 조선시대의 차 부뚜막이 있는데, 밥하는 부뚜막보다 높고 작게 만들어 아궁이에서 남은 불씨를 모아두었다가 숯을 더 넣어 언제든지 차를 끓일 수 있게 하였다고 한다. 천정에는 긴 장대를 달아놓고 그 끝에 탕관을 달았고, 탕관을 올렸다 내렸다 할 수 있는 들고리가 있어 불씨 위의 탕관이 항상 따뜻하도록 준비해 두었다고 하며, 차 부뚜막과 마루 사이에는 작은 문이 있어서 마루에서 끌어당겨 차를 끓여 마실 수도 있었다.

자연 속에서 차를 끓여 마실 때는 이동하기에 좋은 풍로나 차 끓이기에 적합하도록 특별히 만든 다조(茶鉏)를 썼다. 겨울에 실내에서는 방안을 데우는 화로에 차를 끓였는데 다로(茶爐), 혹은 죽로(竹爐)라고 하였다.

(4) 찻자리 주변

고려의 다실은 귀족이나 선비들이 교유하는 모임장소였으므로 귀족문화의 정취를 담아 한껏 멋을 부리면서도 최소한의 갖출 것이 구비되어 있어 격식 있는 다회에 손색이 없었다. 조선시대의 다실은 대체로 좁은 공간이었으며 거기에 어울리게 꾸밈새도 검소하였다. 선비들이 차 마시는 곳에는 거문고와 학이 자주 등장하는 것을 옛 그림과 글에서 발견할 수 있다.

차를 마실 때 흔히 사용하는 바닥에 깔개로는 대자리, 돗자리, 늘자리(부들로 엮은 것), 삿자리(갈대로 만든 것), 선탑(禪榻, 참선할 때 앉는 등받이 없는 의자), 포단(蒲團), 방석 등이 있었다. 이러한 것들은 접거나 말아두었다가 필요할 때 펼쳐서 배치하면 유용성과 함께 새로운 공간감을 형성하는 도구이다.

선조들은 찻자리에서 나누는 담소(談笑)를 연어(軟語), 다화(茶話), 혹은 청화(淸話)라고 하였는데, 오늘날에도 찻자리에서는 부드럽고 정다운 말로 이야기를 주고받으며, 깊은 사색과 함께 맑고 따뜻한 이야기를 나누고 있다.

3) 근현대의 차생활공간

우리나라의 근현대 차생활공간은 일제강점기를 거치면서 효당 최범술, 의재 허백련과 같은 대표적 차인들에 의해 대중화되었다. 지금은 생활수준의 향상과 함께 차생활이 정신문화의 하나로 인식되면서 문화적인 수준에서 보편화되고 있다.

차생활공간이 언제나 사용할 수 있는 생활공간 안에 자리매김하면서 집 안의 방 한 칸을 차실로 전용하거나 우리나라 주택의 대표적 유형이 되어버린 아파트 발코니 공간을 개조하여 만드는 경우도 있다. 이외에 부엌을 활용해 차생활의 공간을 마련하는 상품을 개발 하는 등 최근 들어 주거공간 안에서 차생활을 할 수 있는 다양한 방법들이 개발되고 있다. 차문화공간은 차의 정신을 생활화하고 실천하는 장소로서 예의와 배려의 공간이자 전통과 문화를 계승 발전시키는 장소가 되어야 할 것이다.

4) 오늘날의 찻자리

우리 조상들이 그러했듯이 오늘날에도 어디서나 차를 마시는 곳이면 찻자리가 될 수 있다. 그러나 주변이 산만하면 마음을 가라앉혀 고요히 차 마시기에 적당하지 않으니 마루나 안방의 한 모퉁이라도 일정한 곳을 찻자리로 정해 두고 혼자 혹은 가족이 항상 그 자리에서 편안히 차를 마시는 습관을 들이는 것이 바람직하다. 방석이나 차 마실 때 쓰는 크지 않은 대자리나 돗자리를 마련하는 것도 좋다.

茶문화의 원류

1. 동아시아의 차문화

차의 원산지는 중국 남부 윈난성과 쓰촨성이라 하며 차를 음용으로 마신 풍습은 3000~4000년 전 중국 서주 시대부터 시작된 것으로 보아 차는 세계에서 가장 오랜 역사를 가진 음료일 것이다. 또 세계 인구의 절반 이상이 기호 음료로 커피보다 차를 선호하고 있고, 환경과 건강에 대한 관심이 높아지면서 차의 수요가 계속해서 증가하고 있다. 따라서 차는 인류가 가장 애용하고 좋아하는 음료라고 해도 무방할 것이다.

차가 중국에서부터 시작되어 아시아 및 세계 각국으로 퍼져 나가면서 문화권마다 각자의 환경에 부합한 독특한 음다문화를 형성하였고 이로써 아주 다양한 차 관련 상품과 풍습이 생겨났다. 세계 각국의 차 문화에 대해 비교 연구하는 것은 우리 차문화의 영역을 더욱 넓히고 풍요롭게 하며, 더 많은 사람에게 한층 다양한 방법으로 차를 즐길 기회를 제공하는 큰 의미를 지닌다고 할 것이다.

중국에서 시작된 차는 불교 전파나 통상 및 교역이 발전하면서 주변국으로 전해졌다. 우리나라의 경우 서기 48년 금관가야 김수로왕의 왕비 허황옥이 시집오면서 차씨를 가져왔다고 전해지며, 220년경에는 베트남, 미얀마, 라오스, 태국 등에 차가 전해졌다. 일본에는 9세기 초에 차 종자가 전해졌으나 차문화가 본격화된 것은 11세기 이후이다.

17세기 초에는 중국과 일본 등지에서 동양무역을 장악했던 네덜란드를 통해 차가 유럽으로 전파되었다. 네덜란드에 이어 프랑스와 독일, 그리고 1630년대 중반에는 영국에까지 차가 전해졌다. 유럽에 차가 전래된 후에 전 세계로 급격하게 전파되면서, 유럽인들은 더 많은 수요를 충족시키기 위해 과거에 유럽 제국주의 국가의 식민지였던 아시아에 새로운 차 산지를 개발하여 차밭을 경작하였는데, 이것이 곧 급격한 차 전파의 원동력이 되었다. 중국을 제외한 인도나 스리랑카 등 현재 모든 차 주요 생산국들은 당시 유럽의 식민지였다.

중국의 아편전쟁이나 미국의 독립전쟁 발발의 주요 원인이 차 교역에서 비롯되었

다는 사실은 늦게 받아들인 유럽인들의 차에 대한 욕구가 어느 정도였는지를 짐작하게 한다. 실제로 과거 영국인들은 연간 일 인당 4.5kg의 홍차를 소비했고 현재도 연 2kg 정도를 소비하는 세계 최대의 차 소비 국가이다.

세계 차와 차문화의 원조국이라 할 수 있는 한국과 중국, 일본은 녹차를 주로 마시며 유불선의 정신문화와 차를 접목해 다예와 다도 문화를 꽃피우고 있다. 생각건대, 21세기는 사람들이 새로운 생활을 추구하고 사람과 자연의 관계가 더욱 가까워지고 있으므로, 이러한 때에 차생활의 즐거움은 더 많은 사람에게 공감과 감응을 불러일으킬 것이니 우리나라의 차문화가 더욱더 발전하여 세계적 공감의 대상이 되기를 바라는 바이다.

2. 한국의 시대별 차문화와 차인들

중국과 일본 사이에 위치해 두 나라의 교량 역할을 했던 우리나라는 감미로운 녹차를 주로 재배, 생산한다. 통일신라 시대에는 일부 승려와 화랑들이 수행을 위해 차를 마시는 풍속이 있었고, 고려 시대에는 왕실, 귀족, 사원 등에 차가 유행처럼 번져 많이 보급되었으며, 해인사에서는 국가 행사로 의식을 거행하기도 했다. 조선 시대에는 숭유억불 정책에 따라 불교와 함께 차문화도 쇠퇴하는 듯했으나 사원과 선비들을 중심으로 차의 맥이 이어졌다. 일제강점기에는 식민지 정책의 하나로 한국차의 생산과 보급에 대한 연구가 이루어졌는데, 이때 대규모 차밭이 전라도와 경상도 일대에 조성되었다. 사회가 안정되고 생활 수준이 향상된 1970년대 말 이후에는 차에 대한 관심이 높아져 차와 관련한 여러 단체가 생겨났다.

1) 가야

낙동강 하류에 자리 잡은 가야는 지리산을 포함하여 진주, 고성, 김해, 함안 등지로서 주요 차 산지이며 일찍부터 음다 풍속이 있었다. 비옥한 평야에 자리 잡은 가야 연맹은 일찍부터 벼농사를 지었고 주변과 교역하여 경제 사회 문화적으로 매우 발달하였다.

1988년 3월 경남 의창 다호리(茶戶里)에서 발굴된 2천 년 전(기원전 1세기)의 제기(祭器)를 포함한 정교한 칠기류(漆器類)와 붓, 화폐 등은 찬란했던 가야문화의 단면을 보여준다. 상례나 제례 등의 형식이 정착하려면 3대 이상 거치는데 이를 통해 가야는 이미 6세기 이전에 토산차를 기호 음료로 마신 것으로 추측된다.

2) 고구려

고구려의 옛 무덤에서 전차(錢茶)가 발견되었다. 그 모양은 엽전처럼 가운데 구멍이 뚫렸으며, 지름 4cm 남짓으로 작고 얇으며 무게는 약 1.8g인 것으로 보아 가루로

만들어 마시는 고급 단차인 것 같다. 차를 무덤에 넣은 것은 묘의 주인공이 생전에 차를 아주 좋아했거나, 불교나 도교와 연관이 있거나, 일반적으로 신(神)도 차를 좋아한다고 믿었기 때문으로 짐작된다. 『삼국사기』에 고구려의 지방 이름으로 '구다국(句茶國)'이 있는 것으로 보아 당시에 차가 귀중하였던 것으로 추측된다.

3) 백제

백제는 고대국가 중에서도 일찍부터 문화가 발달하였다. 4세기에 불교를 수입하여 6세기에는 불교를 진흥시켰고, 중국의 남조(南朝)와 교역하여 그 문물을 수입하고 산업을 발달시켰다. 백제는 기후나 지리, 중국과의 교역과 문화발달의 측면에서 볼 때 일찍부터 음다 풍속이 성하였으리라 추측된다. 그러나 신라와의 전쟁에 패하여 멸망한 후 사료가 보존되지 않아 차문화에 관한 기록이 발견되지 않는 점에서 몹시 아쉽다.

4) 신라

신라는 백제와 고구려의 영향을 받아 고도로 발달한 문화를 이룩하였는데, 그중에서도 불교문화가 매우 성행하였다. 5교[教宗] 9선문[禪宗]이 일어나고 원광(圓光), 자장(慈藏), 원효(元曉), 의상(義湘)과 같은 고승이 많이 배출되었으며 곳곳에 사원이 들어서고 불교 석조물과 건축물이 조성되었다.

법흥왕 때(532년) 김해를 중심으로 수로(首露)를 시조로 받드는 본가야를 합병하고 진흥왕 때(562년)에는 고령 중심의 대가야를 정복하였는데, 모두 차가 많이 나는 지역이므로 신라가 차 문화를 인식한 것은 중국문화의 수용과 더불어 6세기쯤이었을 것으로 짐작된다. 불승과 왕사들의 잦은 당 왕래와 더불어 당시에 성행하였던 음다 풍습이 신라에 전래한 것으로 보인다. 또 차를 마시던 가야의 백성이 곧 신라 백성이므로 신라의 귀족층보다는 서민층에 이미 음다 풍습이 퍼졌음을 알 수 있다.

서거정의 『동국통감(東國通鑑)』(1484), 노사신 · 강희맹 등의 『동국여지승람(東國與地勝覽)』(1486), 이수광(1563~1628)의 『지봉유설』 등 여러 문헌을 통해 신라에서 차가 성행했다는 것을 알 수 있다.

(1) 화랑(花郞)과 사선(四仙)

신라에 있어 차는 화랑도와 결부되어 성행하였다. 이 곡의 『동유기』에는 신라 화랑들이 사용했던 찻그릇들이 동해 바닷가 여러 곳에서 발견되었으며 강릉 경포대와 한송정(寒松亭) 등에는 화랑이 차를 끓이던 돌 부엌, 돌솥[石鼎] 등이 있다고 기록되어 있다. 김극기, 안 축, 이 곡 등의 한송정에 관한 시라든가, 이규보의 「남행명록(南行明錄)」과 같은 기록에서도 화랑들의 차생활에 대해 엿볼 수 있다. 홍만종(1643~1725)이 지은 『해동이적(海東異蹟)』에는 신라 사선(四仙)에 대해 언급되어 있다. 사선은 술랑(述郎), 남랑(南郎), 영랑(永郎), 안상(安詳)이며, 이들은 모두 이름이 높은 차의 달인으로 신선사상을 가졌다고 볼 수 있다. 그들은 독특한 형태의 다구를 사용해서 야외의 특정 장소에서 차를 끓여 신께 바치고 마셨으며 이와 같은 음다 풍속은 다른 나라에서는 찾아볼 수 없다.

화랑의 차문화는 우리 민족의 차문화가 중국 불교와 더불어 전적으로 수입된 것이 아니라 이미 그 이전에 민족 고유의 전래 음다 풍속(飮茶風俗)이 있었다는 사실을 확인할 수 있게 하는 중요한 의미가 있다. 신라 시대에는 화랑도와 차 그리고 화랑들의 일상생활 수련과 승가의 선(禪)에 의해 다도 정신이 이룩되었다고 볼 수 있다.

(2) 원효(元曉, 617~686)

원효대사는 화랑 출신으로 화랑일 때에 차를 마신 유적은 강릉 한송정에 남아있으며 고려 때 이규보가 쓴 『남행월일기』에 보면 사포(蛇包)라고 하는 원효 스님의 시자가 스님에게 차를 드리려고 하는데 물이 없어 걱정하고 있을 때 원효대사가 지팡이를 두드리자 갑자기 바위틈에서 물이 솟아 나와 이것으로 차를 달여 올렸다는 원효방의 감천설화(甘泉說話)가 있다.

(3) 설총(薛聰, 692~746)

신문왕이 원효의 아들인 설총에게 좋은 이야기를 들려달라고 하였을 때 설총은 우화적인 화왕계(花王戒)를 들려주었다. '화왕은 목단화요 백발의 장부는 할미꽃으로, 임금께서는 좋은 고기와 곡식으로 배를 부르게 하나 차와 술로써 정신을 맑게 하고[茶酒以淸神] 기운을 내어 간신들을 물리치고 좋은 정치를 해 달라'는 것이다. 설총은 경덕왕 5년(746)에 강수(强首)와 함께 구경(九經)을 처음으로 구결(口訣)로 강론하기도 하였다. 경덕왕은 설총, 충담, 월명 등과 함께 차인이었으며 진표율사, 영심대덕도 같은 시대의 사람이다.

(4) 김교각(金喬覺, 696~794)

김교각은 신라 성덕왕(聖德王)의 아들로, 719년 중국 안후이성(安徽省) 구화산(九

華山)에 들어가 성도(成道)하여 99세에 입적하였다. 그는 지장보살의 화신이 되어, 지금도 중국인들의 숭배 대상이 되고 있다. 청(淸)의 유원장(劉源長)이 쓴 『다사(茶史)』에는, 신라국 승려인 김지장(金地藏)이 구화산에 심은 차를 '공경차(空梗茶)'라고 했으며 맛이 특별하다고 하여 중국 차 역사에 발자취를 남겼다.

(5) 보천(寶川)과 효명(孝明)

『삼국유사』에 「오대산과 오만진신」과 「명주 오대산 보질도태자전기(冥州 五臺山 寶叱徒太子傳記)」에는 화엄종을 신봉하던 화랑들이 문수보살에게 차 공양을 하였다는 설화가 적혀 있다. 신문왕의 아들인 두 왕자는 속세를 등질 생각으로 오대산으로 입산하였다. 두 왕자는 오대산에 암자를 짓고 수도하면서 날마다 골짜기의 물을 길어다 차를 달여 문수보살에게 공양하였다.

(6) 충담(忠談, 869~940)

충담 스님은 신라 35대 경덕왕 때 다승(茶僧)이자 시심(詩心)이 뛰어난 향가의 대가로 기파랑의 고매한 인격을 찬양한 「찬기파랑가(讚耆婆郎歌)」를 지었다. 『삼국유사』에 의하면 충담 스님은 매년 3월 3일과 9월 9일에 경주 남산 삼화령(三花嶺)의 미륵 세존에게 차 공양을 올렸으며 경덕왕 24년에는 왕에게 차를 끓여 올리고 왕의 요청으로 안민가(安民歌)를 지어 바쳤다. 경덕왕 24년(756) 삼월 삼짇날 귀정문루(歸正門樓)에서 있었던 기록을 보면 다음과 같다.

남쪽으로부터 옷이 다 떨어진 누더기를 입고 등에는 걸망을 짊어지고 한 스님이 걸어오고 있었다. 왕은 신하를 시켜 스님을 모셔오도록 하여 누상으로 맞아들였다. '스님은 누구신가요?', '소승은 충담이라 합니다', '어디서 오십니까?', '소승은 삼월 삼짇날과 중구일(9월 9일)에는 으레 차를 달여 남산 삼화령의 미륵 세존께 공양을 올리는데 지금도 차 공양을 올리고 돌아오는 길입니다', '나에게도 그 차 한 잔 나누어 줄 수 있는가요?'하니 스님은 이내 차 도구를 꺼내어 차를 끓여 경덕왕에게 올리니 차 맛이 특이하여 찻잔 속에서도 기이한 향기가 풍기었다. 그리고 신하들에게도 골고루 차를 나누어 드려 마시게 하였다.

충담사가 삼짇날과 중양절에 미륵 세존에게 차를 올린 것은 불교적 헌다(獻茶)의 의식만이 아니고 신라의 하층민인 대중 구제에 대한 염원이 담겨 있으며 지난날 통일 전쟁에 희생된 신라 장정들의 넋을 위로하는 뜻이 담겨 있다고 볼 수 있다.

(7) 최치원(崔致遠, 857~894)

신라 말엽의 학자로 자는 고운(孤雲)이며 해동공자(海東孔子)라 불린다. 12세에 당나라에 유학하여 과거에 급제하고 많은 벼슬을 지냈으며, 당에서 벼슬할 때 차와 약을 사서 고국에 부치겠다는 내용의 편지가 전해지며, 당시에 햇차를 받고 감사하는 글이 전한다. 그가 쓴 「쌍계사 진감선사대공탑비(眞鑑禪師大空塔碑」와 「무염국사비명(無染國師碑銘)」에 차에 관한 구절이 있다.

5) 고려

고려 시대는 엄숙한 의식을 갖추어 궁중에서 행한 다례와 더불어 일반 서민의 생활에서도 차가 일상화되어 우리 차문화의 전성기라 할 수 있다. 고려 시대 전반에 걸쳐 왕과 귀족, 관리, 선비와 일반 백성들 모두가 일상으로 차를 즐겨 마셨으나 초엽에는 대체로 귀족중심의 차문화였고, 무신 난 이후인 고려 중엽부터는 선비들이 차문화를 꽃피웠다.

조정과 왕실에서는 크고 작은 행사 때 왕과 신하에게 차를 올리고, 또 왕이 신하에게 차를 하사하여 마시는 의례를 행하였다. 팔관회, 연등회 등의 국가적 명절과 정조(正朝), 군신의 연회, 사신 맞이 의례 등에 다례를 행하였다. 이와 같은 궁중 의식 다례 이외에 민가에서도 제사 때에 차를 올린 것으로 보인다. 그리고 일반 백성들이 돈이나 베를 주고 차를 사 마셨던 다점(茶店)이 있었던 것으로 보아 차문화가 대중에게 확산하였음을 알 수 있다.

또한, 고려의 차문화가 높은 수준에 있었음을 추측하게 하는 명전(茗戰), 혹은 투다(鬪茶)라고 하는 풍속이 있었다. 이는 중국으로부터 유래된 것으로 주로 승려들 간에 행해졌다.

(1) 임춘(林椿, 생몰년 미상)

고려 의종(재위 1146~1170)~명종(재위 1534~1567) 때의 문인으로 호는 서하(西河)이다. 여러 번 과거에 실패하고 정중부의 난에 겨우 목숨을 건져 시와 술로 세월을 보내다가 30대 후반에 요절하였다. 그는 서당(西堂)에서 삼매경의 점다(點茶) 솜씨를 자랑하였고, 때로는 밝은 달밤에 봄 차를 맷돌에 갈아 마시고 거문고를 탔다. 세속에 집착함이 없는 은둔자의 여유 있는 멋을 나타내는 시를 많이 남겼다. 저서로는 『공방전(孔方傳)』, 『국순전(麴醇傳)』, 『서하선생집(西河先生集)』 등이 있다.

(2) 김극기(金克己, 1148~1209)

학자이며 대문장가로 호는 노봉(老峰)이다. 권세를 즐기기보다는 산림 속에서 시 읊기를 즐겼다. 고요한 밤에 찻물 끓는 소리를 '삽삽(颯颯) 소나기 오는 소리'에 비유하였고, 용만(평북 의주)에서 산을 오르다가 돌 비탈에 새겨진 시를 보고 '시를 읊은 사람과 찻자리[茗席]를 같이 하지 못한 것이 한스럽다'고 했다.

(3) 이규보(李奎報, 1168~1241)

고려 중엽의 대문장가로 호는 백운산인(白雲山人) 혹은 백운거사(白雲居士)라 하였다. 『동국이상국집(東國李相國集)』, 『백운소설(白雲小說)』, 『국선생전(麴先生傳)』 등의 저서가 있고 50여 편에 이르는 차시를 남겼다. 차를 끓여 마시어 바위 앞의 샘물을 말리고 싶다고 할 정도로 차를 좋아했으며, 삼매경에서 손수 차 끓이기를 즐기어 '차한 사발은 바로 참선의 시작'이라고 하였고, '차의 맛은 도(道)의 맛'이라고 하여 세계 최초로 '다도일미(茶道一味)'를 주창하였다.

(4) 진각국사(眞覺國師, 1178~1234)

호는 무의자(無衣子)이고 법호는 혜심(慧諶)이며 진각(眞覺)은 그의 시호이다. 사마시에 합격하고 보조국사(普照國師) 지눌(知訥) 밑에서 중이 되었다. 그는 돌아가신 스승의 방 대자리에서 소반 가득 담아놓은 눈(雪)에 우물처럼 구멍을 파서 거기에서 녹은 물을 떠다가 작설차를 끓였다. 소나무 뿌리가 뻗은 돌샘에서 물이 솟아나는 것을 '다천(茶泉)의 돌눈[石眼]'이라고 표현하였고, 그 물로 차를 끓여 마시고 '조주선(趙州禪)을 시행해 본다'고 하였다.

(5) 원감국사(圓鑑國師, 1226~1292)

호는 충지(食止), 밀암(蜜庵)이며 19세 때 문과에 장원급제하여 벼슬이 한림(翰林)에 이르렀다. 대문장가이며 원감은 그의 시호이다. 출가하여 선원사(禪源寺)의 원오국사에게서 구족계(具足戒)를 받고 조계종의 제6대가 되었다. 20수가 넘는 그의 차시문(茶詩文)이 『원감국사 가송(圓鑑國師 歌頌)』에 전해진다.

그는 갈증이 나면 흔히 말차의 다유(茶乳)를 즐겨 마셨으며 차의 맛이 달다고 표현했다. 산속에서 차를 끓여 마시며 무위자적(無爲自適) 하며 사는 즐거움을 나타낸 글을 많이 썼다.

(6) 이제현(李齊賢, 1287~1367)

호는 익재(益齋)이며 15세에 성균시(成均試)에 장원급제하고 또 병과(丙科)에 급제한 성리학자이자 문호이며, 대인(大人) 기상의 덕망 높은 재상이었다. 66세 때 정승을 사임하고 이색을 천거(薦擧)하여 인재를 선별하였다. 저서로는 『익재선생집(益齋先生集)』, 『익재난고(益齋亂藁)』, 『역옹패설』 등이 있다. 그는 경포대와 한송정에서 신라의 사선(四仙)들이 차를 끓여 마시던 것과 똑같은 돌 못 화덕이 개성 근처 묘련사에서 발견된 것을 기념하여, 그 내력에 대한 기문(記文)을 쓰고 여러 문인과 그 석지조에 차를 끓여 마셨다.

(7) 고려의 삼은

• 이색(李穡, 1328~1396)

이색은 이 곡의 아들로서 호는 목은(牧隱)이며 14세에 성균시(成均試)에 합격한 수재이다. 문하인 권근(權近), 김종직(金宗直), 변계량(卞季良) 등은 모두 차인이었으며 조선 성리학의 주류를 이루게 하였다. 그는 차를 아주 좋아하여 깊은 산 속 골짜기의 벼랑에서 떨어지는 샘물가에서 부싯돌을 쳐서 차를 달여 마시며 '육우가 차를 좋아한 것도 별것 아니구나'라고 읊었다. 또 그는 '차를 끓여 마시니 편견이 없어지고 마음이 밝고 맑아 생각에 그릇됨이 없다[皎皎思無邪]'고 했으며 '영아차의 맛은 그 자체가 참되다[靈芽味自眞]'고 하였다. 가루차를 점다하여 마시고 차가 뼛속까지 스며들어 모여 있는 삿된 기운을 모두 없애준다고 하였으니 그의 차생활은 정도(正道)나 참됨을 지키는 것(守眞)임을 짐작할 수 있다.

이색은 손수 차를 끓여 마시는 일을 정심(正心) · 수신(修身) · 제가(齊家) 하는 군자수양(君子修養)의 길이라고 하였다. 그는 우리나라 유가다도(儒家茶道)의 창시자이며, 다사(茶事)의 철학을 마련하였다.

• 정몽주(鄭夢周, 1337~1392)

호는 포은이며 고려 말의 충신이자 유학자로서 24세 때 과거의 삼장(三場: 初試 · 覆試 · 殿試)에 거듭 장원급제하였다. 개성에는 오부학당(五部學堂)을, 지방에는 향교를 세움으로써 유학의 진흥을 꾀하여 부패한 불교의 폐단을 없애고자 하였으며 차에도 깊은 아취(雅趣)를 지니고 있는 차인이었다. 성미가 호방하고 매서웠으며 충효로 일관하였고, 그의 시문도 일가를 이루어 『포은문집(圃隱文集)』이 전해진다.

• 길재(吉再, 1353~1419)

호는 야은(冶隱)으로 이색, 정몽주, 권근으로부터 성리학을 배우고 성균관 박사가 되어 국자감(國字監)의 학생들과 양가의 자제들을 교육하였다. 김숙자(金叔滋)에게 성리학을 가르쳐 김종직, 김굉필, 조광조에게 학통을 잇게 하였다. 이방원이 높은 벼슬을 주었으나 두 임금을 섬길 수 없다 하여 끝내 나가지 않았다.

6) 조선

조선 시대에는 고려 시대 선비들의 다도 문화를 이어받아 진지한 음다 생활을 했으며, 차도 다탕(茶湯)이 주류를 이루어 궁중 제사에도 다탕을 사용했다.

초엽의 조정과 왕실에서는 고려의 음다 풍속을 잇는 한편, 사신 맞이 접견 다례나 주 다례를 새로이 제정하여 시행하였다. 선비 차인들도 매우 많았으며 대체로 소박한 다풍을 즐겼다. 그러나 임진왜란 때부터 음다 문화가 급격하게 쇠퇴하게 되어 차의 품격도 떨어졌고 다시나 다모(茶母) 등도 본래의 뜻이 없어지고 형식적으로만 남게 되었다. 그런데 말엽에는 차문화가 실학과 함께 중흥하게 되어 다산 정약용, 자하 신위, 추사 김정희, 초의 의순을 중심으로 음다 풍습이 성하게 된다. 승려와 문인들의 교류가 활발하여 승려들이 손수 만든 차를 문인들에게 선물하는 일이 흔하였다. 이때는 제다 기술도 발전하였고, 차실의 이름을 따로 짓고 차회(茶會)나 가회(佳會)를 자주 열었으며 차시(茶詩)나 차그림[茶畵]를 남기기도 하였다.

(1) 함허(涵虛, 1376~1433)

무학대사의 제자로 「원각경소(圓覺經疏)」의 저서를 남긴 함허 스님은 다선(茶禪)의 일치를 주장하는 차승으로 다시에 '한 잔의 차는 한 조각의 마음에서 나왔나니 한 조각 마음에 한 잔의 차가 있다. 마땅히 한 잔의 차 맛을 보면 한 맛에 무량한 즐거움을 얻는다.'라고 읊었다.

(2) 서거정(徐居正, 1420~1488)

조선 초의 유명한 학자로 자는 강중(剛仲) 호는 사가정(四佳亭)이다. 세종 24년에 문과에 급제, 시호는 문충(文忠)이며 천문지리, 어학, 복서(卜筮)에 능하고 저서로는 『동국통감(東國通鑑)』, 『필원잡기(筆苑雜記)』, 『신찬동국여지승람(新撰東國輿地勝覽)』 등이 있으며 그는 여섯 임금을 보필한 정치가이기도 했다. 특히 차에 대해서 어려서부터 그 묘미를 습득하여 좋아하였다.

(3) 김종직(金宗直, 1431~1492)

조선 성종 때의 유명한 유학자이다. 호는 점필재(佔畢齋)이며 고려 야은의 학통을 이어받아 많은 제자를 길러냈다. 그의 문하생인 유호인, 남효온, 조위, 정희량, 이목 등도 차인이었다. 저서로는 『점필재집』, 『유두유록(流頭遊錄)』, 『청구풍아(靑丘風雅)』 등이 있다. 『동국여지승람』을 증수하기도 했고 「조의제문(弔義帝文)」은 뒷날 무오사화(戊午士禍)의 원인이 되기도 했다. 그는 41세에 함양군수로 부임되었을 때 차가 생산되지도 않는데 차를 나라에 바쳐야 했다. 그래서 이 고을 사람들은 전라도에 가서 쌀과 차를 바꾸곤 했다. 이를 목격한 그는 신라의 차 종자를 구해 관영 차밭을 만들었다.

(4) 김시습(金時習, 1435~1493)

학자이며 생육신(生六臣)의 한 사람으로 호는 매월당(梅月堂)이다. 저서로는 한국 최초의 한문소설인 『금오신화(金鰲神話)』와 『매월당집(梅月堂集)』이 있으며 80여 수나 되는 많은 차시(茶詩)가 전해진다. 그의 「차나무를 기르며(養茶)」라는 시에서는 울타리를 엮어 해가림하여 맛이 좋은 고급 차를 키웠고, 색과 향기가 좋으면 될 텐데 관가에서는 창(槍: 제일 어린 뾰족한 싹)과 기(旗: 오그라진 어린잎)만을 취함을 안타깝게 생각했다. 그는 손수 차를 끓여 부처님께 올리고 예배하였으며 때로는 돌솥에 말차를 끓여 마셨다.

(5) 이목(李穆, 1471~1498)

호는 한재(寒齋)로 도학자(道學者)요 문인이었으며, 저서로는 『이평사집(李評事集)』이 있다. 그는 1,323자의 『다부』를 지어 차의 현묘함을 노래하였다. 『다부』에서 〈차 이름과 산지〉, 〈차나무의 생육환경과 예찬〉, 〈차 달여 마시기〉, 〈일곱 잔 차의 효능〉, 〈차의 다섯 가지 공〉, 〈차의 여섯 가지 덕성〉을 열거하였다.

(6) 서산대사(西山大師, 1520~1604)

속명은 최휴정(崔休靜)으로 호는 청허(淸虛) 또는 서산(西山)이다. 보우(普雨)를 이어 봉은사의 주지가 되었다. 좌선견성(坐禪見性)을 중시하였고 유교, 불교, 도교는 궁극적으로 일치한다고 주장하여 삼교통합론의 기원을 이루어 놓았다. 그의 시에는 '낮이 되면 차 한 잔, 밤이 오면 한바탕 잠자네. 푸른 산과 흰 구름, 더불어 만사에 생멸(生滅)이 없음을 말하네', '승려의 일생 하는 일은 차 달여 조주(趙州)에게 바치는 것'이라고 하였다. 또 그의 제자인 사명대사(四溟大師, 1544~1610)도 임진왜란 때 나라를 위기에서 벗어나게 한 의병장이었으며 차인이었다.

(7) 영수합 서씨(令壽閤 徐氏, 1753~1823)

영수합 서씨는 정조의 사위인 해거(海居) 홍현주(洪顯周)와 성리학에 정통한 홍석주의 어머니이다. 그녀의 셋째 아들 홍현주는 초의에게 『동다송(東茶頌)』을 집필하는 동기를 제공하였다. 여성으로서의 그의 시 세계는 단아하면서도 세속을 벗어나 선비적 기풍이 보인다. 서 씨의 집안은 모두가 시인이고 차인이었다. 홍현주의 시집에 초의가 발문을 썼으며, 그의 딸 홍원주(洪原周)도 차시를 포함하여 200편이 넘는 시를 남겼다. 서 씨는 자녀들에게 검소함을 엄격하게 가르치고, 때로는 온 가족이 둘러앉아 함께 술과 차를 즐기며 시 짓는 자리를 마련하는 무척 관대한 어머니였다. 여자들에게는 독서도 허용치 않았던 당시의 경직된 사회 여건으로 볼 때 서 씨는 선구자적 인품이었으며, 차를 무척 즐겼고 거문고도 즐겨 탔다.

(8) 정약용(丁若鏞, 1762~1836)

조선 말기의 실학자 다산 정약용은 정조 때 문과에 급제, 벼슬이 부승지까지 이르렀으나 신유사옥 때 전남 강진으로 17년간 유배되었다. 종교를 저버린 것을 뉘우치고 고향으로 돌아가 저작과 신앙생활로 보냈는데, 이 때에 차와 인연이 되어 유명한 차인이 되었다. 다산은 전남 강진군 도암면 귤동에 있는 산 이름으로 야생 차나무가 무성한 곳인데 정약용이 이곳에 머무르게 되어 다산이라는 호가 붙게 된 것이다. 현재 이곳에는 다산초당이 있고 당시 차를 끓이던 바윗돌, 샘물, 연지 등이 남아 있다. 이곳을 떠나면서도 제자들에게 〈다신계(茶信契)〉를 만들어 계속 차를 보내 달라고 당부하기도 하였다. 『목민심서(牧民心書)』, 『흠흠신서(欽欽新書)』, 『경세유표(經世遺

表)』 등의 저술과 『육경사서(六經四書)』에 대한 평의(評議)를 남겼다. 이런 저술뿐만 아니라 많은 시문도 남겼는데 이 가운데 『다합시첩(茶盒詩帖)』이라는 시집도 있다.

그는 실용 다도의 중요성을 인식하고 쇠퇴한 차문화를 일으키고자 노력하여 『다무(茶務)』를 썼고, 중국의 차세와 전매제도도 고찰하여 『각다고(故茶考)』도 썼으며, 70편이 넘는 많은 차시문(茶詩文)을 남겼다. 또 우리 차의 훌륭함을 확신하였고 주변에 제다법을 가르쳤는데, 그의 제다법대로 만든 정차(丁茶), 해남황차, 만불차(萬佛茶), 금릉 월산차 등은 후대에도 이름을 남겼다.

(9) 김정희(金正喜, 1786~1856)

김정희는 완당(阮堂), 추사(秋史), 시암(詩庵), 예당(禮堂) 등 200여 개의 호를 갖고 있다. 조선 말기의 금석학자요, 서예가이며 차인이었다. 충청좌도 암행어사 성균관 대사성, 병조참판, 형조 참판까지 지낸 분으로 성품이 곡직하며 천재적인 재능을 가졌는데 제주도와 북청 등 13년간 유배생활을 하였다. 추사는 차와 함께 서도(書道)와 선(禪)을 했다. 그는 초의선사와 동년배로 차 선물을 가장 많이 받았고 친교를 두터이 했다.

그의 호(號) 중에는 다노(茶老), 고정실주인(古鼎室主人)이 있고 현판인 '죽노지실(竹爐之室)'등은 추사의 차생활을 엿볼 수 있게 한다.

'정좌의 곳에 차를 반쯤 마셨는데 차향은 처음과 같고 묘용의 때에 물은 흐르고 꽃은 피누나(靜坐處茶半香初 妙用詩水流花開)'라는 다선경(茶禪境)을 읊은 차시(茶詩)를 남겼다.

(10) 초의 의순(草衣 意恂, 1786~1866)

초의 의순은 우리나라 차문화의 중흥조(中興祖)이자 다성(茶聖)이다. 호는 초의, 자는 중부(中孚), 법명은 의순이다. 해남 대흥사를 중심으로 다산 정약용, 완당 김정희, 자하 신위, 연천 홍석주 같은 인물과 교유하며 유교와 불교의 거리를 좁혔다.

그는 우리나라 차의 성전(聖典)인 『다신전』, 『동다송』을 저술하였으며, 그 외 『초의집(草衣集)』 2권, 『일지암 시고(一枝庵 詩藁)』, 『선문사변만어(禪門四辯漫語)』 등을 남겼다. 홍현주가 다도를 알고자 하므로 52세에 저술한 『동다송』에 차나무의 생태, 차의 효능과 고사, 중국의 이름난 차, 우리 차의 우수성, 차 다루기의 어려움, 차 끓이기, 제다법 등을 썼으며 시의 형식을 빌려 자신의 다도관과 다론을 피력하였다.

『다신전』은 초의가 45세에 스승 다산을 만나러 한강 변에 와서 청량산방에 묵으며 중국의 백과전서에 해당하는 『만보전서(萬寶全書)』를 옮겨 쓴 것으로 본래의 원전은 명(明)의 장원(張源)이 쓴 『다록(茶錄)』이다. 의순이 그 책에 있는 중국의 제다법과 포다법을 소개함으로써 당시의 다풍을 발전시키고자 노력한 의도를 엿볼 수 있다.

초의는 실로 다선일치요, 다시일체(茶詩一體)인 다승으로 차의 명맥이 끊어져 가던 조선 후기에 다도의 맥을 이어 크게 발전시킨 공로자임에 틀림이 없다.

다산 정약용

추사 김정희

초의 의순

3. 중국의 차문화와 다예

중국은 차의 원산지로 오랜 옛날부터 차가 인간에게 가치가 있음을 발견하고 찻잎을 다양하게 이용함으로써 독특한 차문화를 창출하였는데, 기원전 2700년경 신농씨로부터 차를 마시기 시작하여 한대(漢代)에 이르러 왕실과 귀족사회 중심의 음다 풍조가 이루어졌으며 일부 민간에서도 이용하였다. 약 2000년 전에는 찻잎으로 국, 차죽(茶粥) 등을 만들어 먹었고 위 · 촉 · 오 삼국시대에 이르면서 점차 일정한 제다 공정을 거친 차를 마시게 되었는데, 채취한 잎을 차틀에 찍어내어 떡차(餠茶)를 만들어 습기를 없애고 불에 잘 구운 다음 가루로 만들어 먹었는데, 당대까지도 계속해서 음용되었다. 이후 당(唐), 송(宋), 명(明), 청(淸)으로 이어져 오면서 중국의 차문화는 시대에 따라 다양하게 변천해 왔다. 이러한 중국 고유의 차문화는 세계 여러 나라에 영향을 미쳤다.

중국에는 수많은 다원과 함께 백차, 녹차, 부분발효차, 홍차 등 무수히 많은 차가 있고, 그 지방에서만 소비되는 차도 있다. 상인들은 다양한 중국차를 선보이고 있는데, 중국차에는 설탕이나 우유를 첨가하지 않는 것이 특징이다. 중국의 녹차는 세계에서 가장 뛰어난 차 중의 하나이다. 섬세한 맛으로 유명한 사봉용정(獅峰龍井), 최고급 녹차인 동양동백(東陽東白), 비싸고 특별한 벽라춘(碧螺春) 등은 고급 소매상에서만 찾을 수 있다. 피로 해소에 효과가 있는 용정차(龍井茶)는 쉽게 즐길 수 있는 차이다. 그 밖에도 축축한 흙냄새가 나는 고장모첨(古匠毛尖), 협주벽봉(峽州碧峰) 등이 있다. 이 차들은 모두 낮에 마시는 차이며 갈증 해소에 좋다. 부분발효차인 우롱차는 거의 수출하지 않는다. 아마도 그 맛이 영국인들에게 익숙한 탄닌 맛과 다르기 때문인 것 같다. 쉽게 구매할 수 있는 철관음(鐵觀音)은 저녁에 마시기에 매우 적합하다.

인도 홍차보다 카페인이 덜 함유된 중국 홍차는 우리에게 가장 친근한 차인 것 같다. 훈제하지 않은 홍차 중에는 난향의 미묘하고 단맛을 지닌 기문홍차가 있는데, 오후에 마시기에 적합하다. 매우 귀한 운남전홍(雲南滇紅)은 아침 식사와 어울리는 향과 진한 맛을 지니고 있으며 밀크티와 어울리는 유일한 중국차다.

1) 중국 다예의 발전

중국 다예가 완성되어 정형화된 시기는 당나라 시대이다. 지금으로부터 1,200여 년 전 육우(陸羽)는 『다경(茶經)』에서 옛사람들의 음다 경험을 토대로 다예에 대해 체계적으로 서술하고 있다. 그는 '끓는 물소리가 나도록 끓이는 방법'과 '넘치도록 끓인 국을 마시는 것과 다를 바가 없다'고 하면서 이처럼 거친 음다의 방법을 없애고 세심하면서 천천히 마시는 방법을 기록하고 있다. 기존의 것을 종결하고 독특한 다도를 개발하여 사람들이 정신적 향유를 느낄 수 있는 예술적인 삶을 즐기도록 해 주었다. 육우의 『다경』 출현은 또한 당시의 '다도대행(茶道大行)'을 물리치고 불교다도(佛教茶道), 문인다도(文人茶道), 호부다도(豪富茶道), 세속다도(世俗茶道) 등 4대 유파가 형성되도록 하였다.

(1) 송대

송대(宋代, 960~1279)에 이르러 음다 풍습이 더욱 확대되면서 차는 사람들의 생활에 없어서는 안 될 품목으로 자리 잡았다. 송대는 '지극히 많이 만들었다.'할 정도로 차를 만들고 다예 또한 더욱 섬세한 발전을 하게 되었는데 당시 문단의 우두머리였던 구양수(歐陽修)를 주로 하여 만든 『품다경(品茶經)』에서는 '맑은 샘물, 정결한 다구에 날씨도 좋은데 자리에 앉은 사람들도 훌륭하도다'하여 품다(品茶)를 할 적에 반드시 신차, 좋은 물, 정결한 그릇, 여기에 좋은 날씨와 훌륭한 사람들, 이처럼 '다섯 가지의 아름다움'을 갖추어야만 '진물유진상(眞物有眞賞)'의 경지에 이를 수 있다고 하였다.

송대에는 세 가지 대표적인 음다법과 문화가 있다. 첫 번째는 공차(貢茶)인 단차(團茶)의 음용법이 있었는데 조정과 사대부와 문인들이 즐겨 사용하였다. 두 번째는 양이를 대표로 하는 강남차[分團茶]와 말차의 음용법으로서 당시 사회에 유행되었던 점다법(點茶法)이다. 세 번째는 '팽다법(烹茶法)'과 '포다법(泡茶法)'등 여러 가지로 마시는 방법인데 자연을 숭배하는 문인아사(文人雅士)들 무리에서 유행되었다. 이 시기에는 어떠한 음다 방법과 문화의 형식을 취하든 모두 운치 있고 소탈하였다. 그리고 두차(斗茶) 또한 '명전(茗戰)'이라고 하는 것이 있었는데 이는 차에 대한 우위를 분간하기 위한 평가였다. 차를 구별하는 방법에도 탕희(湯戱), 다희(茶戱), 수단청(水丹靑) 등이 있는데 모두 당시에 유행되던 다기(茶技) 중의 하나였다. 육우는 '차를 구별하는 것을 한가한 심정으로 할 수 있는 우아한 일'이라고 보았으며, 그의『임안춘우초제(臨按春雨初霽)』에는 '비스듬히 자라는 낮은 풀과 우윳빛 달빛을 나누는 밝은 창가에서 즐기며 차를 나눈다'는 구절이 있다.

(2) 명대

명대(明代, 1368~1644) 다예의 가장 큰 공헌은 대학자인 침덕잠(沈德潛)에 의한 '개천고명음지종(開千古茗飮之宗)'으로 불리는 윤음법(淪飮法)의 자리 잡음과 발전이라 할 수 있다. 이는 차로서 명지(明志)하고자 하는 것과 서로 상응하기도 하였는데 명대의 주권(朱權)은 차를 마시는 방법을 간단히 하여 청음(淸飮)의 풍조를 이끌었다. 이리하여 천여 년 안 전해 오던 번잡한 음다법을 벗어나게 되었는데, 시대적인 특색을 가진 음용법으로 음다의 즐거움을 느낄 수 있게 되었다. 그는『다보(茶譜)』에서 다예에 대해 경쾌한 논술을 하고 있다. 음다에 참가하는 사람에 대해 '고상하고 우아한 사람들'이라고 하였으며 음다의 주위 환경에 대해서는 '혹은 천석지간(泉石之間)이나 혹은 송죽(松竹) 아래, 혹은 호월청풍(皓月淸風) 아래, 혹은 밝고 깨끗한 창가에 앉아'라고 표현하고 있으며 손님과 나눈 대화에 대해서는 '그윽하고 허무함을 논하여 만물의 조화를 알고 마음과 정신을 맑게 하여 세속의 먼지를 털어 버린다'고 하였다. 이처럼 초범탈속(超凡脫俗)한 분위기에서 음다를 하는데 유유하게 청정한 산, 샘물의 차가움, 차의 청담한 맛, 사람의 청담함, 이 네 가지가 매우 자연스럽게 일체를 이루게 되어 일종의 내재적인 화목을 가지게 된다. 『다보』에서 논하고 있는 청음(淸飮)의 설은 전해 내려오면서 부단히 변화를 거듭하고 있으며 특히 끊임없는 미학적 추구는 명말청초(明末淸初)까지 그 흐름이 전해졌다.

(3) 청대

청대(靑代, 1636~1912) 말년 이후 100여 년간 중국 다예는 비록 갖은 어려움을 겪기도 하였지만, 그 혈맥은 여전히 끊임이 없었으며, 그 뿌리는 건실하였을뿐더러 기예(技藝)는 진일보하여 연속적인 발전을 계속하였다. 청대 이래로 전해 내려온 격식 가운데서 가장 독특하고도 영향력이 제일 큰 다도는 광동조산(廣東潮汕)과 복건장천(福建使泉) 등지의 공부차(工夫茶)이다.

유교(俞蛟)의 『조가풍월기(潮櫝風月記)』에 의하면 공부차는 '끓이는 방법은 육우의 『다경』에 따르지만 다구는 더욱 정밀하다'고 적고 있다. 옥서외(玉書隈), 산두풍로(汕頭風爐), 맹신관(孟臣罐), 약침구(若琛鷗)는 기본적인 다구로 '사보(四寶)'라 하기도 한다. 차를 뽑는 기교는 '고충(高沖)', '저쇄(低陋)', '괄말(括沫)', '임개(淋蓋)', '소배열관(燒杯熱罐)', '증청(澄淸)'등 여러 가지 요령을 강조한다. 당시의 음법(飮法)은 다음과 같다.'큰 다반(茶盤) 위에 다호(茶壺)와 찻잔 몇 개를 올려놓고 뜨거운 물을 붓고 다개(茶蓋)를 덮고 다호를 깊이가 1촌(寸: 손가락 한 마디 정도)이 되는 자반(瓷盤) 가운데 위치를 정해 두며 차호는 작기로 주먹만 하고 찻잔(茶盞)은 복숭아씨만 하다. 차는 반드시 무이(武夷)의 차를 사용하는데 먼저 찬물로 찻잎에 있는 먼지를 씻어 내고 다호에 넣고 다시 뜨거운 물을 천천히 다호 위에 넘치도록 붓고서 물이 만반(滿盤)하여 올라올 때까지 기다리다 베로 만든 수건으로 다호를 덮고 어느 정도 있다가 수건을 거두고 찻물을 찻잔에 부어서 손님에게 드린다. 손님은 반드시 찻잔을 들고서 맛보면서 차향을 맡으면서 품다 하여야 한다. 만약 차를 급하게 먹으면 주인은 운치가 없다고 노하게 된다.'

이러한 순환을 왕복하면서 좋은 휴식을 취하는 듯한 다예는 당시 곳곳에서 성행하였으며 지금까지도 그 여운이 남아 있다.

(4) 현대(現代)

현대 다예는 비록 쇠퇴하기는 하였지만 실전(失傳)되지는 않았다. 『금릉야사(金陵野史)』에 의하면 항전(抗戰) 이전에 중국 다예의 전문가인 하자이(夏自怡)는 금릉에서 다예 집회를 했다고 전하는데 사천호산(四川豪山)의 야생차, 야생의 명전차(明前茶), 사봉명전차(獅峰明前茶) 등 세 가지 차를 사용했으며 물은 우화태(雨花台)의 제2천(泉)을 길어 오고 다예 과정에는 헌명(獻茗), 수명(受茗), 문향(聞香), 관색(觀色), 상미(嘗味), 반잔(反盞) 등 여섯 가지 예의 순서가 있다고 한다. 그 가운데에서 당대 다예의 운치를 느낄 수 있다고 전한다.

중국 다예는 예전부터 주로 세 가지 형태로 나뉜다.

첫째는 자연스럽고 편안하고 좋은 차를 마실 수 있

도록 만들어진 것으로, 정신적인 유쾌함을 추구하는 다예로서 이는 천인합일(天人合一)과 물아양망(物我樣忘)의 경계에서 차를 마시는 다예이다. 옛사람들이 이르기를 '혼자 마시는 것을 신이라 하고 두 명이 마실 때는 승하며 세 명과 네 명은 즐겁다 하며 일곱 명과 여덟 명이 마실 때는 보시하는 것이다'라고 했다.

둘째는 영업성을 띤 다예로서 예를 들어 찻집, 다루(茶樓), 다방(茶坊), 차 가게에서 행하는 기예이다. 사천 차관의 개완차(盖碗茶)는 동으로 만들어진 긴 주둥이 다구로 차를 뽑는데 이는 다예를 대표하는 것이라 말할 수 있다.

셋째는 표연성(表演性) 다예이다. 당나라의 육우와 상백웅(常伯熊)은 표연성 다예의 선구자이다. 『봉씨문견기(封氏聞見記)』에 의하면 어사대부(御史大夫) 이계향(李季鄕)이 강남 순방 때에 어떤 사람이 그에게 건의하여 상백웅을 초청하여 다예를 보라고 하니 그는 선뜻 승낙하였다. 이리하여 상백웅은 노란 두루마기를 걸치고 오사모(烏紗帽)를 쓰고 표연하였다. 그는 손에 차구를 들고 차에 대해 일일이 설명을 하면서 차를 뽑았는데 참석자들은 탄복하지 않는 이가 없었다고 한다.

역사적으로 볼 때 위에서 열거한 세 가지의 다예에서 앞의 두 가지는 끊이지 않고 전해져서 일반인들에게 보급되었으며 이는 학술계의 인정을 받는 실정이다. 하지만 표연성 다예에 대해 어떤 이는 한동안 그 맥이 끊어진 적이 있다고 판단하고 있으나 증자이(曾自怡)의 다예 표연은 이런 관점이 틀렸음을 알 수 있다. 특히 20세기 1980년대부터 표연성 다예는 새로운 발전의 단계에 들어섰다. 현재 있는 자료에서도 찾아볼 수 있듯이 1980년 6월 푸젠 성 대외무역 고찰단이 미국을 방문했을 때 진빈심(陳彬審) 교수는 이들에게 여러 종류의 차와 각자 다른 다예를 표연한 적이 있었는데, 그 종류가 무려 40여 가지에 달해 미국 사람들과 화교들의 흥미를 자아냈다. 1983년 절강에서 '항주 차인의 집'이 설립되었을 때도 다예 표연을 배우는 것은 중요한 내용이었다. 1989년 5월 27일 대만의 육우다예문화방문단이 항주를 방문했을 때 '차인의 집'에서는 '객래경차(客來敬茶)'표연을 하였다.

1989년 9월에는 북경에서 진행한 '차와 중국 문화전시'때 차인의 집과 절강농업대학 차학계, 절강성 차엽회사가 연합으로 '객래경차'다예표연단을 모집하고 다예 교류를 진행한 적이 있었다. 이러한 표연성 다예는 뭇사람들의 절찬과 호평을 받고 있음을 충분히 증명해 주는 바이기도 하다.

2) 중국 다예사(茶藝師)

근래 10여 년 동안 중국 다예는 주로 세 가지 면에서 풍부한 발전을 하게 되었는데 특히 표연성 다예는 더욱더 그 아름다운 모습을 나타내고 있다. 이 속에는 한 민족과 소수민족의 다예 표연이 있으며 민간에서 수집 정리한 전통적인 것과 새롭게 만들어 낸 것도 있다. 어떠한 표연이던 모두 중국의 다예와 깊은 연관이 있으며 이러한 것들은 모두 중국 다예에 없어서는 안 될 중요한 내용이기도 하다.

21세기에 들어서면서 중국 다예는 더욱 새로운 모습으로 사람들을 매혹하고 풍부한 문화적인 분위기를 가지고 있어 무궁한 발전 가능성을 보여 주고 있다.

첫째, 규범적이고 청신한 다예는 중국 정부로부터 집중 지원을 받고 있다. 국가노동과 사회보장부에서는 〈다예사국가직업표준(茶藝師國家職業標準)〉을 제정토록 하여 전국 통일의 '다예사'인준 절차의 교재를 만들었는데 이는 중국에서 처음일뿐더러 세계적으로도 유일한 것이다. 이 표준은 중국 다예의 깊은 전통과 다예 발전의 현실을 직시하여 미래의 발전방향을 밝혀 주고 있다. 현재 장시 성 사회과학원 전문직감정소가 있어 초급, 중급, 고급 다예사를 인준할 수 있는 자격을 가지고 있으며 이미 두 번의 자격시험을 거쳐 다예자격증서를 발급하였는데 국내에서 매우 큰 반향을 일으켰고 현재에도 착실하게 진행 중이다.

둘째, 중국 다예 교육 발전은 진일보로 강화되고 충실해졌다. 중국 내의 수많은 학원과 학교에서는 다예 교육 과목을 설치하고 있는데 특히 중국에서 제일 큰 다예인 배양기관인 남창여자직업학교에서는 전국에서 처음으로 다예 전문반을 모집하여 이

미 중등문화 수준을 갖춘 차 전문 인원을 배양하고자 적극적인 준비를 마치고 학생을 모집하고 있다. 다예 교육의 발전과 더불어 금후엔 높은 수준을 갖춘 다예 인재들이 더욱 많아질 것이다. 상해에서는 다예과를 이미 중 · 소학교 과외활동의 중요한 내용으로 삼고 있어 많은 어린 학생들이 흥취 하게 되어 중국 다예 발전의 후계자가 되도록 하고 있다.

셋째, 중국 다예 연구는 깊이 있는 연구를 하게 되었다. 장시 성 중국차문화연구중심에서는 20여 명에 달하는 전문직 연구인이 오랫동안 줄곧 중국 다예 연구를 중요한 연구 일정으로 삼아 중국 고대의 250만 자에 달하는 자료집성인 『중국차문화경전(中國茶文化經典)』을 내놓았다. 이 거작엔 다예에 대한 수많은 논문이 있으며, 이 단체에서는 고적 중인 다예를 포함한 차문화 자료를 수집하여 사람들에게 전통을 현대로 이어주고 있다. 현대의 다예 연구는 점점 많은 사람의 흥취와 관심을 받고 있다. 장시 성 중국 차문화연구중심은 다른 단체와 연합하여 '신세기를 향한 중국 차문화' 학술연토회를 주최하여 다예의 현 상황과 다예의 발전, 그리고 다예의 미래에 대해 심도 있는 토론을 하였다. 서로 다른 유형과 풍격, 지역적인 구분과 민족의 다예에 대해 새로운 관점들을 밝혀 중국 다예의 발전에 공헌하고 있다. 이외에 중국은 현재 실력 있는 다예단을 가지고 있는데 예를 들어 남창여자전문직업학교의 다예단은 역사와 민속 면에서 우수한 인재를 많이 배양해 내어, 장차 중국 다예의 발전을 촉진하게 될 것으로 기대된다.

4. 일본의 차문화와 다도

세계에서 열 번째로 차를 많이 생산하는 일본은 자연스러운 향을 지닌 신선한 녹차를 주로 생산한다. 일본 가정에서는 차가 매우 신선한 제품으로 취급되는데, 냉장고에 차를 넣어 보관하기 때문이다. 일본에는 매우 다양한 녹차가 있으나 국내에서 소비되는 양이 너무 많아서 수출은 제한적이다. 대부분의 일본차는 연한 녹색을 띠는 파쇄되지 않은 잎으로 된 센차(煎茶)를 오후에 마신다.

교쿠로(玉露)는 가격이 매우 비싸며, 센차 중에서 가장 질이 좋은 차이다. 찻잎을 따기 3주 전부터 차광을 씌워서 직사광선을 받지 않게 하므로 엽록소는 증가하고 탄닌은 감소한다. 찻잎은 선명한 녹색을 띠고 맛은 부드럽다. 말차(抹茶)는 '비췻빛을 띠는 차'인데 교쿠로를 갈아서 미세 분말로 만든 것으로, 다도에 이용되며, 건강에 좋은 농축 음료이다. 서양에서는 강한 향과 뛰어난 빛깔로 인해 특히 소스나 아이스크림에 향과 색을 넣기 위해 쓰기도 하며 아이스티로도 이용된다.

품질이 뛰어나면서 가격도 적당한 센차로는 규슈에서 생산되는 아리아케(有明)가 있다. 강한 불에 덖어 만든 차인 호우지차는 맛이 강해서 식사 때, 특히 생선을 먹을 때 마신다. 겐마이차는 옥수수와 볶은 쌀을 섞어 만든 차로 고소한 향이 첨가되었다.

1) 차의 일본 전래

일본의 다도에서 차의 시원은 성덕태자 시대로 소급해서 말하기도 하겠지만 확실한 것은 기록상에 나타나 있는 태평 원년의 성무 천황 시대로 보는 것이 통례이다. 『공사근원(公事根源)』이나 『다경상설(茶經詳說)』에 나와 있는 기록으로 보면 성무(聖武)가 백승(百僧)을 내리(內裏)에 불러 『반야경』을 청하게 하고 그 이튿날 이들에게 차를 주었다는 것이다. 또 백제의 귀화승 행기(行基)가 말세 중생을 위하여 차나무를 심었다는 기록이 『동대사요록(東大寺要錄)』에 나오는 것을 보더라도 이 시기에 차가 행해졌음은 틀림없는 사실이다.

일본에서는 일반적으로 차나무의 식재에 대하여 헤이안 시대 연력 24년 환무 천황 시대에 전교대사(傳敎大師) 사이쵸(最澄)가 당에서 돌아와 차의 종자를 비예산록 근강국 파본에 심은 것이 최초라고 하는 것이 통설이지만, 이 출처가 되는 『일길신사신도비밀기(日吉神社神道秘密記)』는 후세에 편찬된 것으로 신빙성이 적다. 오히려 차에 대한 기록으로는 『성령집(性靈集)』에 나오는 홍법대사(弘法大師)의 차에 관한 기록이 더 확실한 것이다.

『일본후기』 홍인 6년 하유월조에 보면 차아 천황이 근강국 강기에 행행할 때 도중 숭복사(崇福寺)에 들러 그곳에서 대승 정영충이 손수 달인 전차를 마셨고 이후 기내나 근강, 파력, 단파 등에 차를 심도록 명했다고 나와 있어 이때 이미 차나무가 번식해가고 있었음을 알 수 있다. 그러나 그 후 중국과의 국교가 끊겼다가 헤이안 말 평가의 대두에 의해 280년 만에 다시 국교가 부활하면서 평중성이 송의 육왕산 불조선사에게 사금을 보냈는데 불조에게서 그 답례로 청자 다완과 그의 필적을 보내온 데서 재개되었음을 알 수 있다.

이렇게 해서 다시 중국과 교통이 열리고 송에 유학하는 승려가 늘어났는데 이때 제1차로 입송한 에이사이 선사(榮西 禪師)가 경산사의 허당 선사에게서 임제종의 법맥을 이어 건구 2년에 귀국하면서 남송에서 가져온 차 종자를 축전국(筑前國, 北九州)의 배진산(背振山)에 심었다는 것이다. 에이사이 선사는 다시 이 차 종자 5개를 경도 북산 매미산 고산사의 명혜 상인에게 보냈는데 명혜는 이것을 모미(尾)에 심어 성공하고, 다시 우치에 이식하여 오늘날 우치차(宇治茶) 융성의 근거를 만들었다. 그리고 모미가 일본차의 근원지가 되었기 때문에 이 차를 '본차(本茶)'라 하고 모미 이외의 차를 '비차'(非茶)라 하게 되었다. 모미산 다국에는 고산사 경내에 「일본최고지다원」이라는 비석이 있다.

에이사이 선사는 『끽다양생기』를 저술하였는데 이 책은 일본의 다서로 유명하다. 이것은 중국의 『다경』과 같이 차의 약용성을 강조한 것임을 알 수 있다. 영서는 장군 원류가의 귀의를 받아 이 원류가의 병을 차로 낫게 한 것이다. 영서가 겸창으로 옮긴 뒤 이 법을 이어 일본에 조동종을 일으킨 도원 선사가 중국의 『백장청규』를 모방해서 『영

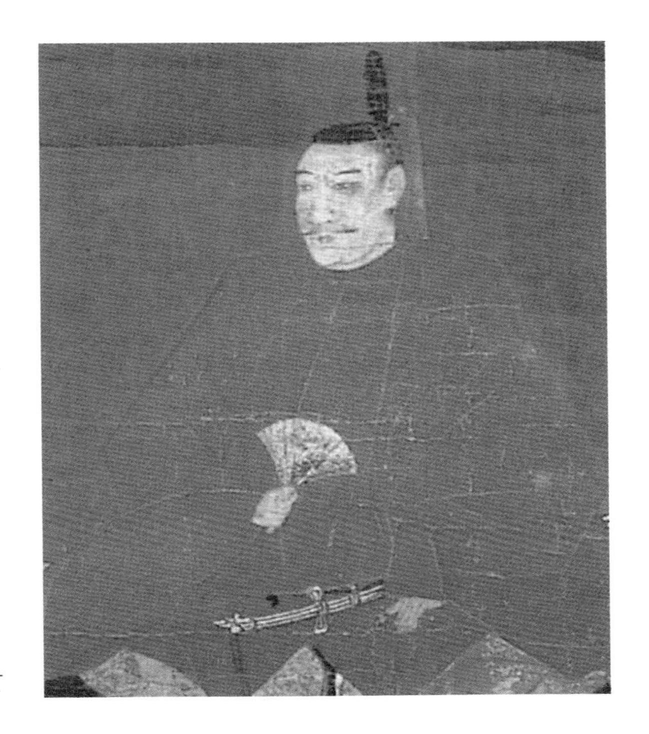

평청규』를 썼는데 이것을 보면 당시의 다례에 오늘날 다도의 원리가 다 들어 있다.

가마쿠라 시대의 다풍은 선승의 차에서 차가 무가로 옮겨졌으며 아시카가시대 초기에는 이미 일반인에게도 유포되었다. 그러나 이때 다풍은 무가 계급에서는 투다(鬪茶) 또는 다기합(茶奇合)이라 칭하는 귀족적 호화판의 것이 되고 서민에게 있어서는 소위 일복일전(一服一錢) 선술직의 다사가 있었다.

이 투다는 여러 곳에서 차를 맛보며 감별해 상을 거는 것으로 이것이 뒤에는 도박의 행위에까지 이르게 되었다. 뒤에 폐지되었지만, 이 다풍은 뒤에도 일부 상류층에서 '당양(唐樣)의 차'라 칭해 차 맛을 음미하고 기물을 감상하는 등으로 행해졌다. 이것이 '서원차(書院茶)'의 성격을 띠고 귀족화되어 한동안 내려갔는데 이 시대가 아시카가 요시마사 시대였다.

요시마사는 군인이지만 예술에 관심이 많아 오산의 승려가 화가, 음악가만 접하다가 장군들을 거느리는 힘이 약해서 훗날 응인과 문명의 난까지 일어나게 했다. 그리하여 요시마사는 동산자조원에 숨어 예능인들과 함께 풍류로써 지냈다. 이때 노아미가 요시마사에게 일본 다도의 원조가 되는 주코를 소개한 것은 유명한 일이다. 당시 주코는 대덕사에 있었고 30년간 차와 함께 즐겨온 법사였다.

여기서 소위 엄숙하고 사치스러운 서원차는 없어지고 간소하고 조용하며 서민풍인 일본차의 본방인 와비차가 시작되는 것이다.

2) 일본 다도의 형성

(1) 무라타 주코의 등장

무라타 주코(村田珠光)는 요시마사의 부름을 받아 많은 질문을 받았는데 이 내용을 수록한『주광문답』에 보면 주코의 차에 대한 이야기가 잘 나타나 있다. 다례의 극치는 일미청정, 법희선열에 있으며 조주가 이를 알고,『다경』을 쓴 육우는 이 가경에 이를 수 없다고 한 것이다. 그리고 다실에 들면 나와 사람의 사이를 다 잊고 안으로 다화의 덕을 쌓으며 결국에는 화(和) · 경(敬) · 청(淸) · 적(寂)이 되어야 천하가 태평해진다 했다. 훗날 이것이 리큐에 의해 화 · 경 · 청 · 적으로 바뀌어 다도 정신의 근본이 된다.

이때 주코의 나이 61세였고 요시마사의 나이 48세였는데 주코는 큰 다실이 필요하지 않았고 은각사의 동영당과 같은 4첩 반의 좁은 다실을 만들어 간소화, 그러면서도 풍류 있는 다사를 행했다. 이 4첩 반의 소실은 주코의 창작이라고는 볼 수 없고『유마경』의 유마 방장실에서 연유된 것이라 하겠다. 그래서 넓은 방에서는 오히려 병풍을 치고 실내를 좁게 하여 이 다풍의 운치를 나타내게 하였을 것이다.

그러나『남방록』에 보면 주코는 다실의 일간상에 일휴에게서 얻은 원오 선사의 묵적을 걸어 놓고 방의 한쪽에 태자를 놓았으며 그 외 궁태 · 향로 · 입화 · 요지 · 단척상 · 문태 · 분산 · 다엽곤 등이 놓여 있었다는 기록이 나온다. 이것으로 그의 다풍의 일면도 볼 수 있지만 역시『남방록』에서도 지적하고 있는 것처럼 서원풍의 물건들이 놓여 있어 이때까지도 서원풍의 것이 조금 잠재되어 있다는 것을 알 수 있다.

이것이 다케노 쇼오(武野紹鷗)를 거쳐 리큐에 이르러 와비차로 완성된 것이다. 와

비차는 서원차에 대한 반발로 일어난 것으로 서원에 대해 '초암의 차'라고도 한다. 와비차는 풍류차에서 발견한 선차의 성격이지만 또한 중국과 같은 선차가 아니므로 이것을 선과 예술, 문화 등의 것이 아니고 이러한 것을 종합한 내면적 자기 형식의 한 형태라 볼 수 있다.

(2) 센리큐의 출현

리큐의 문인 산상종이가 쓴 『산상종이기(山相宗二記)』를 보아도 주코 · 쇼오 이들은 모두 선종의 승려로 선종 때문에 다도를 하면서 일본답게 하는 데 공헌한 사람들임을 알 수 있다.

이 정신을 받들어 와비차를 완성한 사람이 소위 일본의 다조라 불리는 센리큐(千利休)다. 17세 때 기타부키 도친(北向道陳)에 의해서 다도를 배웠다. 도친은 노아미의 제자인 석경공해를 따라 아미류의 다도를 배운 사람인데 리큐는 먼저 도친의 다법을 배우고 다음 19세 때 도친의 소개로 쇼오의 문하에 들어갔다. 이때 쇼오는 39세였다. 리큐가 쇼오를 사사한 기간은 약 15년간이 되는데 이 기간에 대덕사의 춘옥 · 고계 등에게서 참선도 하고 다도 정신을 파악했다.

리큐는 영록 11년(1568) 오다 노부나가가 경도에 들어왔을 때는 곧 금정종구와 함께 노부나가를 받들어 차를 올리곤 했는데 이때 노부나가를 모시고 있던 도요토미 히데요시와 알게 되고 천정 10년 본능사의 난이 일어난 뒤 히데요시가 천하를 호령하게 되었을 때 리큐는 다시 히데요시의 총애를 받게 된다. 히데요시는 전국시대 이래 안정되지 않는 국민의 마음과 거칠어진 무장의 정신, 그리고 이들의 융화를 위하여 다도를 이용하였고 리큐 또한 히데요시의 의도에 협력했다. 히데요시는 장군들의 마음을 이 다회를 베풀어 화하게 하였다. 이것은 리큐가 제창한 '화경청적'의 다도 정신에도 잘 나타나 있다.

(3) 화경청적(和敬淸寂)

특히 부드럽고 평화로운 '화'의 정신이 있다. '화'속에는 어떠한 불평도 복잡함도 계급도 없다. 오직 정주와 손님의 조화만이 있고 질서가 있을 뿐이다. 서로 공격하는 '경'도 정주가 손님을 공격하고 손님이 또한 정주를 공격하는 경건한 자세로 다도를 행하기 때문이며, 다실 입구가 좁은 것도 손님이 이 다실에 들어갈 때 자연히 고개를 숙이고 들어가지 않으면 안 되도록 한 것이다. 이것은 곧 손님과 정주가 공격하게 하는 구조를 보인다. '청'도 이 다실에 들 때는 모든 세간의 욕정을 버리고 그 마음을 맑게 하기 때문이며 다실도 비록 초암이기는 하지만 깨끗하게 하여 안과 밖이 다 맑은 분위기로 차를 행하게 하는 것이다. '적'또한 마음을 고요하게 하는 것으로 이러한 화경청적이 잘 융화되어 차의 정신을 극대화한 것이다.

히데요시도 이러한 리큐의 다도를 배워 틈만 있으면 항상 리큐와 다실에서 차를 즐겼고 그의 중대한 출전에 반드시 리큐를 수행시켰다. 이러한 때에 지어진 산기희암, 산성의 석, 취락제의 다실 등도 다 히데요시의 지도로 세워진 것이다.

천정 11년(1583) 오사카 성내에 황금의 다실과 수기옥의 두 다실을 지었는데 이것은 모두 도요토미 히데요시(豊臣秀吉)의 명령으로 리큐가 금정종구와 쓰다쇼쿠 등과 상의해서 설계했는데, 황금의 다실은 히데요시의 취미에 맞게 하여 비록 삼첩구의 소실이기는 했지만, 벽 · 천정 등 금박을 붙이고 첩의 연도 금란을 사용했으며 다기류도

금으로 만들었다. 그러나 산성의 수기실은 문자 그대로의 초암으로 심산유곡의 풍정을 나타낸 작은 건물이었다. 이들은 이 대조적인 두 다실을 바꾸어 가면서 차를 즐기고 있었던 것을 알 수 있다.

이렇게 히데요시의 총애를 받으며 제 1 측근인 리큐는 그 세력도 절대적인 것이었지만 그의 말년에 뜻하지 않은 사건이 벌어져 천정 19년(1592) 2월 28일 자복을 명받아 절복하였다. 이때 주변에서 연명을 부탁해보라는 권유도 있었지만 이를 물리치고 오히려 위와 같은 선적 힘을 보이며 절복했다.

대덕사는 응인의 난 때 거의 소실되어 일큐((一休) 선사가 재건에 노력했으나 산문은 미완성의 것이어서 리큐가 이를 천정 17년 망무보와 망이형의 명목을 빌기 위해 자력으로 이 산문을 완성해 주었다. 절에서는 이를 크게 기뻐하여 이것이 완정되자 리큐의 목상을 만들어 상층부의 16나한상 옆으로 안치해 놓았는데 히데요시는 이 설태를 신은 리큐 상 밑을 지나 분격하여 절복을 명했다 하는데, 이것도 곧 명령에 의해 철회됐으니 그토록 막역한 사이에 자복까지 시켰을 것 같지 않고 더욱 히데요시의 분노가 대단했다는 것을 보면 그의 위치가 문제 되는 정치적인 원인이었으리라 보는 것이 타당할 것 같다.

여기에 뒷받침이 되는 근거로 리큐가 마지막 베푼 다회가 천정 19년 정월 24일로 덕천가강 한 사람을 상대로 열었다는 것이나 덕천가강 시대에 리큐의 양자 도안이 망명에서 사면된 뒤, 아들인 쇼안은 경도에 돌아와 덕천에게서 크게 중시되어 신화 5백선을 받고 센가는 다시 큰 발전을 보았다는 점, 리큐가 히데요시보다 덕천가강에게 유리한 진언 등을 하지 않았나 하는 추측들이 있다.

(4) 일본 다도의 확립

그리하여 센가는 다시 일본 다도계의 중심 세력이 되었는데 도안의 아들 소우탄에게는 3명의 아들이 있어 다도의 일가를 이룬 셈이다. 즉 소우사는 후심안에 소슈는 관휴암에 머물며 차의 일가를 폈는데 후심안은 그 후 오모테 센케로 명치 42년 재흥했고, 곤니치안은 오모테 센케로 천명 8년경에 재흥했으며, 관휴암은 뮤사 노코지 센케로 명치 14년 재흥한 것이다. 다시 덕천 시대에 와서는 이 센케류에서 나누어진 것으로 종편 · 용헌 · 불백 · 불미 · 송미 · 속수 · 고류 등의 유파가 나타난다.

이러한 일본의 다도를 잘 알려주는 다전으로서는 리큐가 평소 차에 대해 한 말을 그의 제자 남보 쇼게이 선사가 기록한 『남방록』이 있고 그 뒤에도 이러한 사상에 근거해서 백은 선사의 제자 흙갈이 선사가 지은 『다사록』, 그리고 적암종택의 『선다결』 등 많은 다록들이 전해와 일본의 차에 대한 풍부한 자료와 전통을 이어주었다.

오늘날 행해지고 있는 일본 다도 중 비교적 엄격한 편에 속하는 원주류 작법 중의 기초인 풍로박차점법을 소개하면 다음과 같다. 손님이 안쪽으로 들어가 앉으면 주인이 밖에서 문을 열고 꿇어앉은 다음 부채를 앞으로 하고 허리를 굽혀 절을 하며 물통을 갖다 놓는다. 다음 다시 밖에 나가 왼손에 다완, 오른손에 차통을 들고 물통 앞에 앉아 차통을 물통의 정면에 놓고 그 왼쪽에 다완을 놓는다. 그리고 다시 나와 물을 받는 그릇 위에 받침 그릇과 물 뜨는 것을 올려 들고 들어와 풍로 앞 오른쪽에 앉는다. 먼저 물 끓은 풍로는 수박 왼쪽으로 조그마한 판자 위에 놓는다. 다음에는 오른손으로 병표를 잡고 왼손으로 건수를 들어 왼쪽 무릎 옆에 놓는다. 다시 왼손으로 개치를 들고 오른손으로 병표와 바꾸어 개치를 오른손으로 왼쪽 위에 놓고 그 위에 병표를 걸쳐 놓는다. 그리고 왼손으로 다완을 잡아 오른손에 옮긴 다음 화로 앞에 놓고 오른손으로 차통을 잡아 정면 앞에 놓고 행주를 빼 들고 왼손으로 차통을 들고 그 위를 가볍게 닦는다. 그리고 오른손에 행주를 들고 있으면서 차통 뚜껑을 반 정도 열어보고 차가 있는 것을 확인한 다음 수지 앞 먼저 다완이 있는 자리에 놓는다. 다음 오른손으로 차숟가락을 들고 행주로 닦은 다음 차통 위에 놓고 행주로 수박 뚜껑 위를 닦는다. 다선은 차통 오른쪽에 세워 놓는다. 그리고 다건(물수건)을 수박 위에 놓고 오른손으로 병표를 잡아 왼손의 행주와 바꾸어 풍로 주전자를 씻은 다음 주전자 뚜껑을 열고 행주는 행주 받침에 놓는다. 왼손의 병표를 오른손에 옮겨 끓는 물을 한 잔 떠서 다완에 붓고 병표는 화로 주전자에 기대어 놓는다. 이번에는 오른손으로 다완을 잡고 다완을 물에 적셔서 본 위치에 세워 놓고 두 손으로 다표를 돌려 흔든 다음 건수통에 이 물을 붓고 다건으로 씻는다. 다완은 무릎 앞에 놓고 다건은 화로 주전자에 놓는다. 다음 왼손으로 차통을 들고 오른손으로 다표를 들어 다완에 차를 넣는다. 세 숟갈 정도, 그리고 오른손으로 병표를 들고 끓는 물을 하나 떠 적당히 다완에 붓고 나머지를 다시 주전자에 붓는다. 병표를 화로에 기대 놓는다. 다음 오른손으로 병표를 잡고 차를 젓되 처음은 강하게 뒤에는 순하게 저어 손님 앞에 내놓는다. 손님은 답례하고 두 손으로 차를 든 다음 찻잔을 조금 왼쪽으로 돌려 마시고는 다시 또 왼쪽으로 돌려 마시고는 다시 또 왼쪽으로 그만큼 돌리면 180도 위치로 돌아와 주인이 이대로 가져다 물을 부어 씻고 물을 건수에 부을 또는 바로 그 물 붓는 다리가 원래의 그 자리가 된다. 다음 철수하는 식은 앞 들어오는 식의 반대로 하면 된다. 움직임이 거의 기계적이다. 행주 쓰는 법이나 물수건 쓰는 법은 까다롭다. 한마디로 말해 엄격하고 까다롭기 이를 데 없다. 그 동작 하나하나에서 의미를 찾을 수 있는 엄격한 의식이다. 이러한 다법이기 때문에 일본차는 도가 붙어 다도가 된 것이다.

그 행동 하나하나가 다선과 직결될 수 있는 하나의 종합예술로 보지 않을 수 없다. 그래서 종래에는 상부의 귀족층에서나 행해졌던 다도였는데 명치 이후에는 그것이 풀어져 일반 서민들까지도 다도에 참여하고 그만큼 대중화되었다고 볼 수 있다.

5. 동양 3국의 차정신

가장 먼저 차의 진정한 가치를 알고 이를 바탕으로 숭고한 정신문화를 끌어낸 것은 한 · 중 · 일 동양 삼국의 업적이라 할 수 있다. 한편 이들은 같은 문화권으로 서로가 긴밀하지만, 각자가 발현한 차의 정신세계에서는 일정한 차이가 보인다. 이를 정리해 봄으로써 엄밀하고 다양하게 발휘되는 진정한 차의 세계에 더 쉽게 다가갈 수 있을 것이다.

1) 한국의 차정신

차인이란 차를 즐겨 마시어 밝고 맑게 사색하고 행동하는 사람을 뜻한다. 우리의 차정신을 고려와 조선의 차 마시는 풍습과 선인들의 글을 통해 살펴보면 생각에 그릇됨이 없다는 것과 분수를 지킨다는 두 가지로 집약될 수 있을 것이다.

고려의 왕이 신하의 사형과 귀양을 결정하는 의례에서 왕과 신하가 격식을 갖춰 차를 마신 경우나 고려와 조선 시대에 관리와 백성의 죄를 논하는 사헌부에서 다시(茶時)를 행한 일, 새로 임명받은 관리가 다방부터 거쳐 나가도록 한 것 등이 모두 차는 참된 마음을 갖게 하고 치우치지 않는 바른 판단을 하게 한다는 생각에서 나온 제도로 이해할 수 있다. 신라의 충담 스님이 경덕왕께 차를 달여 바친 귀정문(歸正門)도 차를 마셔 정(正)으로 돌아가는 문이란 뜻으로 해석할 수 있다.

차를 마시면 몸이 즐겁고 마음이 깨끗해져서 올바르며 치우치지 않는 큰 도(道)를 실행할 수 있음을 나타내었다. 또 초의선사가 김명희에게 보낸 글에서 '예부터 성현들은 차를 즐겼다. 차는 군자와 같아서 그 성품에 나쁜 기운이 없다'고 했다. 무사(無邪)란 바름(正)을 뜻하는 동시에 의(義)와 선(善)을 자득(自得)하는 큰 의미의 중도(中道)를 뜻한다고 볼 수 있다.

선조들의 글을 보면 차를 마시면 분수를 알고 거기에 맞게 행동하게 된다는 내용이 매우 많은데 이는 우리의 선비 정신이기도 하다. 신라 경덕왕 때 충담 스님이 지은 「안민가(安民歌: 백성을 편하게 하는 노래)」에서는 한 나라에 사는 임금과 신하와 백성은 한 가족처럼 은혜를 알고 서로 사랑하며 '임금답게 신하답게 백성답게 할지면 나라는 태평하리.'라고 하였다. 즉 왕은 왕대로 백성은 백성대로 각자의 분에 맞추어 맡은 바를 충실히 하면 서로 화목하고 잘살게 될 것이라는 뜻이다. 이는 충담 스님의 사상이자 차인 정신을 나타내는 것이라고 볼 수 있다. 위에서 충담 스님은 왕의 스승이 되어달라는 청을 사양하였다.

고려의 차인 이규보는 '우물 안 개구리의 즐거움(樂)을 달게 지키리라'고 하였으며, 조선 시대의 선비들은 가난을 분수로 알고 그 나름대로 즐긴 것을 볼 수 있다. 조선 말엽 이웃끼리 산방(山房)에서 다회를 연 내용을 쓴 글에서 '가난과 천함이 분수에 맞으며, 근심은 사라지고 즐겁기만 하다'고 한 것이나, 조선 영조 때의 청백리였던 이형상(李衡祥)이 초려삼간에 살면서 '차를 달이는 돌 탕관과 낚싯대를 가지고 고사리 먹고 사는 것이 분(分)'이라 한 데서도 선비 정신을 엿볼 수 있다. 분(分)을 안다 함은 처한 환경과 자신의 위치를 아는 데서 한 걸음 더 나아가, 자연인(自然人)으로서의 분을 알고 안분지족(安分知足: 분수를 알고 넉넉하게 생각함) 한 것이었으리라 생각된다.

찻주전자에 찻잎이 천천히 퍼지면서 향기와 맛을 남기듯이 우리는 차분히 명상하며 자신을 펼쳐 밝고 어두움을 보고 사랑하고 자신의 분에 맞는 푸근한 삶의 지름길을 터득할 수도 있다. 차를 즐겨 마시는 사람은 그 사람대로의 차인 정신을 따로 설정해 둘 수도 있다. 예를 들면 서두르지 않는 것, 작은 일에도 거짓말하지 않는 것,

말로써 복을 쌓는 것 등의 작은 목표를 세워 점진적으로 노력한다면 다산의 말대로 나쁜 버릇도 고칠 수 있고 변화된 자신과 이웃을 발견할 수 있을 것이다.

(1) 원효대사의 '화정(和靜)'

신라 시대의 원효(元曉)는 화랑도와 삼국통일, 그리고 불교계에 많은 영향을 끼쳤다. 그뿐만 아니라 그는 차에 관하여도 사포(蛇包)와의 일화 및 감천전설(甘泉傳說)을 비롯하여 원효방 다론(元曉房 茶論) 등 차에 관한 저술도 많이 남겼다.

원효는 『열반경종요서(涅盤經宗要序)』에서 다툼(諍)을 좋게 만든다(和)고 하였다. 여러 사람의 서로 다른 다툼[百家之異諍]을 누그러뜨려 마음을 다스리듯이 좋게 만든다(和)는 것이 화쟁(和諍)이다. 즉, 화백가지이쟁(和百家之異諍)에서 화쟁 사상이 유래한다. 화쟁이란 이처럼 마음을 다스리고 다툼을 누그러뜨려 여러 사람의 다름을 하나 되게 만드는 원효의 사상을 말한다. 또 원효는 『해동기신론별기(海東起信論別記)』에서 진리가 그윽하고 고요한 데 있다고 하였다.[玄之又玄 寂之又寂之] 원효가 중요시하는 사상이 적(寂)의 사상이다. 고요함은 노자(老子)의 『도덕경(道德經)』에 나오는 '모든 사물은 그 근원에 돌아가고 그것을 정이라 한다.[未物云云 各歸共根 歸根日靜]'에서의 고요할 정(靜)과 같은 이치이다. 따라서 원효의 적(寂) 사상은 곧 노자의 정(靜) 사상과 상통하므로 고요함 속에서의 깨달음을 차의 정신으로 보고 있다.

원효의 화쟁(和諍) 사상과 정(靜) 사상을 합하여 화정(和靜) 사상이라 하며, 한국 차정신의 원류는 고려왕조에서 화정국사(和靜國師)라는 칭호를 받기까지 한 원효의 화(和)와 정(靜)의 정신에 그 뿌리를 두고 있다 해도 과언이 아니다.

(2) 서산대사의 '청허(淸虛)'

서산대사의 작품에 나타난 차와 관련된 언급을 통하여 한국 차의 정신을 살펴볼 수 있다. 서산대사의 호는 청허(淸虛) 또는 휴정(休靜)이며 자는 현응(玄應)이다. 그는 18세에 출가하여 29세에 득도하였다. 그가 불사에 전념하면서 지은 차시들을 살펴보면,

晝來一椀茶　　낮에는 차 한잔하고
夜來一場睡　　밤에는 잠 한숨 자네
靑山與白雲　　푸른 산과 흰 구름에
共說無生事　　인생살이를 말해 무엇하리오.
晨鍾卽同起　　새벽종과 함께 일어나고
暮鼓卽同眠　　저녁 북에 잠든다.
共汲一澗月　　산골 물을 달과 함께 길러
煮茶分靑烟　　차 달이니 푸른 연기 난다.
衲子一生業　　중의 평생 하는 일
烹煎獻趙州　　차 다려 조주 스님께 드리는 것.
一窓明月淸虛枕　　창가의 밝은 달 청허에 베게 하니
無限松風韻不濟　　차 솥 물 끓는 소리가 가지런하지 않구나.

차를 푸른 산과 흰 구름, 골짜기의 물과 달에 비유함에서 우리는 서산대사의 허락 사상을 엿볼 수 있다. 산과 골짜기의 물처럼 깨끗하고(淸) 구름과 달처럼 사사로운 욕심 없이 비어있는(虛) 것을 아름답게 바라보는 그의 차 정신을 읽을 수 있다. 그의 호가 그의 사상을 그대로 대변하며, 그 정신이 외연(外延)으로 나타나는 것이 차임을 알 수 있다. 그는 차 달이는 일을 중이 평생을 해야 하는 일(業)로써 생각하였으며 그에게 차는 곧 산(山)이며 구름(雲)이고 물(汲)이고 달(月)이었다. 창밖으로 보이는 달을 베개 삼으면서 차 끓이는 물소리를 듣는 것이 곧 그의 청허 사상이며 더 나아가 한국적 차정신이다.

(3) 초의선사의 '무사중정(無邪中正)'

초의선사는 15세에 입산하여 다산 정약용의 문하생으로 수학하였고 추사 김정희와도 교류하였다. 그는『다신전』,『동다송』,『초의집(草衣集)』,『일지암유고(一枝庵遺稿)』등을 저술하여 차에 관한 많은 기록을 남겼다.

그는 옛 성현들이 차를 좋아한 이유가 그것이 군자의 성품처럼 더럽지가 아니하고 깨끗하기 때문이라고 하였다.[古來聖賢俱愛茶 茶如君子性無邪] '더럽지 아니하다[無邪]'는 것은 이미 논어에서 나오는 '생각에서 사악하지 않다[思無邪]'는 것과 같다. 그는 차의 성격이 더럽지도 않고 사악하지도 않다고 보았다. 그리고 이러한 성격 때문에 차가 가치 있다고 보았다.

그는 더 나아가 무사를 '한쪽에 치우치지 않음'으로도 해석하여 중정(中正)과 같은 맥락에서 바라보았다.『동다송』에서 몸과 정신 양쪽, 둘 다보다도 '그 중 어느 한쪽에 치우치지 않고 지나침이 없어야 한다.'는 것을 더 중요한 것으로 보았다.[體神雖全 猶恐過中正] 다시 말하면 몸의 건강과 정신의 영험함보다도 그 두 가지가 한쪽에 치우치지 않고 잘 어울리는 것이 더욱더 중요하다고[中正不過 健靈倂] 함으로써 '지나침이 없이 올바른 것(中正)'을 차의 바람직한 속성으로 보았다. 그는 차의 거품을 일으키는 것도 적절하게 해야 한다[泡得其中]고 하며 몸과 정신이 같이 좋고[體與神相和] 건강과 영험함이 서로 함께 할[健與靈相倂] 때가 곧 차의 도(道)에 이르렀다[至此而茶道盡矣]고 할 수 있다며 차의 정신이 중정(中正)에 있음을 명백히 밝혔다.

2) 중국의 차정신

중국차의 역사는 중국의 역사만큼이나 오래되어 다양하고 그 뿌리 또한 깊다. 서력기원 이전부터 민간에 음다 풍속이 성행하였으며, 열악한 수질과 기름진 식사를 보완했기 때문에 차 마시기는 중국인의 일상생활이 되었다. 차와 같이하는 식생활은 자연히 유교, 불교, 도교 등의 영향을 골고루 받아 종교적 성향을 반영하였다. 따라서 중국차의 정신이란 다도에서처럼 관념적 깊이만을 추구하기보다는 여가(餘暇)를 즐길 수 있는 놀이 문화로서 발달하였다는 점에서 다예(茶藝)로써 규정되곤 한다.

육우는『다경』에서 '차(茶)는 행(行)실이 정(精)성 되고 검(儉)소한 덕(德)이 있는 사람에게 알맞다'고 하여 차의 가치를 '정행검덕(精行儉德)'으로 보았다. 북송의 휘종 황

제는 『대관다론』에서 차의 정신을 '검소하고(儉), 청렴결백하며(淸), 화목하고(和), 고요함(靜)'으로 들었다. 근세의 장만방(蔣晩芳)은 중국차의 덕(茶德)에 관해 말하기를, 술 대신 맑은 차를 마심으로써 손님 접대를 담백하고 조촐하게(廉) 하며, 명품(名品) 차의 맛과 향을 음미하면서 아름다움(美)을 느끼며, 다른 사람과 좋은 관계를 갖게 되고(和), 정갈한 다기와 좋은 물을 사용하여 남을 존경(敬)한다고 하였다. 대만의 황돈암(黃墩岩)은 중국 차문화의 특성을 중용(中庸), 검덕(儉德), 명륜(明倫), 겸화(謙和)라 하였다. 중용이란 차의 맛이 시고 달고 쓰고 떫음이 어우러져 완전히 조화를 이루는 것이고, 검덕이란 헛된 화려함 대신 소박하고 고아하여 걱정을 떨쳐버림을 말하며, 명륜 이란 차를 준비하여 올릴 때 예를 갖추어 정성을 다함이며 겸화란 차의 맛을 음미하면서 자신을 낮추어 자세를 가다듬는 것이다.

정검과 청렴의 정신은 도교에 뿌리를 두고 있으며, 중용과 겸화와 명륜은 유가 사상에 기반을 두고 있으며, 정(靜)의 사상은 불교의 선(禪)과 맥을 같이 한다는 점에서 중국의 차 정신은 유불선의 전통과 궤를 같이한다고 할 수 있다.

3) 일본의 차정신

일본의 다도는 오랫동안 다듬어져 다도 자체가 일본의 정신세계를 구체적으로 표현하는 것으로 받아들여지고 있다. 일본 다도의 정신세계를 간략히 요약하면 '화경청적(和敬淸寂)'과 '이치 고 이치 에(一期一會)', 그리고 '와비(わび)'정신이라 할 수 있다.

'화경청적'의 '화(和)'란 어울려 함께한다[和合과 平和], 서로의 차이를 극복하고 어울리게 만든다[調和], 함께 어울려 즐긴다[和樂]에서의 어울림을 말한다. 내가 다른

사람과 어울리는 것을 '화'라고 한다. 서로가 합하여 하나가 되는 것을 '화'라 한다. '화'는 일본의 국가정신이다. '화'는 일본인들의 가치이며 판단의 기준이다. '화'는 '나 혼자서'보다도 '너와 함께'가 더 가치 있다고 보는 사고방식이며 이것이 곧 일본의 정신이고 일본 차 정신의 정수(精髓)이다. '화'를 달성하기 위해서는 '경(敬)'이 필요하다. 함께 어울림은 내가 남을 무시하고서는 불가능하다. 내가 남과 어울려 함께 가기 위해서는 남을 존중하는 마음을 가져야 한다. 타인을 존엄한 인격체로 인정하는 마음가짐은 더 나아가 물건을 소중히 여기고 자연과 산천초목(山川草木)을 경외한다. 인간과 자연에 대한 애정과 존경이 바로 '경'이다.

'청(淸)'은 청결(淸潔), 청렴(淸廉)의 뜻으로 깨끗하게 잘 정돈된 상태를 말하며 '적(寂)'은 한적(閑寂), 정적(靜寂)의 의미로 흔들림이 없는 고요함을 말한다. '화'를 이루기 위해서는 공경하는(敬) 마음과 맑은(淸) 심성, 그리고 평온한(寂) 마음가짐을 길러야 한다. 즉, 어울려 함께하기 위해서는 남을 나보다 더 위에 놓고(敬) 깨끗하게(淸) 마음을 가다듬고 조용하고 차분하게(寂) 행동을 가라앉혀야만 한다. 다툼을 없애고(效) 올바른(正) 인간관계를 추구하기 위해서 차를 마시면서 마음을 가다듬고 행동을 단련한다. 이것이 곧 일본의 차 정신이다.

'이치 고 이치 에'란 사람이 살아가는 일생(一期)에 단 한 번의 만남[一會]을 갖는다는 뜻으로 너와 나의 오늘 이 만남은 일생에 단 한 번밖에 없는 소중한 인연이라고 생각하는 것이다. 차를 마시는 것, 이 시간에 내가 차를 마신다는 것은 곧 내가 일생(一)에서 단 한 번(一) 만나는 기회(期會)이다. 같은 장소에서 같은 다구를 사용하여 같은 사람과 여러 번 차회를 가진다 하더라도 오늘 이 시간은 일생에 단 한 번뿐이다. '이치 고 이치 에'의 '평생에 단 한 번'이라는 것은 극단적인 의미라기보다는 정신을 집중해야 한다는 것을 강조하는 것이다. 인간관계 속에서 너와 나의 만남을 진지하게 여기는 것과 차에 대한 진지한 마음을 동일시하는 것이 일본인의 차정신이다.

'와비(わび)'사상이란 일본인의 특이한 미의식이다. '와비'는 차(侘ぶ=失意할 차)라는 단어에서 온 말로서 본래는 '외롭다, 괴롭다, 시시하다, 초라하다, 흥미가 없다.'등의 부정적인 의미로 사용되던 말이었다.

그러나 가인(歌人)들이 은거(隱居)의 매력을 노래하면서 계절과 자연에 살면서 느끼는 한적함과 소박함을 표현하는 말이 되었다. 아울러 일본에서는 15세기 후반에 이르러 과거의 당물(唐物) 일색의 귀족적인 서원차(書院茶)에서 새로운 다풍(茶風)이 일어나는데, 이른바 '다다미 4첩 반'으로 대표되는 서민적이고 화려하지 않음이 끽다(喫茶)의 아름다움의 기준이 되면서 '와비'가 다도의 정신을 일컫는 단어로 대두하게 된다. 이후 '와비'는 발전하여 불완전의 미(美) 즉, 그것이 다소 결점이 있다 하더라도 그 상태에서 아름다움이 있다는 생각으로 나아가는 투박하고 거친 그릇, 인위적이지 않고 조작이 없는, 부족함에도 거리낌이 없는 자유자재 등을 폭넓게 의미하게 되어 '와비'는 부족함 속에서도 마음의 충족을 끌어내는 일본인의 미의식이 되었고 다도의 경지를 나타내는 개념으로 정착되었다.

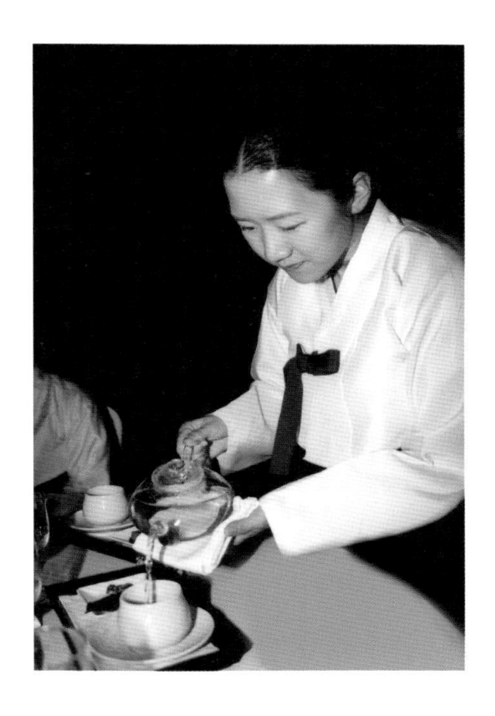

4) 다도(茶道)와 다례(茶禮)의 차이

다도와 다례는 얼핏 같은 것 같지만, 그 질과 양면에서 다른 것이다. 다도는 그 폭이 광범위하며 질적인 면에 있어 구도(求道)적인 측면이 깊다. 한마디로 표현하면 다도란 차와 더불어 심신을 수련하고 다도의 멋 속에 인간의 도리를 추구하는 차에 관한 전반적인 수련의 길인 데 반하여, 다례란 차를 마시는 데 있어 다루는 예절(禮節)과 심신수련을 말한다. 그러므로 다도의 연구란 차의 정신, 차문화, 차의 역사를 비롯하여 차의 산지(産地), 차와 다른 학문과의 관계 등 차에 관한 광범위한 연구를 말한다. 그러나 다례는 양적인 면에서 다도의 핵심적인 한 부분에 속하는 것이다.

다도란 차와 더불어 하늘의 이치(天理)를 생각하고 실천하는 구심적(求心的)인 행위를 말한다. 다례는 차를 마시는 것을 중점으로 하는 예의범절 즉, 몸가짐과 올바르게 정해진 행동의 절차와 순서, 그리고 차와의 조화를 중심으로 한 분위기와 지식을 말한다. 다도란 중용에서 말하는 '참이 하늘의 길이고 참을 행하는 것이 사람의 길(誠者天之道 誠之者人之道)'일 때 차를 통하여 참을 행하는 모든 것을 말한다. 다례란 집에서 혼자 차를 마실 때, 친구와 더불어 차를 마실 때, 선생님과 차를 마실 때, 집에 오신 손님들께 차를 대접할 때 등 그때그때 분위기에 알맞은 필요한 예의범절을 비롯하여 그 상황에 묻혀있는 정신 자세를 말한다. 따라서 다도는 일본에서 쓰는 말이고 다례는 한국에서 쓰는 말이라고 하는 분류는 적절하지 않다. 중국에서도 이미 다도라는 말을 써왔다. 예를 들면 봉연(封演)의 『봉씨문견기(封氏聞見記)』에 의하면, 육우의 『다경』을 흠모하여 다도가 크게 일어나 왕으로부터 조신에 이르기까지 차를 안 마시는 사람이 없었다고 한다.(於是茶道大行 王公朝士無不飮者) 한국에서도 『다신전』에 '다도진의(茶道盡矣)', '욕지다도(欲知茶道)'등 다도라는 말이 자주 언급되어 있음을 알 수 있다. 마찬가지로 일본 또한 성무(聖武)시대, 헤이안(平安) 시대부터 다례를 베풀었다든가 궁중에 다례가 있었다든가 하는 기록을 보면 일본에서도 고래로부터 다례라는 말이 쓰여왔음을 알 수 있다. 다만 일제강점기에 '조선에는 차가 없다', '조선에는 다도가 없다', '오직 일본에만 다도가 있다'등 일본의 군국주의적, 문화 우월적인 입장에서의 식민지 정책에 기인하고 있다고 보는 것이 더 타당할 것이다.

한국의 다도는 모든 형식을 배제하고 차의 진정한 내용에 몰입하여 모두 각기 자기 성품에 따라 즐겁고 편안한 유토피아에 도달하는 것을 중요시하면서 차를 마시는 것이고, 일본의 다도는 절차가 복잡하다. 일본의 다도가 처음부터 지나친 형식 속에 있지는 않았을 것이나 섬나라였던 만큼 대륙문화를 특별하고 신기하게 여기는 경향이 있었지 않나 싶다. 그런 가운데 차 자체보다는 형식만을 숭고하게 여겨 형식만 남고 내용이 없는 사태를 낳아 결국은 그 지나친 형식에 의해 차의 본질을 멀리하게 된 것 같다.

다도 및 다례와 관련하여 자주 쓰이는 용어로 다예(茶藝), 다법(茶法), 다사(茶事) 등이 있다. '다예'란 숙달된 전문가들에 의한 차 생활로 차를 마시면서 동작의 절도가 아름답고 예술적으로 심미감의 철학적 경지에 이름을 말하며 보통 중국에서 발달한 타인에게 보여주기 위한 기술적인 측면을 강조한 단어이다. '다법'이란 조상들의 전통과 얼이 담겨있는 방법으로 차를 마시는 것으로, 동작에서 규정된 순서와 절차 등에 국한하여 말한다. 요즈음은 차의 저변확대 및 대중화를 위하여 어떤 복잡한 격식이나 번잡한 절차보다는 간편하고 기본적인 예절만 갖추는 실용(實用) 다법이 커피나 주스 대신 전통차의 애용과 더불어 사용된다. '다사'란 차를 다루는 여러 가지 일을 뜻하는데 주로 끓이고 마시는 일을 말한다. 우리 선인들은 대개 손수 차를 끓이는 일을 매우 중요시하였다. 고관이나 양반들도 그와 같이 한 이유는 다도는 성의(誠意) 정심(正心)공부라고 생각했으므로 그 기본이 되는 '다사'자체를 유학(儒學)의 실행적 공부로서 이치를 궁구하여 아는 격물치지(格物致知)라고 생각했기 때문이다.

세계의 홍차 문화

01 홍차 개요

02 홍차의 종류

03 홍차와 유럽

04 세계 여러 나라의 홍차 문화

05 홍차 도구, 티웨어

06 홍차 우리기

1. 홍차 개요

1) 홍차의 기원

우리가 '홍차'라고 부르는 것은 발효 정도가 85% 이상인 완전발효차로, 제다 과정에서 찻잎 속의 폴리페놀이 데아플라빈(theaflavin)과 데아루비긴(thearubigin) 성분으로 바뀌면서 일어나는 화학작용으로 독특한 색과 향과 맛을 형성한 것이다. 생엽에는 50여 종에 불과하던 향기 물질이 300여 종으로 증가하고 카페인도 일부 함유하게 되며 카테킨(catechin)과 데아플라빈이 결합하면서 홍색의 찻잎과 탕색, 달콤하고 향기로운 홍차 특유의 품질을 형성한다.

홍차의 명칭은 한자로는 紅茶, 영어로는 Black Tea라고 표기한다. 상쾌한 떫은 맛과 등홍색의 수색을 지닌 홍차는 우려낸 차의 탕색과 찻잎이 붉은빛을 띤다고 하여 동양에서는 '붉을 홍'자를 써서 홍차라고 이름 붙였는데, 서양에서는 말린 찻잎의 외형이 검은색을 띤다는 점에서 'black'을 써서 'Black Tea'라고 하였다. 홍차를 영어로 직역한 듯한 'Red Tea'는 보통 남아프리카의 루이보스티를 의미한다.

그렇다면 인류는 언제부터 홍차를 생산하고 마셨을까? 그 정확한 시기를 알 수는 없지만, 차의 역사가 기원전 2700년 경인 약 5천여 년 전으로 거슬러 올라가고, 불발효차에서 발효차로 변모해 온 점으로 볼 때 여러 차 중에서 가장 늦게 만들어졌음을 알 수 있다. 홍차의 유래에 관해서는 몇 가지 흥미로운 이야기가 전해 오고 있다.

홍차가 본격적으로 등장한 것은 유럽의 탐험가나 선교사들의 기록을 통해 알 수 있다. 이들 기록에 따르면, 중국의 음료인 차가 유럽으로 들어간 것은 1598년 네덜란

드 동인도회사에 의해서였다. 1662년

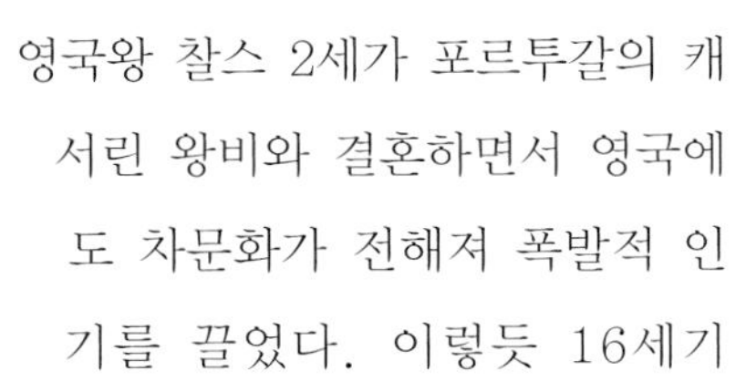
영국왕 찰스 2세가 포르투갈의 캐서린 왕비와 결혼하면서 영국에도 차문화가 전해져 폭발적 인기를 끌었다. 이렇듯 16세기

에 소개된 차는 17세기 초부터 네덜란드 상인을 통해 독일, 프랑스, 영국 등 유럽 여러 나라에 본격적으로 공급되었다. 당시에는 수입한 중국차를 하역 장소인 항구에서 검사하면서 찻잎의 외관 색이 흑색을 띠는 것과 녹색을 띠는 것을 구분해서 블랙 티(Black Tea)와 그린 티(Green Tea)라고 하였다. 여기에서 서구인들이 홍차에 이름붙인 '블랙 티'의 역사가 시작되었다고 할 수 있다. 그러나 당시의 블랙 티는 현재의 홍차라고 볼 수는 없고 부분발효차인 우롱차의 한 종류였을 것으로 추정할 뿐이다.

또 다른 설에 의하면, 중국차가 본격적으로 유럽에 전해진 17세기에는 차를 실은 범선이 남아프리카의 희망봉을 우회해서 항해하였는데, 이때 운반선이 적도를 넘으면서 배에 실려 있던 차가 강력한 기온과 습도의 영향으로 변질(발효)하였다고 한다. 유럽의 항구에 도착한 후 차를 사러 나온 사람들은 그 강한 맛과 향에 놀랐으나, 이후에 이러한 맛과 향을 선호하는 사람들이 많아지면서 홍차, 즉 발효차의 소비가 급격하게 늘었다고 한다. 이들 두 이야기 속에서 홍차 역시 중국에서 파생되었으나 강한 풍미를 원하는 서구인들의 기호에 맞게 변화해 왔다는 것을 알 수 있다.

그러나 중국에서도 홍차가 언제 어떻게 시작되었는지 명확하지는 않다. 다만 세계적으로 유명한 소종과 기문의 경우 18세기 이전부터 만들었던 것으로 추정되는데, 1717년 청대(靑代)에 이미 푸젠 성 숭안의 현령이었던 육정찬(陸廷燦)이 쓴『속다경(續茶經)』에 '소종(小種)'이라는 이름이 등장한다. 이 책에는 "산에서 채취한 무이차(武夷茶)는 암차라 하고, 계곡 주변에서 채취한 무이차는 주차(州茶)라고 부르며, 품질이 좋은 차는 공부차(工夫茶), 공부차보다 품질이 좋은 것은 소종(小種)이라 하는데, 이는 차나무 이름을 따서 지은 것으로 한 그루의 생산량은 몇 량(兩)을 초과하지 못한다."고 적혀 있다. 다만 이것이 정확하게 현재의 소종이나 기문홍차인지 확증할 수 없고, 서양인의 기호에 맞게 수출용으로 기문홍차를 제조하기 시작한 것이 1784년이라고 한다.

18세기 초에 유럽에서는 차가 일부 상류층을 넘어 일반 시민들에게까지 대중화되면서 그 수요가 급증하였으나, 중국으로부터 차를 수입하는 데 따른 경제적 부담으로 인해 차를 직접 생산하고자 하였다. 특히 당시에 차는 동인도회사의 독점으로 인해 매우 비싼 값에 거래되었기 때문에 차는 경제적 부를 창출할 수 있는 수단으로까지 인식되면서 차를 선점하고자 하는 노력이 점차 가열되었다.

그 결과 19세기 초인 1823년에 영국인 식물학자 로버트 부르스(Robert Bruce)가 아쌈 지방에서 자생 차나무를 발견하면서 본격적인 차 재배를 시도하였다. 1830년대에 아쌈에서 차 재배에 성공하여, 1836년 아쌈 자생종 찻잎을 사용한 최초의 제조 견본을 캘커타로 보냈고, 3년 후인 1839년에는 '아쌈컴퍼니'를 설립하면서 본격적인 홍차 생산을 시작하였고, 이렇게 아쌈차로 제다한 차를 런던의 인도하우스에서 팔았다. 차나무는 인도 자생종이었지만 재배한 찻잎을 가공하는 데는 중국 기술이 도입되었다. 이때 중국으로부터 제다 기구와 기술자를 도입하여 강발효된 홍차를 영국풍으로 가공하는 것에 성공하였으니, 오늘날 우리가 즐겨 마시는 홍차는 근대적 산물이라고 할 수 있다.

홍차는 오래전부터 무역이 이루어졌으며, 몽골, 티베트와 시베리아에서는 19세기까지 홍차 잎을 압축한 덩어리를 화폐로 사용하기도 했다. 전통적으로 서양사회에서 말하는 차는 홍차이며, 근래에 들어 서구인들에게 녹차가 널리 퍼지고 있지만, 지금도 홍차는 서양에서 소요되는 차의 90% 이상을 차지하고 있다.

2) 홍차의 성분과 효능

17세기 유럽에서는 차가 동양의 신비한 약으로 알려지면서 차의 효능이 드러나고 크게 주목받았다. 특히 당시 영국에서는 맥주의 일종인 에일(Ale)의 과음으로 인한 통풍이 대유행이었다.

런던에 처음으로 차가 등장한 것은 1657년 토마스 개러웨이의 커피하우스에서였다. 그는 일반인들에게 아직 잘 알려지지 않은 차를 팔기 위해 차의 효능에 대한 설명을 담은 포스터를 제작하여 점포 곳곳에 붙여 두었다. 이 선전 문구에 "두통, 어지럼증을 없애준다. 강장 작용이 있다. …."와 같은 20항목의 조건을 달았는데, 이것들이 모두 차의 효능에 대한 것이었다.

홍차의 여러 가지 효능 중에서 가장 중심이 되는 것이 탄닌(tannin)의 효능이다.

탄닌은 폴리페놀의 일종인데, 차의 폴리페놀 성분은 6종류의 카테킨으로 구성되어 있다. 탄닌은 식물에 함유된 독성분인 알칼로이드 성분과 결합하여 인체에 흡수되지 않고 몸 밖으로 배출시키는 해독작용을 하며, 균체에 침투하여 단백질과 결합하여 응고시켜 병원균을 죽게 하는 살균작용, 상처를 빨리 아물게 하는 지혈작용 및 소염작용을 한다. 또한, 중성지방을 분해하여 비만을 억제하기도 하고, 콜레스테롤의 농도를 낮춰주기도 하며, 혈당치를 내려주는 것과 같은 기능을 한다. 카테킨은 모든 식물에 포함되어 있지만, 다른 차와 비교해서 홍차는 가장 많은 카테킨의 양을 함유하고 있다. 카테킨은 폴리페놀의 일종이므로 활성산소의 움직임을 억제해 준다. 활성산소는 본래 밖에서 들어오는 병원균에 대항하는 물질이지만, 체내에 쌓이게 되면 세포를 상하게 하여 암이나 뇌졸중을 일으키는 원인이 되는 물질이다. 탄닌은 광합성에 의해 형성되므로 일조량이 많은 찻잎일수록 탄닌의 함량이 많아진다.

탄닌 다음으로 큰 역할을 갖는 것이 카페인이다. 카페인은 각성작용으로 유명한데, 각성작용이란 카페인이 대뇌피질의 감각중추를 흥분시켜 일으키는 현상으로 피로해소가 빨라지고 활력이 생겨나 기분이 상쾌해지고 판단력이 늘며 사고에 대한 집중력과 내구력 증대, 상황에 대한 인식 및 기억력의 증대를 일으키는 것을 말한다. 카페인은 각성작용 외에도 심장의 활동을 강화해 운동력을 증진하는 강심작용을 하며, 위액의 분비를 촉진해 식욕을 자극하거나, 위염의 증상을 경감시켜 주기도 한다. 이뇨작용도 카페인의 중요한 효능 중 하나인데, 이 작용으로 몸속에 들어있던 노폐물이나 유독 성분을 몸 밖으로 배출시킨다.

그 외에도 홍차를 많이 마시면 위를 편하게 하고, 콜레스테롤을 억제하고 혈압을 내리는 작용을 하며, 당뇨 예방, 암 억제, 비만 방지, 노화 방지, 식중독 예방, 무좀 퇴치 등의 효과가 있다.

- 소화 촉진 및 위염 억제 : 카테킨과 카페인이 위를 긴장시켜 위액의 분비와 소화를 촉진한다. 소화기능이 활성화되므로 식욕을 증진하며, 위장 염증을 억제하는 역할도 한다.
- 콜레스테롤과 혈압 강하 : 너무 많은 콜레스테롤이 몸에 쌓이면 동맥경화를 일으키는 원인이 된다. 에피카로카테킨가레이트는 콜레스테롤 농도를 내리고, 카테킨은 높아진 혈압을 내리는 작용을 한다.
- 당뇨 예방 : 카테킨은 혈중 포도당의 양, 즉 혈당의 상승을 막아 당뇨병을 예방한다. 또한, 카테킨은 중성지방을 분해하므로 비만으로 인한 당뇨병 예방 효과도 얻을 수 있다.
- 암 억제 : 홍차에 함유된 EGCG가 림프구를 활성화해 암세포의 분열을 억제한다. 카테킨의 농도와 림프구 억제 효과는 비례관계에 있다.
- 비만 방지 : 홍차를 마신 후 가벼운 운동을 하면 카테킨이 지방 에너지 대사를 활발하게 한다. 따라서 중성지방이 분해되어 비만 방지 역할을 하게 된다. 비만 방지를 위해서는 운동할 때 함께 마시는 것이 중요하다.
- 노화 방지 : 호흡으로 들이마신 산소는 체내에서 활성산소가 되어, 곳곳의 세포를 산화시킨다. 지방질이 산화한 과산화 지방은 노화의 원인으로 탄닌은 그 산화작용으로 일어나는 노화를 방지한다.
- 식중독 예방 : 식중독은 대장균에서 시작하여 장 내에 다양한 세균이 번식하면서 발생하는 질병이다. 홍차에 함유된 EGCG는 특히 대장균에 대해 강력한 살균력을 갖고 있으며 번식을 방지하여 사멸시킴으로써 식중독을 예방할 수 있다.
- 무좀 퇴치 : 홍차를 특징짓는 '붉은 찻물색'의 근본이 되는 테아레라빈시 가레이트에는 강한 살균력이 있어서 곰팡이의 일종인 무좀의 발육을 억제한다. 홍차 목욕을 하거나 홍차로 환부를 닦아내면 효과가 있다.

성 분	함 량	생 리 작 용	용 도
카테킨 (산화물 포함)	10~18%	항산화, 항돌연변이, 항암, 혈중콜레스테롤 저하, 혈압상승 억제, 혈소판 응집 억제, 항균, 항바이러스, 충치 예방, 항궤양, 항알레르기, 소취	식품산화방지제, 항균제, 탈취제, 항충치제
플라보놀	0.6~07%	모세혈관 저항성 증가, 항산화, 혈압 강하, 소취 작용	탈취제
카페인	2~4%	중추신경 흥분, 수면방지, 강심, 이뇨, 항 천식, 대사항진	수면방지제, 두통, 감기약, 강심제, 알레르기 경감제
다당류	약 0.6%	혈당상승 억제(항당뇨)	
비타민C	150~250mg %	항 괴혈병, 항산화, 암 예방	
비타민E	25~70mg %	항산화, 암 예방, 항불임	산화방지제
B-카로틴	13~29mg %	항산화, 암 예방, 면역력 증강	
GABA	100~200mg % (처리 후)	혈압상승 억제, 억제성 신경전달	가바(GABA)차
사포닌	약 0.1%	항암, 항염증	
불소	90~350ppm	충치 예방	
아연	35~75ppm	미각 이상 방지, 피부염 방지 면역능력 저하억제	
셀렌	1.0~1.8ppm	항산화, 암 예방, 심근장애 방지	

3) 홍차의 제조

차나무 잎을 따서 가공한 차의 종류는 그 분류 방법에 따라 여러 가지로 나뉠 수 있다. 일반적으로 알려진 녹차, 백차, 황차, 청차, 홍차, 흑차는 '색(色)'을 중심으로 구분한 것인데, 녹차, 백차, 청차, 흑차가 가공된 찻잎의 색상에 따라 붙여진 이름이라면, 홍차는 우려낸 찻물 색에 의한 것이다. 이러한 색상의 차이는 제다 과정에서 형성된 것이니 홍차의 '붉은색'은 발효 과정을 통해 만들어진 것이라고 할 수 있다. 찻잎에 가장 많이 함유된 성분이 떫은맛을 내는 탄닌이다. 이 성분이 찻잎에 존재하는 산화효소의 작용으로 황색을 띠는 데아플라빈이나 홍색을 띠는 데아루비긴이라

는 성분으로 바뀌면서 차의 수색과 맛과 향이 변화하는 과정을 발효라 한다. 홍차는 80~90% 정도 발효된 완전발효차이다. 발효과정을 포함한 홍차의 제조는 채엽 → 위조 → 유념 → 발효 → 건조 → 포장 순으로 진행된다. 홍차 제다 방법에는 수제법(手製法)과 오소독스 제법(orthodox)과 같은 전통적 방법이 있고, 그 외 현대적 가공법인 CTC 제법이 있다.

(1) 수제법과 오소독스 제법

유념과정을 인력에 의존하는 수제차(手製茶)는 가공 후 찻잎의 형태가 거의 온전히 남아 있으며 맛이 부드럽고 색이 아름다우며 밝다. 중국의 공부차와 소종차 등의 홍조차가 이에 해당한다. 유념은 제조공정 중 가장 많은 노동이 필요하며 매우 어려워서 1950년대에 들어 회전기계인 로터반(Rotorvane)을 개발 도입하였다. 로터반을 이용해 유념하는 것을 반전통식(半傳統式) 또는 오소독스 제법이라 하는데, 로터반이 주물러 부수는 시간이 길면 산화되어 너무 익은 냄새가 나기 때문에 아직도 유념에는 숙련된 기술자의 역할이 크게 작용한다. 현재 유통되는 고급 홍차의 상당 부분이 오소독스 제법으로 만들어지는데, 외형이 비교적 반지르르하고 단단하며 향기도 순수하고 진하다.

(2) CTC 제법

CTC란 Crust(파쇄), Tear(찢음), Curl(말)의 약자로, 찻잎을 잘게 부수고 찢어내어 좁쌀처럼 둥글게 말도록 고안한 유절기를 이용하는 자동화된 제조 방법이다. CTC

가공한 마른 찻잎의 입상은 구슬 모양으로 단단하며 가루차의 경우에도 모래알 같은 형태이다. 제조된 찻잎의 색은 갈색을 띠는 푸른색이다. CTC 제법으로 만든 차는 맛이 강하고 매우 진하게 우러나는 것이 특징이다. 따라서 작은 중량의 찻잎으로도 많은 차를 우려낼 수 있어서 티백용 홍차를 생산하기에 더 적합한 방법으로 고안되었다. 현재 전 세계 홍차의 약 60% 이상이 CTC 제법으로 생산되며, 주로 신흥 생산지의 홍차가 이에 해당한다.

4) 홍차의 등급

홍차는 생산지나 블렌드 방식에 따라 수많은 종류가 있다. 예를 들면, 인도의 다즐링, 스리랑카의 우바, 중국의 기문홍차는 세계 3대 홍차로 주목받지만, 고급으로 평가받는 다즐링 안에도 여러 제조자와 수많은 상품이 있으며 각각 품질 역시 다르므로 등급을 정해서 구분하고 있다.

홍차는 찻잎의 상태, 찻잎과 새순의 배합 비율, 차나무의 종에 따라 등급을 정하는데, 이 등급은 품질을 감정하는 기준이기는 하지만 1등급이나 2등급, 특급과 같이 품질의 고하를 판정하는 것이 아니고, 단지 찻잎의 크기와 형상, 부위 등을 지칭하는 하나의 기호라고 할 수 있다. 또한, 분류 기준에 따라 등급을 표시하는 명칭들도 약간씩 다르다.

(1) 잎의 위치, 즉 부위에 따라 플라워리 오렌지 페코(Flowery Orange Pekoe, FOP), 오렌지 페코(Orange Pekoe, OP), 페코(Pekoe, P), 페코 소총(Pekoe Souchong, PS), 소총(Souchong, S)의 다섯 등급으로 구분한다. 이 때 '오렌지'는 처음으로 유럽에 홍차를 수입한 네덜란드 상인의 이름에서 딴 것이고, '페코'는 녹차 중 어

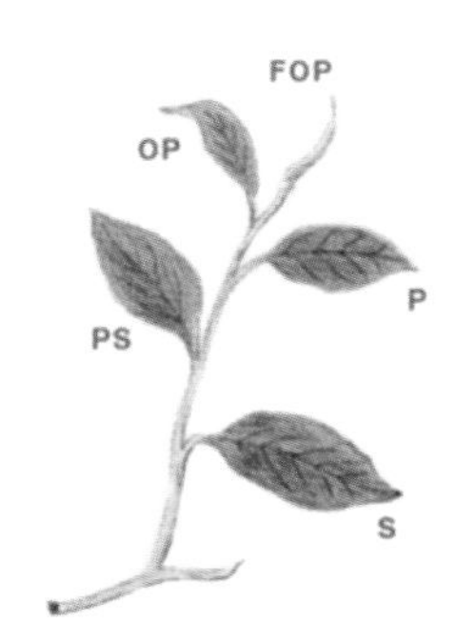

린 잎에서 볼 수 있는 하얀 솜털인 백호(白毫)에서 유래한 것이다. 따라서 '페코'라는 이름이 붙으면 홍차의 등급 중 상급에 해당한다는 의미이다.

Flowery Orange Pekoe

Broken Orange Pekoe

Fine Tippy Golden Flowery Orange Pekoe

Fannings

구분	등급	내 용
FOP	Flowery Orange Pekoe	맨 위의 흰털이 많고 어린 순
OP	Orange Pekoe	두 번째 어린잎
P	Pekoe	세 번째 어린잎
PS	Pekoe Souchong	네 번째 어린 찻잎
S	Souchong	넓고 굳어진 잎

(2) 찻잎의 크기에 따른 등급은 쵸피(Choppy), 홀리프(Whole Leaf), 브로큰(Broken), 패닝스(Fannings), 더스트(Dust), CTC의 여섯 가지가 있다.

구분	등급	내 용
	Choppy	여러 크기가 섞여 있는 것
	Whole Leaf	자르지 않은 온전한 통잎
B	Broken	2~3mm 크기로 가늘게 파쇄한 것
F	Fannings	1~2mm 크기의 조각차
D	Dust	미세한 가루형태
CTC	CTC	CTC 제법으로 제조한 것

(3) 찻잎 배합 비율에 따른 등급은 양질의 잎을 함유한 정도를 기준으로 구분하는 방식이다. 첫 번째 잎인 새순을 얼마나 많이 함유하고 있느냐에 따라 티피(Tippy, T), 골든(Golden, G), 플라워리(Flowery, F)로 표시한다.

구분	등급	내 용
T	Tippy	어린 새순을 가장 많이 함유한 것
G	Golden	어린 새순이 상당량 포함된 것
F	Flowery	큰 잎에 어린잎이 일정량 포함된 것

(4) 차나무를 지칭하는 카멜리아 속에는 90여 종이 있는데, 이들 차나무의 종에 따른 특징을 구분하기 위해 클로날 커팅(Clonal Cutting, CL), 차이나 커팅(China Cutting), 하이브리드(Hybrid, HY)로 표시한다.

구 분		내 용
CL	Clonal Cutting	개량형, 단일종 차나무에서 생산한 찻잎
CH	China Cutting	재래종 관목 차나무에서 생산한 찻잎
HY	Hybrid Cutting	잡종 차나무에서 생산한 찻잎

(5) 앞에서와 같은 등급 분류 이외에 제조자에 따라 홍차의 등급에 F나 S를 함께 표기하기도 한다. 여기서 F는 좋은 잎 모양이라는 의미의 Finest의 약자이며, S는 파인보다 더 좋다는 의미의 Special Finest를 뜻한다.

모든 분류를 통합하여 표기할 때에는 찻잎의 형태에 따라 통잎(Whole Leaf), 부순 찻잎(Broken), 조각 찻잎(Fannings), 가루 찻잎(Dust), CTC제법의 찻잎으로 구분하고, 각각의 형태에 대하여 다시 '잎 모양에 따른 등급(SF / F) – 찻잎의 배합 비율에 따른 등급(TG/G/F) – '잎 모양에 따른 등급(SF/F) – 찻잎의 배합 비율에 따른 등급(TG/G/F) – 잎의 위치에 따른 등급(FOP/OP/P/PS/S)' 순으로 표기한다.

찻잎형태	등급	등급 내용
WHOLE LEAF (통잎)	SFTGFOP	Special Finest Tippy Golden Flowery Orange Pekoe
	FTGFOP	Finest Tippy Golden Flowery Orange Pekoe
	TGFOP	Tippy Golden Flowery Orange Pekoe
	GFOP	Golden Flowery Orange Pekoe
	FOP	Flowery Orange Pekoe
	OP	Orange Pekoe
BROKEN (2~3mm 부순 찻잎)	TGFBOP	Tippy Golden Flowery Broken Orange Pekoe
	GFBOP	Golden Flowery Broken Orange Pekoe
	PEKOE	Pekoe
	FBOP	Flowery Broken Orange Pekoe
	BOP	Broken Orange Pekoe
	BP	Broken Pekoe
	BPS	Broken Pekoe Souchong
FANNINGS (1~2mm 조각 찻잎)	GOF	Golden Orange Fannings
	FOF	Flowery Orange Fannings
	BOPF	Broken Orange Fannings
DUST (가루형태의 찻잎)	OPD	Orthodox Pekoe Dust
	OCD	Orthodox Churmani Dust
	BOPD	Broken Orange Pekoe Dust
	BOPFD	Broken Orange Pekoe Fine Dust
	FD	Fine Dust
	D-A	Dust A
	PEK	Pekoe
CTC (CTC제법의 찻잎)	BOP	Broken Orange Pekoe Dust
	BPS	Broken Pekoe Souchong
	BP	Broken Pekoe

2. 홍차의 종류

오늘날 차는 우리나라를 비롯한 중국, 인도, 스리랑카, 케냐, 인도네시아, 호주, 일본 등 약 36개국에서 생산되고 있으며 홍차, 녹차, 우롱차, 보이차, 백차, 황차 등 약 1,500여 종의 차 상품이 개발되어 세계인의 다양한 기호를 만족하게 하고 있다. 이렇게 많은 차 제품 중에서도 홍차가 차지하는 비중이 절반을 넘으니, 홍차를 처음 접하는 사람들은 도대체 어떤 차를 마셔야 할지 당황스럽기도 하지만 한편으로는 이러한 다양성이 사람들을 더욱 매료시키는 홍차만의 특징이기도 하다. 이렇듯 다양한 홍차는 산지, 찻잎의 배합 정도, 우려내는 방식, 포장 방법에 따라 구분할 수 있으며, 그 외에도 목적이나 용도 및 기능에 따라 여러 가지로 분류할 수 있다.

1) 산지에 따른 분류

차의 원료가 되는 차나무는 비록 식물 분류학상으로는 카멜리아 시넨시스 한 가지이지만 변종이 매우 많다. 종류는 크게 온대지방에서 주로 자라는 소엽종(Camellia sinensis var. sinensis)과 열대지방에서 주로 자라는 대엽종(Camellia sinensis var. assamica)의 두 가지로 크게 나뉘지만, 중간형도 많다. 인도에서 차나무를 연구해 온 영국의 식물학자 와트(G. Watt)는 1907년에 그 생김새에 따라 크게 중국대엽종, 중국소엽종, 인도종, 샨종의 4가지로 분류했다. 이처럼 차는 생산지에 따라 조금씩 다른 변종의 차나무 잎을 사용하며, 또 온대에서 열대, 평지와 고원지대 등 넓은 생육환경, 수확 시기와 제조방법, 그리고 생산지역의 문화적 차이 등이 차의 품질과 직결되기 때문에 홍차를 분류하는데 있어서도 산지별로 분류하고 이름 짓는 것이 가장 일반적인 방법이다.

(1) 중국

일반적으로는 영국을 홍차의 나라로 알고 있지만, 영국이 홍차를 하나의 문화적 층

위로 정립했다면, 중국은 홍차를 다른 차와는 구별되는 제다법으로 개발한 홍차의 종주국이라고 해도 과언이 아니다. 중국인들이 녹차류와 청차류를 선호하지만, 이들 종류 이외에도 보이차로 잘 알려진 흑차와 가향차 역시 매우 다양하다. 많은 사람이 중국에는 홍차가 없을 것으로 생각하지만 실제로 세계 3대 홍차에 중국의 기문홍차가 포함될 정도로 홍차의 품질과 역사 또한 대단하다.

중국 홍차는 특성에 따라 크게 홍조차(紅條茶)와 홍쇄차(紅碎茶)로 구분한다. 찻잎 외형을 그대로 보존한 홍조차와 달리 홍쇄차는 찻잎을 잘게 부숴서 만든다. 중국을 제외한 인도, 스리랑카, 케냐 등 주요 홍차 생산국은 주로 홍쇄차류를 생산해 왔으나, 최근 들어 홍차의 고급화와 함께 녹차에 대한 서구인들의 관심이 증대하면서 홍조차의 비중이 조금씩 늘어나고 있다. 홍조차에 속하는 공부홍차의 하나인 기문홍차는 다즐링, 우바와 더불어 세계 3대 홍차의 하나이다.

① 홍조차 : 녹차나 청차처럼 찻잎의 외형을 잘 보전하고 있는 것으로 소종홍차와 공부홍차가 대표적이다.

• 소종홍차(小種紅茶, Souchong 〉 Lapsang souchong)

소종홍차는 푸젠 성에서 주로 생산하고, 장쑤 성에서 소량 생산된다. 젖은 소나무 가지를 태워 그 연기로 그을리고 불로 배건(焙乾)하여 만들기 때문에 완성된 차에서 송연향(松煙香)이 나는 것이 특징이다. 소종홍차는 찻잎의 외형이 굵고 튼튼하며 곧고 잎사귀가 무겁고 솜털이 없으며 말린 상태가 비교적 느슨하고 색깔은 검은 광택이 난다. 찻물색은 붉은 갈색을 띠고 송연향과 용안향이 난다. 맛은 순수하고 진하며 달콤하고 풍부한데 뒷맛이 깔끔하다. 차를 우린 후의 찻잎도 암홍색을 띤다.

• 공부홍차(工夫紅茶, Gongfu 〉 Keemun)

푸젠 성 숭안에서 소종홍차가 발전하고 변화해서 공부홍차가 만들어졌다. 공부홍차는 이름 그대로 힘을 많이 들인 차로, 제다 할 때 찻잎이 온정하고 간결하도록 공을 들이고, 정제 과정도 정교하고 섬세하다. 별칭으로는 조홍차(條紅茶)라고 한다.

공부홍차는 생산지에 따라 많은 세칭이 붙었는데 기홍공부(祁紅工夫), 전홍공부(滇紅工夫), 영홍공부(寧紅工夫), 부홍공부(浮紅工夫), 의홍공부(宜紅工夫), 천홍공부(川紅工夫), 민홍공부(閩紅工夫), 호홍공부(湖紅工夫), 월홍공부(越紅工夫)의 9가지가 있으며, 그 중 기홍공부와 전홍공부가 가장 대표적이다.

'기홍공부'는 '기문홍차(Keemun)'라고도 하며, 19세기 후반 이후부터 생산하였다. 중국 소엽종으로 만들어 맛이 부드럽고, 소종홍차보다는 덜하지만 와인향과 약간의 훈연향을 느낄 수 있으며, 다른 홍차보다 카페인 함량이 적은 것이 특징이다. 그래서 스트레이트 티로 즐기는 경우가 많으며, 밀크티로 마시기도 한다. 서구인들 사이에서는 기문홍차를 '중국의 버건디'라고 부르는데, 버건디(Burgundy)란 프랑스 부르고뉴(Bourgogne)지역의 와인으로 그에 견줄 만큼 향미가 뛰어나다고 해서 붙은 별칭이다. 고품질의 기문에서는 단내를 느낄 수 있는데, 사과와 벌꿀 향과 비슷하고 잘 흩어지지 않으며 오랫동안 지속하기에, 이 향을 가리켜 '기문향(祁門香) 또는 기홍향(祁紅香)'이라고 부른다. 수색은 일반적으로 갈색을 머금은 진한 오렌지빛으로 마치 불타는 듯 선명한 붉은 색이 아름다우며, 상급 품으로 갈수록 투명한 황금색을 띠며, 여러 번 우려 마셔도 그 맛과 향이 계속 유지된다. 이렇듯 향이 깊고 오래 유지된다 하여 고향홍차(高香紅茶)로 인정되면서 현재까지 다즐링, 우바와 더불어 세계 3대 홍차의 하나로 주목받고 있다.

② 홍쇄차(紅碎茶)

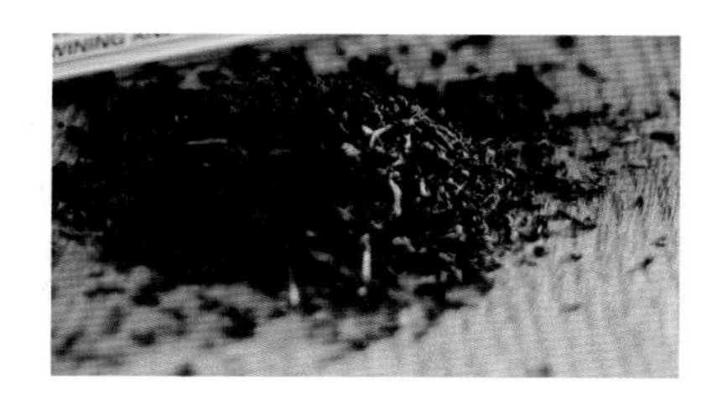

홍쇄차는 파쇄기를 사용하여 찻잎을 알갱이가 될 정도로 아주 잘게 썰어 말려서 만든 것으로, 외형이 잘게 부스러져 있어서 붙은 이름이다. 주로 티백을 만드는 데 사용하며, 빨리 우러나오고 그 양도 많은 것이 장점이다. 홍쇄차는 제조 방법에 따라 전통적인 방식에 로터반 유념기를 도입한 오소독스 제법과 유절기를 이용해 더 잘게 찻잎을 파쇄시키는 CTC 제법으로 크게 나눈다. 세계의 주요 홍차 생산국은 인도, 스리랑카, 케냐, 중국 등인데 이중 인도와 케냐에서는 CTC 홍쇄차를 주로 생산하고, 중국과 스리랑카에서는 전통 홍쇄차를 주로 생산해 왔다.

찻잎을 유념하고 잘게 썰어내는 과정에 기계화가 진행되면서 전자홍쇄차(转子红碎茶), C.T.C홍쇄차, L.T.P홍쇄차 등이 등장하였다. 서로 다른 방법으로 만들어 낸 홍쇄차는 그 성상에 상당한 차이가 있어 잎차[葉茶], 쇄차(碎茶), 편차(片茶), 미차(未茶)로 구분한다. 비교적 온전한 찻잎의 외형을 유지한 것을 잎차라 하고, 과립 형태의 부스러기 차는 쇄차, 비교적 가벼운 차 조각은 편차, 선명한 모래알 모양의 작은 가루차를 미차라 한다.

(2) 인도

세계 최대의 차 생산국은 중국이지만, 세계 최대의 홍차 생산국은 인도이다. 연간 생산량은 약 87만 톤(2005년 기준)으로 전 세계 생산량의 35% 이상을 차지한다. 대표적인 산지로 다즐링, 아쌈, 닐기리가 유명하며 이외에도 도아즈, 카차르, 시레트, 타이라, 쿠마온, 칸구라, 트라반코르 등이 있는데, 산지 이름이 그대로 제품명(brand)이 되고 있으며 각각 개성 넘치는 차들이다. 인도산 홍차에는 찻잎 따는 여인 마크가 새겨져 있는데 이는 100% 인도산을 의미한다.

① 다즐링(Darjeeling)

다즐링은 기문, 우바와 함께 세계 3대 홍차로 인정받고 있는데, 인도 북동부 서벵갈주 최북단 지역으로 해발 2,300m의 고지 마을의 험한 경사면을 따라 차밭이 펼쳐져 있다. 아침저녁으로 기온 차가 크고, 히말라야의 차가운 바람이 매일 몇 번씩 안개를 발생시키곤 한다.

다즐링은 인도에서는 유일하게 중국종 차 재배가 가능한 곳으로, 전통방식인 수작업으로 차를 만들고 있어 그 맛과 향을 고급스럽게 유지하고 있다. 하루 4~5회 발생하는 안개가 직사광선을 막아 찻잎에 수분을 공급하고, 안개가 걷히면 햇빛이 물기 머금은 찻잎을 말려주는데, 바로 이 과정에서 다즐링의 독특한 향기인 머스캣 향(muscat flavor)이 만들어진다.

② 아쌈(Assam)

아쌈 지역은 인도에서 처음 차 재배를 시작한 곳으로, 인도 북부, 부탄 남부의 브라마푸트라(Bramaputra) 강 유역에 있는 해발 약 800m의 평원에 900여 개의 다원이 있다. 세계 최대의 홍차 생산국인 인도에서도 홍차 최대 생산지가 바로 이 아쌈 지역이다. 19세기 초 아쌈의 오지에서 야생 차나무를 발견한 이래 영국은 이 지역에 다원을 조성하기 시작하였으며, 1839년에 홍차 무역회사인 '아쌈컴퍼니'를 발족하여 런던으로 수출하였다.

아쌈종은 찻잎의 크기가 10cm 이상으로 중국종보다 크다. 아쌈차는 비와 안개와 일조량, 이 세 가지 조건이 어우러져 만들어내는 독특한 풍미로 인해 세계 3대 홍차에

더하여 4대 홍차로 꼽힌다. 개성이 뚜렷한 아쌈차는 특유의 맛이 강하긴 하지만 다른 홍차와도 잘 어울려서 스트레이트 티보다는 주로 블렌딩 한 홍차의 기본 베이스로 많이 이용되며, 우유를 넣어 만드는 영국 전통의 로열 밀크티에 가장 잘 어울린다.

③ 닐기리(Nilgiri)

'토지'라는 뜻과 '블루마운틴'이라는 의미를 지닌 닐기리는 남인도산 홍차의 대표이다. 산지는 해발 1,000~2,500m의 고원이며, 다원은 주로 데칸고원 서부의 완만한 구릉 지대에 펼쳐져 있다. 지대가 험준하고 밀림이 우거져 있으며, 아라비아해로부터 불어오는 남서 계절풍과 산맥의 영향으로 인도에서도 손꼽힐 만큼 비가 많이 오는 곳이지만 기후가 온난하여 차 생산의 최적지라고 할 수 있다.

닐기리는 보통 일 년 내내 수확하지만, 1~2월과 7~8월에 좋은 품질의 차를 얻을 수 있다. 닐기리에서 채엽한 찻잎에서는 풀내나 꽃향기 같은 향기로운 향이 느껴지며, 밝고 아름다운 물색과 신선한 향, 산뜻한 맛을 특징으로 우유를 넣어 마시는 밀크티의 베이스로 인기가 있다. 여름철에 주로 마시는 아이스티를 만드는 데 많이 이용한다.

(3) 스리랑카

스리랑카 차는 스리랑카의 옛 이름인 '실론(Ceylon)'으로 더 많이 알려졌다. 인도와 더불어 세계 주요 홍차 생산국인 스리랑카에는 우바, 딤불라, 누와라 엘리야, 캔디, 루후나 등의 차 산지가 있다. 아열대성 기후의 영향으로 차를 연중 생산할 수 있지만, 남동부는 6~8월, 남서부는 2~3월 초에 고품질의 차를 얻을 수 있다.

커피 생산국이던 스리랑카에서의 차 재배는 19세기 중반 이후 커피 녹병이 크게 일어 커피 농장이 황폐해지자 이를 대체할 수 있는 작물로 차씨를 파종하면서 시작되었다. 20세기 중후반까지도 스리랑카 다원의 80%를 영국 기업이 운영하였으나 현재는 개인이 운영하는 다원이 늘고 있다. 인도의 찻잎 따는 여인 마크처럼 스리랑카 찻잎 100%를 사용하여 제다 한 차에는 스리랑카 차협회에서 인증하는 라이온 마크를 찍어 원산지를 보증하고 있다.

인도의 아쌈, 중국의 기문과 더불어 세계 3대 홍차에 속하는 우바(Uva)는 수색이 붉은색이 강한 오렌지빛을 띠며, 고급 우바 홍차에서 만들어지는 골든 코로나(golden corona)를 경험하기 위해 스트레이트로 즐기기도 하지만 밀크티에도 잘 어울린다.

(4) 케냐(Kenya)

인도양에 접한 동아프리카 국가로 기후대는 열대에 속하지만, 국토 전체의 표고가 높아서 열대의 이미지와는 다소 다르다. 아프리카 최대의 차 생산지로, 20세기 초에 아쌈종이 처음 도입되었으나 본격적으로 제다를 시작한 것은 1960년대이다. 해발 1,500~2,700m의 고지대에서 일 년 내내 안정된 품질의 찻잎을 생산한다. 생산량의 70%가량은 소규모 농가에서 재배하고 나머지는 다국적 차 회사 소유의 대규모 다원에서 생산하는데 대부분 CTC 방식으로 제조한다. 연간 생산량은 약 36만 톤(2005년 기준)으로 케냐산 만의 뚜렷한 특징은 없으나, 또한 흠이 없으므로 블렌딩용으로 많이 사용한다. 100% 케냐 산 홍차는 수색이 밝고 불그스레한 구릿빛을 띠며 감칠맛과 부드러운 신맛을 띠는데, 대부분 영국에 수출하여 다시 가공 재수출되곤 한다.

그 외 아프리카의 말라위(Malawi)와 탄자니아(Tanzania), 인도네시아의 자바(Java)에서도 차를 생산한다. 말라위는 아프리카에서 차 재배 역사가 가장 긴 나라로, 세계 차 생산량의 약 3% 정도를 차지하며, 대부분 영국으로 수출하고 있다. 탄자니아는 남아프리카에서 유일한 차 수출국으로 2차 세계대전 이후 영국이 본격적으로 차를 재배하였으며, 대부분 CTC 가공용이나 블렌딩용으로 수출한다. 자바에서의 차 재배는 1690년에 이곳을 지배하던 네덜란드 동인도회사가 중국종의 어린 차나무를 심으면서 시작되었고, 산업으로 홍차를 재배한 것은 1872년 아쌈종 도입과 함께 시작되었다. 2차 세계대전 이전에는 인도, 스리랑카에 이어 세계 3위의 홍차 생산량을 자랑했으나, 전쟁으로 다원이 많이 파괴되어 점차 쇠퇴하다가 1971년 세계은행과 정부의 지원으로 부활에 성공했다. 대부분의 다원이 고지대 화산지역에 분포하여 품질이 뛰어나며 1년 내내 채엽이 가능하다.

2) 찻잎 배합에 따른 분류

홍차의 수많은 종류는 생산지에 따른 다양한 분류와 함께 찻잎을 어떻게 배합하느냐에 따라서도 여러 가지로 구분할 수 있다. 찻잎 배합이라는 말은 홍차를 더욱 홍차답게 만들어주는 방식이다. 찻잎 배합에 따른 방식은 크게 세 가지로 구분할 수 있는데, 한 지역에서 생산된 차만으로 만드는 스트레이트 티, 여러 지역에서 생산된 차를 원하는 향과 맛에 따라 적절하게 섞어서 만드는 블렌디드 티, 모차인 찻잎에 인공 향을 가미해서 원하는 향미의 차를 만드는 플레이버리 티이다.

(1) 스트레이트 티 Straight Tea

여러 지역의 차를 배합하지 않고 한 원산지에서 생산한 차 100%로 제품화한 것을 말한다. 블렌딩 과정을 거치지 않기 때문에 산지의 풍토별로 홍차 특유의 개성적인 맛과 풍미를 즐길 수 있다. 중국의 기문, 인도의 다즐링과 아쌈과 닐기리, 스리랑카의 우바, 딤불라, 누와라 엘리야처럼 원산지 이름 그대로 불린다. 스트레이트 티는 찻잎 배합 방식에 따라붙은 이름과 함께 우려내는 방식에도 같은 이름이 있으니 이 둘을 혼동하지 않도록 주의해야 한다.

(2) 블렌디드 티 Blended Tea

일명 배합차라고 한다. 블렌딩(blending)이란 여러 지역에서 생산한 찻잎을 혼합하여 원하는 맛과 향을 만들어내는 차 생산 공정을 말하며, 생산자 측면에서 일정한 품질과 안정된 가격을 유지하는 방법의 하나이다. 블렌딩은 홍차 생산의 핵심 공정이기 때문에 회사마다 전문적으로 블렌딩 하는 티 블렌더(Tea Bender)를 두고 있으며, 블렌딩 기술은 그 회사만의 비법이자 기밀사항이 되고 있다. 원산지로 표시하는 스트레이트 티와 달리 블렌디드 티는 주로 블렌딩 한 후 떠오르는 주관적인 느낌을 이름으로 사용한다. 브렉퍼스트 티(Breakfast Tea), 애프터눈 티, 오렌지 페코(Orange Pekoe), 러시안 카라반(Russian Caraan), 로열 블렌드(Royal Blend)를 비롯하여 립톤(Lipton), 웨지우드(Wedgwood), 포숑(Fauchon), 포트넘 앤 메이슨(Fortnum & Mason), 위타드(Whittard) 등 현재 시판되는 홍차 대부분이 여기에 해당한다.

(3) 플레이버리 티 Flavory Tea

찻잎에 여러 향을 가미하여 만든 가향 홍차이다. 일반적으로는 과일향을 주로 사용하는데, 천연향료나 과일 조각, 꽃잎 등을 인공적으로 첨가하여 다양한 기호에 부합하도록 만든다. 가향 재료도 다양하고 착향 방법도 여러 가지여서 제조사마다 다양한 플레이버리 티를 만들고 있다. 합성향료를 첨가해서 강한 향기를 내거나 캐러멜이나 우유를 직접 추가해서 맛을 조율하기도 한다. 베르가못 향을 첨가한 얼 그레이(Earl Grey), 훈연향을 가미한 정산소종(Lapsang souchong), 인도인이 즐겨 마시는 향차인 마살라 차이(Masala chai), 오

렌지 껍질과 정향과 계피를 첨가한 크리스마스 티(Christmas Tea), 그 외 다양한 과일이나 과일향을 첨가한 후루츠 티(Fruit Tea), 여러 가지 꽃잎과 꽃향기를 첨가한 플라워 티(Flower Tea) 등이 있다.

3) 우리는 방식에 따른 분류

산지나 배합 방법에 따른 분류가 생산자나 제품 생산 측면에서의 분류였다면, 우려내는 방식에 따른 분류는 철저하게 홍차를 음료로 즐기는 데 필요한 지식과 정보라고 할 수 있다. 같은 차라도 그것을 우려내는 사람의 취향과 기호에 따라 맛과 향이 달라진다. 홍차를 우려내는 방식은 차 자체의 맛을 즐기는 스트레이트 티와 우려낸 차에 맛과 향을 첨가하는 베리에이션 티의 두 가지로 구분한다.

(1) 스트레이트 티 Straight Tea

홍차를 즐기는 취향 중 묵직하고 클래식한 맛을 즐기기 위해서는 스트레이트 티로 우리면 좋다. 이 방법은 찻잎 이외에 아무것도 첨가하지 않고 마시는 것으로, 취향에 따라 약간의 설탕을 넣을 수도 있다. 플레인 티(Plain Tea)라고도 하는데, 일반적인 따뜻한 차(Hot Tea)를 가장 정통적인 방식으로 우려낸 홍차를 말한다. 스트레이트 티로 우려내기에 적합한 홍차로는 다즐링, 기문, 아쌈, 우바 등이 있다. 찻잎의 모양을 유지하는 홍조차로 만든 고급 스트레이트 티는 찻잎을 분쇄한 홍쇄차로 만든 블렌디드 티보다 15~30초 정도 더 기다려서 우려내야 좋은 맛과 향을 얻을 수 있다.

(2) 베리에이션 티 Variation Tea

우려내는 과정에서 마시는 사람의 취향에 따라 우유, 과일, 허브, 향신료 등을 첨가하여 다양한 맛과 향의 변형을 즐기는 차를 말한다. 영국에서는 우유를 첨가한 밀크티(Milk Tea), 한국과 미국에서는 레몬을 첨가한 레몬 티(Lemon Tea)가 대표적인 베리에이션 티로 알려졌지만, 실제로는 차를 우리는 사람의 취향에 따라 달라지기 때문에 가지 수를 헤아릴 수 없을 정도로 무수한 베리에이션이 가능하다. 그중 크게 분류하면 홍차에 우유를 섞는 밀크티, 스트레이트 티에 여러 가지 향신료를 섞는 스파이스 티(Spice Tea), 위스키나 브랜디 등 술을 약간 넣어 특유의 향미를 즐길 수 있도록 만든 스피리츠 티(Spirits Tea), 우려낸 홍차에 각종 허브를 띄우거나 함께 넣어 끓여서 만든 허브 티(Herb Tea), 과일을 첨가한 프루츠 티(Fruits Tea)가 있다.

4) 포장 형태에 따른 분류

홍차는 만드는 방법이나 마시는 방법 면에서 여러 가지로 분류할 수 있듯이 포장 형태에 따라서도 구별할 수 있다. 그런데 이러한 포장 방식에 따른 분류는 단순히 포장 용기의 차이라기보다 차에 대한 소비자 개인의 취향과 사회적인 기호의 변화와 함께 다양하게 변화해 왔다. 시중에서 일반적으로 접할 수 있는 포장 방법에 따른 홍차의 종류는 루스 티, 티백, 인스턴트 티, RTD 티의 네 가지가 있다.

(1) 루스 티 Loose tea, 散髮茶

루스 티는 가공한 찻잎 외형 그대로 알루미늄 캔이나 종이상자와 같은 용기에 넣어 포장한 차를 말한다. 주로 고품질의 잎차(Whole Leaf, 통잎) 포장법이며, 찻잎의 신선도를 유지하기 위해 꼭 밀봉한 통에 넣는다. 루스 티는 한 번에 우리는 찻잎의 양을 스스로 계량해야 하므로 기호나 필요에 따라 차의 농도를 진하거나 약하게 조절할 수 있는 장점이 있지만, 거름망인 스트레이너(strainer)를 사용해야 하는 번거로움이 있어 티백 등에 비해 편리성은 떨어진다.

(2) 티백 Tea bag

티백은 찻잎의 양을 일정하게 계량하여 포장한 것을 말한다. 대게 1.8g~3g을 1인분으로 계량한 것인데, 특별히 패밀리 사이즈라고 해서 5~6인분용인 것도 있다. 작은 주머니에 적당량을 담아 매우 간편하게 차를 낼 수 있어서 미국 등지에서는 80% 이상이 티백으로 홍차를 즐긴다. 티백은 낮은 온도에서도 빠르게 차를 우릴 수 있도록 대부분 패닝스(fannings), 더스트(dust) 등급의 가루차로 만들기 때문에 루스 티와 비교했을 때보다 쉽게 향이 빠져나가 신선하지 않을 수도 있다. 최근에는 티백이라도 루스 티처럼 잎차를 사용하는 등 고급화의 길도 모색하고 있다. 차 입자의 크기에 따라 티백의 적정 추출시간을 달리해야 하는데, 입자가 큰 BOP와 OP 타입은 90~120초, 패닝스와 더스트 타입은 60~90초, CTC 타입은 60~90초 정도가 적당하다.

(3) 인스턴트 티 Instant Tea

인스턴트 티는 찻잎에서 엑기스를 추출하여 그것을 분말화한 것이다. 1930년에 처음 개발했지만, 제품화는 1950년 이후에 이루어졌다. 인스턴트커피와 같이 간편하게 물에 타서 즐길 수 있으므로 사용자가 늘고 있다. 현재 복숭아, 레몬, 바닐라 등의 향이나 우유 분말이나 꿀을 첨가한 제품들이 판매되고 있는데, 끓는 물 없이 찬물에서도 잘 녹는 아이스티로도 만들고 있다. 찻잎에서 진액을 추출한 것이므로, 효능에서는 크게 차이 나지 않더라도 홍차 본래의 향과 맛이 상당히 상실된 것이 단점이다.

(4) RTD 차 Ready To Drink Tea

인더스트리얼 티 또는 리퀴드 티라고도 불린다. 캔이나 페트(PET)병에 들어 있는 액체 홍차로 자동판매기에 있는 페트병 홍차가 대표적이다. 바쁜 시간을 살아가는 현대인들을 위해 더 많은 RTD 차가 개발되고 있으며, 점차 품질이 향상되고 있다.

3. 홍차와 유럽

홍차의 역사는 차의 '유럽으로의 전파'라고 할 수 있다. 중국은 차를 아랍과 페르시아, 티베트, 투르크메니스탄은 물론 히말라야와 실크로드 주변 여러 부족에게 널리 전파하였다. 16세기에는 유럽까지 전해졌다. 이때까지 모든 중국차는 녹색이었고, 건조해 압축한 덩어리 형태로 가공했기 때문에 오랜 항해로 차의 품질이 손상되는 경우가 많았다. 특히 명 왕조 시기에는 일부 차는 여전히 덩어리로 압축했지만, 점차 마른 잎[乾葉] 형태로 제다하면서 상품의 훼손 정도가 심해졌다. 이런 이유로 찻잎을 오래 보존하고 운송에도 더 적합한 제다 방법을 연구하면서 홍차가 탄생했다. 중국인들은 이후에도 여전히 녹차와 정자를 즐겨 마시지만 유럽의 무역회사들이 홍차 수입을 증가하면서 오늘날 홍차의 나라 영국은 영국이라는 인식이 생겨난 것이다.

유럽의 차문화는 초기 귀족을 중심으로 한 상류 문화로 시작하여 18세기 후반 산업혁명으로 형성된 부르주아 계층과 더불어 영국의 핵심 문화로 자리 잡게 된다.

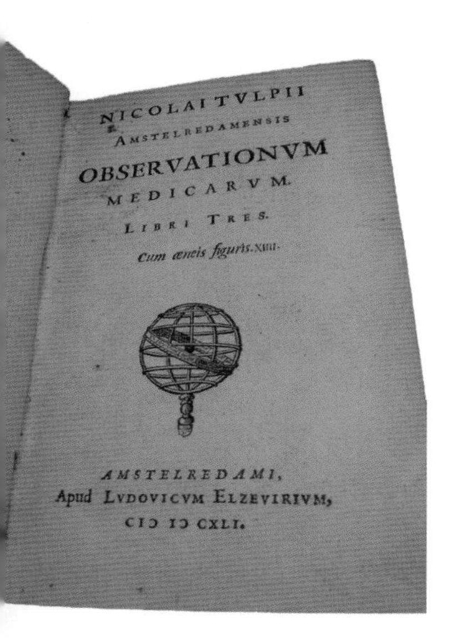
NICOLAI TVLPII
AMSTELREDAMENSIS
OBSERVATIONVM
MEDICARVM.
LIBRI TRES.
Cum æneis figuris.

AMSTELREDAMI,
Apud LVDOVICVM ELZEVIRIVM,
CIↃ IↃ CXLI.

1) 유럽으로의 전파

중국은 기원전부터 그리스와 무역을 하였고, 서기 1세기에 로마 제국과의 무역이 가능한지 조사하였다는 기록이 오늘날 밝혀지고 있으나, 차 무역에 대한 언급은 없다. 특히 중국의 문물을 전파하던 주된 경로인 실크로드를 통해서도 차가 전해졌다는 기록은 없으며, 마르코 폴로(Marco Polo)의 『동방견문록(The Description of the World)』에도 차에 대한 언급은 없다.

유럽에서 차에 대한 기록은 이탈리아 공무원인 조반니 람지오(Giovanni B. Ramusio)의 『항해와 여행기(Navigationi et Viaggi)』에 처음으로 나타난다. 1554년부터 1606년까지 총 3권으로 간행된 이 책에는 "해지 마호메트로부터 중국의 쓰촨 성 사람들이 '차이'라는 허브를 복통과 통풍에 사용하고 있다는 이야기를 들었다."고 기록되어 있다. 1570년 포르투갈의 선교사 다 크로스(Gaspar da Cruz)는 『중국지(A Treatise of China)』에서 "중국 상류층의 집에 초대되면 꼭 차를 접대받는데, 이 음료는 붉은빛의 쓴맛이 나며 약효를 지닌 것으로 보인다."라고 하였다. 이탈리아의 조반니 보테로(Giovanni Botero)는 "중국인들은 풀로 만든 주스를 술 대신 마시는데 이 음료가 술로 인한 독성을 없애 주는 등 건강을 지켜준다."라고 하는 등 16세기를 기점으로 유럽인의 차에 대한 관심이 증가하고 있다.

포르투갈 사람들은 1557년에 중국과 무역을 시작하였으나, 오로지 선교와 후추 같은 향신료에만 집착했을 뿐 차에는 관심도 없었다. 유럽에서 차를 최초로 수입한 것은 네덜란드인이다. 그들은 자바 섬 빤담에서 무역을 시작했는데, 1606년에 처음으로 나가사키 현에서 구한 일본차와 마카오에서 포르투갈인으로부터 매입한 중국차를 암스테르담으로 보냈다. 이로부터 20여 년이 지난 1630년에 네덜란드 동인도회사의 감독인 바타비아(자카르타의 옛 이름)의 총독에게 보낸 편지에서 "몇몇 사람들이 차를 이용하기 시작하니, 중국차와 함께 일본차를 보내주십시오"라고 적고 있다. 이후 포르투갈, 독일, 프랑스에 재수출하는 등 네덜란드 동인도회사는 차 무역의 중심에 있었다.

유럽에서 차에 대한 관심은 17세기에 접어들면서 점진적으로 증가하였는데, 초기에는 차를 약재상에서 판매하였고, 후에 식료품 가게에서 판매하였다. 그러다 1641년 출판된 의사 니콜라스 털프(Nicolaes Tulp)가 『의학론(Observationes Medicae)』에서 차의 약용효과에 대해 언급하였고, 1670년대에는 의사인 코델리우스의 옹호론에 편승하여 1600년대 중반까지 유럽 상류층 사이에서 차에 대한 관심이 꾸준히 증가하였다.

차는 네덜란드인에 의해 처음 유럽으로 유입된 이래 여러 나라에서 수요가 꾸준히 증가했으며, 효과에 대한 찬반 의견이 분분하였다. 프랑스에서는 1648년 의사인 가이 패탕(Gui Patin)이 '시대의 무례한 새로운 것' 이라고 하면서, 통풍 치료에 효과가 있는지를 살펴야 한다는 알렉산더 드 로즈와 그의 의견을 따르는 귀족들을 비웃었다. 극작가 장 라신느(Jean Racine)는 상당한 양의 차를 마셨다 하였으며, 당시 재상이었던 쥘 마자랭(Jules Mazarin)도 통풍 치료를 위해 마셨다 한다. 1684년에 세벵 공주는 딸에게 보내는 편지에서 차는 설탕과 우유와 함께 마셔야 한다고 적고 있다. 차는 1680년대 프랑스에서 가장 유행하는 음료의 지위를 가지고 있었지만, 금방 커피에 그 자리를 양보하였고 오늘날까지도 그 명성을 되찾지 못하고 있다. 독일에서 차는 의학적 음료로 마셨지만, 프랑스와 마찬가지로 오랫동안 주목 받지는 못했다. 특히 포고령을 발하여 금해야 한다는 강한 반대도 있었으며 마르티노 마르티니(Martino Martini)는 중국인의 수척한 얼굴이 음다 문화 때문이라며 호도했다. 다만 독일 북부의 동 프레이시아(East-Freisia)지역에서만 300년 동안 사랑받고 있다.

포르투갈에서 차는 네덜란드에서 수입한 후 상류층에서 애용하는 사치스러운 음료가 되었다. 러시아에서도 상류층에서만 차를 소비했으나, 점차 나름의 방식으로 발전해서 오늘날은 전 계층에서 차를 즐기고 있다. 초기의 차 무역이 티 로드를 통한 낙타 운송에 의지하던 터라 차의 수요가 높아지면서 운송료가 매우 비싸져, 무역상들은 파산에 직면하게 되었고 이 자리는 영국과 독일의 상인들로 재빨리 메워졌다.

2) 커피하우스와 티가든

16세기에 커피하우스(Coffee House)는 이슬람 사회에서 정치적인 공공 집회 공간이었는데, 사람들이 이곳에 모여 정치를 논하고 음료를 마시는 것에서 시작되었다. 1530년에는 다마스커스에 첫 번째 커피하우스가 생겨났고, 뒤이어 카이로에도 많은 커피하우스가 생겨났다. 17세기에는 커피와 함께 유럽에 전해졌는데, 유럽에는 1629년에 베네치아에 처음 생겨났다. 영국의 첫 번째 커피하우스는 1650년 제이콥(Jacob)이라는 유태인이 옥스퍼드에 개점한 것이고, 2년 후인 1652년에는 그리스인 파스쿠아 로제(Pasqua Rosee)가 런던의 콘힐에 파스쿠아 로제를 개설했다. 이때까지도 아직 중국차가 들어오지 않았기 때문에 커피하우스라고 불렀다.

이 커피하우스는 시민들에게 매우 인기가 있어 우후죽순처럼 불어나 17세기 말에는 런던에만 2,000여 개에 이르렀고 다른 도시에도 많았다고 한다. 이들 커피하우스의 메뉴에 홍차가 들어가기 시작한 것은 6년 뒤인 1658년부터이다. 그러나 상당히 오랫동안 차는 너무 고가이어서 커피하우스에서 팔리는 음료는 커피가 주종이었는데, 1730년대에 들어서며 홍차가 커피를 물리치고 음료의 주종으로 등장하여 마침내 국민차로의 발판이 마련되기 시작하였다. 그 당시 런던 시내에는 커피하우스가 3,000개 이상으로 늘어나 있었다고 한다.

커피하우스는 단순히 갈증을 해소하기 위하여 차를 마시러 오는 곳이 아니고, 한때 우리나라의 다방이 그러했듯이, 그곳에는 정치가 · 사업가 · 변호사 · 작가 · 시인 · 군인들이 끼리끼리 또는 서로 어울려서 정치를 비판하고, 사업을 논하며, 새로운 지식을 전달하고, 세태를 풍자하는 등 다양한 담론의 장을 이루었다.

The Vertue of the *COFFEE* Drink.

First publiquely made and sold in England, by *Pasqua Rosee.*

THE Grain or Berry called *Coffee*, groweth upon little Trees, only in the *Deserts of Arabia.*

It is brought from thence, and drunk generally throughout all the Grand Seigniors Dominions.

It is a simple innocent thing, composed into a Drink, by being dryed in an Oven, and ground to Powder, and boiled up with Spring water, and about half a pint of it to be drunk, fasting an hour before, and not Eating an hour after, and to be taken as hot as possibly can be endured; the which will never fetch the skin off the mouth, or raise any Blisters, by re son of that Heat.

The Turks drink at meals and other times, is usually *Water*, and their Dyet consists much of *Fruit*, the *Crudities* whereof are very much corrected by this Drink.

The quality of this Drink is cold and Dry; and though it be a Dryer, yet it neither *heats*, nor *inflames* more then *hot Posset.*

It forecloseth the Orifice of the Stomack, and fortifies the heat within it's very good to help digestion, and therefore of great use to be bout 3 or 4 a Clock afternoon, as well as in the morning.

uon quickens the *Spirits*, and makes the Heart *Lightsome.*

Is good against sore Eys, and the better if you hold your Head over it, and take in the *Steem* that way.

It suppresseth Fumes exceedingly, and therefore good against the *Head-ach*, and will very much stop any *Defluxion of Rheums*, that distil from the *Head* upon the *Stomack*, and so prevent and help *Consumptions*; and the *Cough of the Lungs.*

It is excellent to prevent and cure the *Dropsy, Gout*, and *Scurvy.*

It is known by experience to be better then any other Drying Drink for *People in years*, or *Children* that have any *running humors* upon them, as the *Kings Evil.* &c.

It is very good to prevent *Mis-carryings in Child-bearing Women.*

It is a most excellent Remedy against the *Spleen*, *Hypocondriack Winds*, or the like.

It will prevent *Drowsiness*, and make one fit for busines, if one have occasion to *Watch*, and therefore you are not to Drink of it *after Supper*, unless you intend to be *watchful*, for it will hinder sleep for 3 or 4 hours.

It is observed that in Turkey, where this is generally drunk, that they are not trobled with the Stone, Gout, Dropsie, or Scurvey, and that their Skins are exceeding cleer and white.

It is neither *Laxative* nor *Restringent.*

Made and Sold in St. *Michaels Alley* in *Cornhill*, by *Pasqua Rosee*, at the Signe of his own Head.

그런 가운데 개인의 우수를 달래기도 하고 문학가는 자기의 작품을 구상하는 등 사교의 중심이 되었다. 오늘날 세계적인 보험회사인 로이드사는 1680년 런던에 세워진 에드워드 로이드 커피하우스에서 비롯되었다. 주인인 로이드 씨는 선박 관계자나 무역업자들을 접견하기 좋은 곳에 커피하우스를 열고 단골손님으로 만들어 그곳에서 출항하는 선박편과 화물의 목록을 늘 점검하고 그에 따른 보험 업무를 자연스럽게 보아 온 것이 나중에 국제적인 보험회사로 발전하게 되었다.

또 세계적인 홍차 브랜드인 트와이닝스는 1706년 토마스 트와이닝스가 런던의 스트랜드가 끝에 톰스 커피하우스를 개업하고 1717년에 다시 골든 라이온 커피하우스로 확장 개칭하며 마른 홍차 제품도 유통하기 시작하여 크게 성장하게 되었다. 19세기와 20세기에 영국 황실에 계속해서 홍차를 납품하고 오늘날 세계 100여 개국에 홍차를 수출하는 세계 최고의 홍차 유통회사가 되었지만 근 300년 가깝게 처음 세워진 톰스 커피하우스 자리

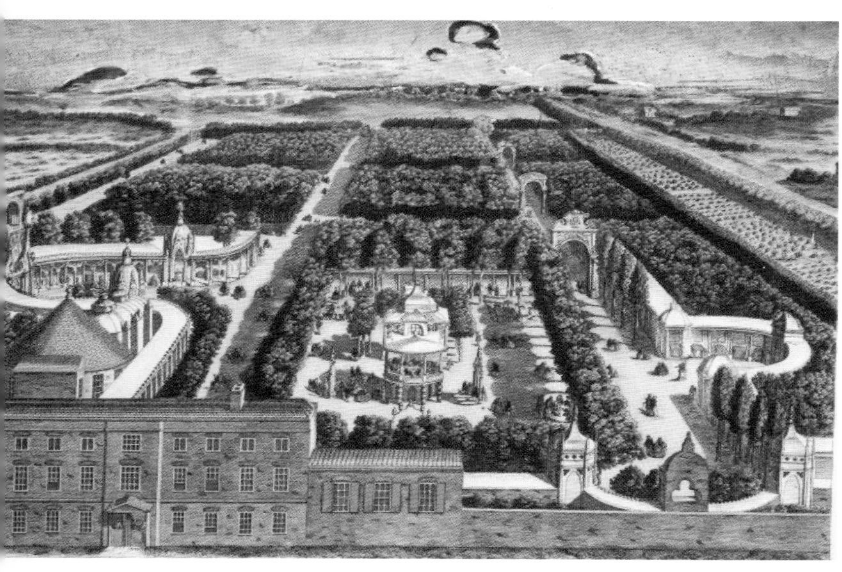

에서 자손들이 대대로 가업을 이어오고 있다.

커피하우스는 당시 남성들만 출입할 수 있는 사교장이었다. 그때까지만 해도 영국에서 여성들이 나들이하도록 허용된 곳은 교회 정도였다고 한다. 그래서 남성들은 주로 커피하우스에서 차를 마시고 여성들은 각자의 집에서 차를 마시는 것이 일반적이었다고 한다. 이들 커피하우스에서 차 심부름은 여성들이 하였지만, 그곳은 금녀의 지역이었기 때문에 그들은 남장(男裝)하고 근무했다고 한다.

티가든(Tea Garden)은 런던에서 커피하우스에 이어 1700년대에 매우 성행하였는데, 18세기 중반에 문을 열면서 모든 계층의 사람이 여흥을 즐길 수 있는 영국 고유의 것이 되었다. 티가든은 넓은 정원의 중앙에 원형 공연장을 두고 우거진 숲 속으로 방사형 산책로가 놓여 있으며 그 길을 따라 여기저기에 차를 마실 수 있는 다옥(茶屋)이 들어서 있었다. 자연과 어우러진 야외에서의 차문화는 오늘날 티파티의 전신이라 할 수 있다.

각 다옥에는 중국식 다실을 꾸미고 중국인 복장을 한 웨이터가 시중을 드는 형식이었는데, 영국인들의 중국취향(Chinoiserie)을 여기서도 볼 수 있다. 티가든은 꽃이 피는 4~5월부터 단풍이 들기 시작하는 8~9월까지 일주일에 3~4일 문을 여는데 중앙의 원형 공연장에서는 당대에 유명한 하이든이나 모차르트와 같은 유명한 음악가들의 연주를 포함하여 갖가지 공연과 티파티가 열렸다. 티가든은 커피하우스와는 달리 처음에는 남자와 동행하면 여자도 출입할 수 있도록 했는데 뒤에는 여자끼리도 출입할 수 있게 허용되었다. 그래서인지 티가든은 점차 여자들의 천국같이 되었고 그들은 그곳에서 자유롭게 연주회, 카지노, 꽃놀이, 모닥불 놀이 등을 즐길 수 있었다. 이렇게 하여 중국차는 영국에서 여성 해방에도 크게 이바지하는 결과를 가져왔다.

차 정원 중 널리 알려진 곳은 메얼리어본과 라넬래프, 턴브릿지 웨일즈, 복스홀, 화이트 컨딧 하우스 등이었다. 이 중 가장 유명한 복스홀은 11에이커에 해당하는 면적을 차지하고 있었고 각종 행사와 볼거리, 게임, 곡예들과 폭포가 함께 어우러져 봄부터 가을까지 활기찬 정원을 만들어 내고 있었다. 핀체스 그로토라는 술집은 티가든으로도 잘 알려졌다. 차가 영국에 들어오기 전에 보편적인 음료가 약한 맥주의 일종인 에일이었기 때문에, 초기의 티가든은 선술집과 많이 연결되어 있었으며, 백니지 웰즈 티가든에는 각종 티푸드와 차가 매우 풍부했다.

3) 브라간자 캐서린과 상류사회의 차 유행

차가 문화로 자리매김하기전에 커피에 밀려난 다른 유럽 국가들과 달리 영국은 차가 도입된 지 350년이 지난 오늘까지 명실공히 홍차의 나라로 불릴 만큼 홍차를 즐기고 있다. 차가 생산되지 않는 영국에서의 이러한 발달을 이해하기 위해서는 영국의 차문화 발달 과정을 살펴볼 필요가 있는데, 이때 등장하는 인물이 바로 브라간자 캐서린(Braganza Catherine) 왕비이다.

영국에 처음으로 차를 전해 준 사람은 네덜란드인이지만, 차문화의 씨를 뿌린 사람은 포르투갈 출신의 캐서린 왕비였다. 그녀가 1662년 찰스 2세와 결혼하면서 설탕과 함께 차 상자를 영국에 가져왔다는 설과 캐서린과 그 수하를 차로써 대접했다는 설이 있는데, 어느 것이 진실인지 명확하지는 않지만, 그녀로 인해 왕실과

귀족 사이에 차가 중요한 문화적 코드로 자리 잡게 되었다. 왕실에서 그녀는 친구들과 함께 차를 마셨고 이 새로운 취향이 널리 유행하게 되었는데, 특히 그녀의 친구인 로더데일 공작부인은 자신의 햄 하우스에 자바 섬에서 온 섬세한 나무로 된 차 탁자와 필요한 모든 다기를 보유하고 있었으며, 서재에는 물을 끓일 은빛의 인도산 화덕과 다기를 보관하는 칠기 상자까지 갖추어 놓았다고 한다. 이곳은 현재 문화재로 지정하여 관리하고 있으며, 관람객이 방문할 수 있도록 개방하고 있다.

4) 동인도회사와 티옥션

현재 로이드 보험회사가 있던 자리가 바로 예전 동인도회사(East India House)가 있던 곳이다. 네덜란드의 동인도회사를 통해 처음 차를 수입한 이후 1669년에 이르러 영국의 동인도회사가 독점적 형태로 차를 들여오게 되면서 차의 가격이 계속 상승하자 영국에서 차는 고위층들의 전유물이 되었다. 1670년 버클리 경이 특별한 행사 때마다 차를 동료들에게 선물하는 전통을 시작한 데다 1678년부터 차 경매까지 진행함으로써 동인도회사는 말 그대로 전 세계적으로 호황을 누리는 차 회사가 되었다. 이 사실을 입증이라도 하듯, 빅토리아 시대의 차 무역이 절정을 이루던 때에는 동인도회사와 차 창고를 잇는 거리에 재배지, 취급점, 차 중개회사 및 상인들을 포

함하여 모든 회사가 이곳에 있었다.

영국의 차 경매제도인 티옥션(Tea Auction)은 1678년부터 156년 동안 동인도회사에서 열렸으며 그 후 100년 동안은 상품판매소(Commercial Sales Rooms)에서 개최하였다. 1839년부터 인도 차가 영국 시장에 들어오기 시작했으므로 17, 18세기에 이곳에서 거래한 차는 모두 중국산이었다. 이후 1937년부터 1971년까지는 플랜테이션 하우스에서, 1972년부터 1990년까지는 무역 활동의 쇠퇴로 존 라이언 경 하우스 1층에서 경매가 열렸다. 1990년에 런던 상공회의소 건물로 이전하여 1998년을 마지막으로 차 경매는 끝을 맺는다.

5) 티 레이스

티 레이스(tea race)가 한창이었던 시기를 클리퍼 시대라고도 한다. 이것은 중국과의 자유무역으로 영국에 새로운 차 무역상이 등장하고 이들 간의 경쟁이 심화하면서 1840년대 후반 쾌속선 시대가 열리자 본격적으로 시작되었다. 차의 생산량이 증가하고 차 구매가 쉬워지면서 유럽에서의 차 소비도 그만큼 늘어났는데, 이들 수요를 감당하기 위해 1840년부터 1860년대 초에는 쾌속 범선을 이용해서 중국에서 영국까지의 운송 시간을 단축할 수 있었다. 클리퍼는 빠른 이송을 위해 건조한 배로, 정통적인 화물선에 비해 3~4배 빨리 달릴 수 있었다. 항해조례가 폐지되고 미국의 쾌속 선박까지 가세하자 그 경쟁은 더욱 치열해져 갔다. 1866년에는 40척의 선박이 티 레이스에 참가하는 등 한창 관심이 고조되었는데, 이즈음인 1869년에 수에즈 운하가 개통되면서 티 로드가 5천 마일이나 단축되었고, 더불어 증기선이 등장하면서 더 빠른 운송이 가능하게 되었다. 티 레이스는 1871년 경주를 마지막으로 끝났다.

6) 티룸과 티댄스

티가든(Tea garden)에서 차를 마시던 18세기와 달리 19세기에는 차를 마시는 공간이 교외로 확장되고 도시가 발전하면서 티가든이 점차 사라지면서 19세기 후반에는 차를 마시러 나갈 곳이 없어졌다. 이를 대신해 1870년대에 글래스고에 처음으로 티룸(tea-room)이 생긴 이래 런던과 다른 지역까지 퍼져나갔다. 이 시기는 애프터눈 티가 영국에서의 중요한 사회생활이 되면서 티룸은 애프터눈 티를 위한 고급스러운 차문화 공간으로 자리매김하였다. 이들 티룸은 특히 여성의 편안한 휴식 공간이 되었는데, 1920년대 금주령, 자동차, 여성들의 독립 등으로 인해 수백 개의 새로운 식당과 티룸이 영국 전역에서 개점하였고 호텔은 자신들의 애프터눈 티 서비스를 강화하였다. 1, 2차 세계대전이 발발하고, 영국인들은 계속하여 차를 마셨지만 주로 집에서 마셨고 점차 일상생활에서 비중이 작아졌다. 미국 스타일의 커피 바와 패스트푸드 음식점, 티백 등이 소개되면서 대부분의 티룸은 문을 닫았고 음식점에서는 좋은 티를 제공하는 방법조차도 잊어버린 듯해 보였다. 그러다가 1980년대 초반에 다시 차에 대한 관심이 증가하면서 새로운 차 가게와 전문화되고 격조 높은 애프터눈 티를 즐길 수 있는 티룸이 증가하는 추세이다.

모든 호텔에는 티 라운지나 팜코트가 있고, 오후 4시에는 그곳에서 항상 음악과 함께 차를 제공하였다. 에드워드 왕 시기에는 애프터눈 티타임에 춤이 함께 곁들여지면서 티댄스(Tea-dance)라는 독특한 사교 문화가 형성되기도 하였다. 1910년 아르헨티나에서 탱고가 전래하자 그 춤의 외설스러우면서 에로틱한 스타일에 관심이 집중되면서 런던 전역에 탱고 클럽과 교실들이 생겨났고, 사람들은 탱고 티댄스를 즐기기 위해 호텔과 극장과 식당에 모여들었다.

20세기 중반을 전후로 차를 마시기 위해 야외나 교외로 나가거나 티댄스와 티파티를 즐기는 풍조가 점차 감소하였다가 최근 들어 부활하면서 토요일과 일요일 오후에 런던의 호텔에서 열리는 티댄스는 손님들의 많은 관심을 끌고 있다. 특히 20세기 초부터 계속되어 온 월도프 호텔의 티댄스는 현재까지도 매주 수요일 4시 30분부터 세 시간에 걸쳐 열리고 있는데 그 인기가 여전하다.

7) 보스턴 티파티

북미 아메리카에 식민지를 건설한 영국의 영향으로 영국식 차문화가 퍼지면서 차와 다기는 영국에서 미국 식민지로 수출하는 중요한 품목이 되었다. 그러나 그 당시 차에 대한 영국의 세금이 매우 높았기 때문에 밀수입이 빈번해지면서 영국 정부의 세금 손실이 커졌다.

오랜 전쟁으로 경제적 난관에 직면한 영국은 설탕 조례와 인지조례에 이어 1767년 타운센드 법령(영국으로부터 수입해 가는 원자재 등에 관세를 부과하는 법령)을 제정하여 식민지 지배를 강화하면서 세금을 높이는 한편, 자국민을 위해서는 런던의 상인들이 미국에 재수출할 경우 세금을 돌려받을 수 있도록 하는 방안을 제시하였다. 이 들 법령은 식민지의 불매운동 등 강한 반발에 부딪혀 곧 폐지되는 듯했으나, 다시 영국 정부는 재정을 확충하기 위해 미국으로 수출하는 영국 제품에 세금을 매겼다. 이는 영국 상품에 대한 보이콧과 사회 불안으로 이어졌으나, 영국의 동인도회사가 미국에 대한 차 수출의 독점권을 가지고 있었기 때문에 세금을 피할 방법은 없었다. 차 수출량은 극적으로 떨어졌고 밀수량은 다시 증가하였다.

1773년 2월, 영국 정부는 동인도회사의 재정적 위기를 구제하기 위하여 재고품 일부를 미국으로 세금 없이 수출하도록 하는 차 조례를 공포하였는데, 이는 식민지 주민에게는 유리하지만, 밀수로 차를 판매하던 상인들에게는 불리하였고, 본국의 횡포에 견디지 못하던 이들을 자극하게 된다. 1773년 12월 16일 밤, 보스턴에 정박한 동인도회사의 배 세 척에 원주민으로 분장한 한 무리의 사람들이 올라타 배에 실려 있던 모든 차를 열어서 배 밖으로 던져버렸다. 이에 대해 영국 정부는 탄압 책을 써 항구를 봉쇄하고 군대를 보내어 도시를 점령하려 하였다. 이는 결국 미국 독립전쟁(1775~1783)으로 이어졌다.

8) 아편전쟁

19세기에 이르기까지 도자기와 비단뿐만 아니라 영국에서 소비되는 차의 전량을 동인도회사가 중국에서 수입하였는데, 산업혁명 이후 차 소비가 급증하면서 은의 대량 유출이 계속되었다. 이에 영국 정부는 중국에 자유무역을 요구하였으나 중국이 이를 거절하자, 영국 동인도회사는 무역적자를 벗어나고자 인도의 영국령에서 재배한 아편을 중국에 밀수출하고, 아편의 영향으로 중국 내 은값이 폭등하면서 급속히 늘어나는 아편 흡연이 심각한 사회 문제를 일으키자 화난 중국의 황제가 아편 2만 상자를 바닷가에 묻어 파도에 휩쓸려버리게 하는 일이 발생하자 영국은 중국과의 전쟁을 선포하였는데 이것이 아편전쟁(1840)이다.

이 전쟁에서 영국은 근대식 무기를 동원하여 난징까지 쳐들어가 1842년 난징조약을 맺으며 청 왕조를 굴복시킨다. 이에 대한 보복으로 중국은 차의 출항을 금지하였다. 하지만 이미 차나무는 인도의 북동부 아쌈에서 첫 재배가 시작되어 영국 재배 아쌈차가 1839년 런던 시장에 도착하고 있었다. 이후 다즐링, 테라이, 도아즈까지 차의 재배가 확산되었다. 인도의 남부 닐기리에서도 시도되었으나 1890년까지 상업적 재배에는 성공하지 못하였다. 스리랑카(실론)에서는 1860년대 말을 시작으로, 1900년까지 15만 5천ha의 땅이 차의 재배에 이용되며 영국에서 재배되는 차가 점점 많아져 차의 가격이 하락하였다.

4. 세계 여러 나라의 홍차 문화

1) 영국

영국은 세계에서 차를 가장 많이 소비하는 나라 가운데 하나이며 인도나 중국, 스리랑카, 케냐 등지에서 수입한 홍차를 가공, 블렌딩하여 세계 홍차 시장을 석권하고 있다. 1600년대 초에 동양의 신비로운 음료로 유럽에 소개된 중국차는 상류사회의 기호 음료로서 인기를 독차지하며 각국에 퍼져 나갔고, 특히 영국에서는 차

붐(Tea Boom)을 일으키게 되었다. 차 소비량이 증가하면서 네덜란드, 포르투갈, 영국 등 여러 나라가 중국차에 대한 무역 경쟁을 하자 1685년 중국의 황제가 연안의 항구를 유럽의 무역업자들에게 개방하였다. 이 기회를 놓치지 않고 영국은 재빠르게 기득권을 획득하여 1700년 광동에 공고한 무역기지를 형성하였으며, 1721년에는 영국의 동인도회사가 중국차의 전매권을 획득하였다. 동인도회사는 중국 홍차 수입을 독점하여 매년 막대한 이윤을 남기고 많은 세금으로 영국의 국가재정과 경제에 크게 이바지하였다. 그러나 영국에서 차의 저변 확대가 일어나 그 수요가 늘어가면서 어떻게 하면 차를 좀 더 저렴한 가격으로 사들일 수 있을까 하는 열망이 커졌다. 18세기 말경부터 영국의 영토 안에서 차를 생산하려는 욕망을 실현하기 위해 중국과 가까운 인도에서 차 재배를 시도했다. 1834년 동인도회사의 중국차 전매 기간이 만료되면서 영국 정부는 인도 총독 산하에 '차 위원회'를 두어 차의 재배, 가공 및 제조에 대한 독려와 지원을 하였다. 처음에는 중국의 차종을 이식하였으나 실패하였고 뒤에 브루스 형제가 지금의 미얀마 영토인 싱포스 지방에서 인도 아쌈 지방으로 가져온 그곳 토종차 종자를 동생 브루스가 1836년 재배에 성공함으로써 차 생산의 실마리를 얻게 되었다. 그 결과 1839년 아쌈 산 홍차 12상자가 런던으로 보내져 경매에 부쳐지게 되었다.

이렇게 하여 영국의 식민지인 인도에서 처음으로 홍차가 탄생하였고 이에 영국 기업가들이 차산업에 뛰어들어 이른바 아쌈 회사를 설립하였다. 이 회사에서 제조한 홍차를 영국인들은 '대영제국 홍차'라 불렀다. 이 아쌈종 차는 그 뒤 다즐링과 남부의 닐기리 지방으로 확대되어 19세기 말에 인도가 이미 세계 제1의 홍차 생산국이 되었다. 1860년대에는 영국 식민지 실론(현 스리랑카)의 커피 농장이 잎 꺾꽂이 병으로 폐허가 되자 차나무로 대체하면서 스리랑카는 인도 다음으로 세계 제2의 홍차 생산국이 되었다. 이 두 나라에서 생산하는 홍차는 영국에서 공급하는 세계적 홍차 브랜드인 립톤, 트위닝스, 웨지우드, 로열 돌턴 등에 공급되고 있다.

(1) 영국인의 티타임

선입관을 가지고 본다면, 홍차의 나라 영국은 거리마다 홍차를 파는 찻집이 있어야 할 것 같지만, 실재 런던 거리에서 전문 찻집은 크게 눈에 띄지 않는다. 18세기에는 홍차를 마실 수 있는 커피하우스가 런던에 3,000개소 이상 있었고, 티가든에서 차를 마시는 것이 유흥의 중요한 부분이었는데, 교외가 확장되면서 티가든이 점차 문을 닫아 19세기 빅토리아 시대 이후 거리에서 모습을 감추기 시작했다. 애프터 눈 티가 영국인의 중요한 사회생활이 될 때쯤에는, 차를 마시러 나갈 곳이 없어진 것이다. 1870년대에 처음으로 글래스고에 티룸이 생기고 런던과 다른 지역에도 생겨날 때까지 이러한 변화들이 계속되었다. 스튜어트 크랜스톤과 그의 여동생 케이트가 스코틀랜드에서는 티룸의 선구자였고, 런던에서는 ABC(Aerated Bread Company)가 1884년 런던 브릿지 분점에서 처음으로 차를 제공하였다. 다른 회사들도 재빨리 도시에 티룸을 개점하였고, 영국의 시골 지역에서는 정원이 있는 오두막집을 티가든으로 개조하여 농부의 아내나 시골의 여성들이 여행자를 대상으로 차와 비스킷, 케이크 등을 팔았다.

에드워드 왕 시기에는 고급 호텔에서 이전에 볼 수 없었던 안락함과 세련된 서비스

를 제공하는 새로운 유행이 등장하였다. 모든 호텔에는 티라운지(Tea Lounge)나 팜코트(Palm Court)가 있었고 그곳에서 오후 4시경에 현악 4중주나 팜 코트 삼중주의 연주와 함께 차를 제공하였다. 이 시기에는 애프터눈 티 시간에 춤이 함께 곁들여지면서 독특한 사교 문화를 형성했다. 집에서는 애프터눈 티에 곡 연주나 '카펫에서의 춤'을 함께 즐겼다. 1900년대 초반에 아르헨티나에서 탱고가 보급되자 처음에는 외설적인 발동작이나 에로틱한 스타일에 놀랐지만, 점차 약간 격식을 갖춘 영국풍의 브리티시 탱고 스타일을 만들면서 1913년경에는 런던 전역에 탱고 클럽과 교습소가 생겨났고 사람들은 탱고 티댄스를 즐기기 위해 호텔이나 극장과 식당에 모여들었다.

2차 세계대전이 발발하고 1950년대 미국으로부터 패스트푸드점과 커피바가 들어오면서 생활 방식들이 변화하면서 번화가부터 점차 티룸이 사라지게 되었다. 집에서 계속하여 차를 마셨지만, 차를 마시러 교외로 나가거나 티댄스, 티파티 등을 했던 유행이 점차 감소하면서 일상생활에서 그만큼 비중이 작아졌다. 미국 스타일의 커피바와 패스트푸드점, 티백 등이 소개되면서 대부분의 티룸은 문을 닫았고 음식점에서는 좋은 티를 제공하는 방법조차도 잊어버린 듯해 보였다.

그러나 미국의 차 수입상인 토마스 설리번에 의한 인스턴트식 티백의 등장으로 시간과 장소에 구애를 받던 차문화가 간소해지면서 커피와의 경쟁이 가능하게 되고, 이로 인해 차 산업은 새로운 전환을 맞게 되었다. 제조, 유통, 판매를 모두 담당하는 대형차 회사들이 생겨나고, 블렌딩 기법이 다양해지면서 차 상인들은 집에서도 양질의 차를 즐길 수 있도록 좀 더 편하게 사용할 수 있는 잎차를 개발하여 번화가에서 판매하기 시작하였다. 또 슈퍼마켓에서도 취급하는 차의 종류를 확대하였으며, 최근에는

인터넷의 발달로 집에서 클릭 한 번으로 차를 직접 배달받을 수도 있게 되었다. 1980년대 초반에 다시 차에 대한 관심이 점차 증가하면서 새로운 차 가게들이 열렸고 차와 관련한 책이 출간되었으며 토요일과 일요일 오후에 런던의 호텔에서 열리는 티댄스는 다시 많은 손님의 관심을 끌고 있다.

삼삼오오 둘러앉아 차를 즐기던 사교의 장이자 오늘날의 보험, 무역업 발달의 모태가 되었던 커피하우스나 커피숍, 티룸, 차정원과 같은 공간은 테이크아웃 중심의 커피&차 전문점으로 그 형태가 변하였지만, 그로 인한 또 다른 즐거움도 생겨났다. 런던의 어느 곳에서든지 독창적인 실내장식과 차별화된 블렌딩을 갖춘 전문점에서 멋진 차를 맛볼 수 있게 되었기 때문이다.

실제로 영국 사람들만큼 차를 자주 마시는 국민도 없다. 하루에 5잔 이상의 홍차를 즐긴다는 영국인들은 하루 중 어느 때에 차를 마시느냐에 따라 각각 특별한 명칭과 의미를 부여할 정도로 홍차를 문화로서 사랑해 왔다. 영국인의 일과는 시간대별 티타임으로 표현할 수 있다.

얼리모닝 티(Early Morning Tea)는 아침에 일어나자마자 침대에서 마신다고 하여 베드 티(Bed Tea)라고도 하는데 잠을 깨기 위해 조금은 진하게 마시는 것이 특징이다. 보통 아침 6시경에 마시는데 남편이 부인에게 만들어 주고, 이것이 애정의 정도를 나타낸다고 한다. 아침 식사와 함께 즐기는 브렉퍼스트 티(Breakfast Tea)는 7시경에 베이컨, 달걀, 빵과 함께 푸짐하게 즐기는 것으로, 실론이나 아쌈 홍차로 밀크티를 만들어 먹는다. 오전 11시경 가볍게 즐기는 오전의 차는 일레븐시즈(Elevenses)로 떫은맛이 적은 실론티를 선호한다. 점심과 함께하는 런치 티(Lunch Tea), 점심 후에는 미드데이 티(Mid-day Tea)라고 해서 기분전환 겸 가볍게 마시는 차로서 향이 좋은 과일 홍차나 재스민차 또는 우바를 즐긴다. 영국인들이 가장 즐기는 차는 오후 2~4시경에 간단한 다과와 함께 즐기는 애프터눈 티(Afternoon Tea)이다. 귀족문화를 기반으로 발전한 만큼 화려하고 푸짐한 티 푸드(Tea Food)를 곁들이는 사교의 시간으로, 영국인이 가장 우아하고 낭만적으로 즐기는 차이자 가정에서는 손님을 초대하여 맛과 향이 뛰어난 다즐링으로 차를 낸다. 퇴근 후에 즐기는 하이 티(High Tea)는 저녁부터 밤에 걸쳐 편안하고 자유롭게 즐기는 차이다. 고기류를 함께 제공하여 간단한 저녁 식사로 이어진다. 저녁 공연을 보러 가는 사람들이 공연 전 간단하게 이 티타임을 갖기도 한다. 애프터눈 티가 상류층의 필수적인 차라면, 하이 티는 일반 직장인과 노동자들이 가장 즐기는 차이다. 저녁을 마치고 여유롭게 마시는 애프터 디너 티(After-dinner Tea)는 초콜릿 등 단 과자와 함께 즐기고, 차에 위스키나 브랜디를 첨가해서 마시기도 한다. 마지막으로 잠들기 전에 하루를 정리하며 즐기는 미드나이트 티(Mid-night Tea)는 차에 우유를 많이 넣어 마신다.

전통적으로 하루에 7~8회의 티타임을 즐겨왔지만, 최근에는 하루 3~4회 정도의 티타임으로 그 횟수가 간소해졌다고 한다. 영국 홍차의 깊은 맛을 경험하고 싶은 사람은 도시 교외에 산재하는 시골풍의 가정적인 작은 집(cottage)을 방문하면 된다. 그곳에서는 진한 밀크티를 추천하고 싶은데 영국인의 전통차가 밀크티기 때문이다.

(2) 애프터눈 티와 하이 티

'애프터눈 티'하면 영국을 먼저 떠올릴 정도로 영국의 차생활을 대표한다. 중국에서 시작된 차는 여러 경로를 거쳐 영국에 상륙하고 찰스 2세와 혼인한 캐서린 왕비의 차생활과 더불어 영국에서 귀족사회의 중요한 사교 문화로 자리를 잡았다.

빅토리아여왕시대(1819~1901)에 애프터눈 티타임은 사교의 장이자 예술과 문화에 관한 정보 교류의 장이었을 뿐 아니라 차도구와 함께 도자기, 꽃장식, 테이블웨어가 큰 발전을 이루면서 또 하나의 문화를 형성하였다. 애프터눈 티파티가 화려하게 꽃을 피웠던 시기에 상류층 부인들은 자신의 초상화가 그려진 찻잔과 가문의 문양이 새겨진 고급 레이스로 장식한 티 냅킨을 가지고 다니며 부를 과시하기도 했다. 그러

나 19세기 초까지도 영국 전역에서 차 소비량이 계속 증가하기는 했지만, 오늘날 우리가 알고 있는 형식화 된 '애프터눈 티'는 없었다.

처음 애프터눈 티를 시작한 사람은 베드퍼드 가문의 7대 공작부인인 안나 마리아(Anna Maria, 1788~1861)였다. 당시 상류사회의 식생활은 아침에 성찬을 하고, 점심은 간소하게 한 후 저녁으로 만찬을 즐겼는데, 1820년대에 들어서는 7시 반에서 8시 반 정도에 시작했고, 손님을 초대하는 경우에는 대개 밤 8~9시에야 시작되었다. 가벼운 점심 이후 저녁 식사까지 아무것도 먹지 않고 지내기엔 시간이 너무 길었다. 그래서 오후가 되면 자신의 침실에서 차와 함께 버터와 계피를 가미한 토스트로 오후의 출출함을 달래곤 했다. 그러던 것이 친구들을 초대하는 응접실에서의 접대 문화로 바뀌게 되면서 점차 궁중, 중산 계층으로 확대되어 일반 서민층에게까지 전파되었다.

1860년대 말까지 요리책이나 가정관리 지침서에는 티 파티를 어떻게 준비하고, 어떤 음식을 제공하고, 하인의 역할은 무엇이며, 가구를 어디에 배치해야 하는지, 무슨 옷을 입어야 하고, 유흥순서를 어떻게 배치하는지, 음식 쟁반은 어떻게 차리고, 손님 접대는 어디에서 할 것인지, 손님은 언제 오고 떠나게 할 것인지 등에 대해 자세히 기술되어 있었다.

나라 전체에서 오후의 티 파티는 정규적인 행사였을 뿐만 아니라 생일, 결혼식, 인기 있는 스포츠 이벤트, 왕실의 방문 등과 같은 특별한 행사에서도 열리곤 했다. 티 타임 가운데 가장 멋스러우면서도 풍요롭고 아름답게 여유를 즐기는 애프터눈 티는 우아한 영국의 귀족 문화에서 비롯된 것이다.

애프터눈 티의 우아함이나 섬세함과 달리, 산업 혁명은 하이 티(High tea)라고 불렸던 저녁 식사에서의 차를 발전시켰는데, 오후 5시 반이나 6시경에, 공장이나 직장에서 오래 일하고 돌아온 노동자들을 따뜻하게 맞이하기 위해 몸에 좋은 감칠맛 나는 음식과 함께 강한 향의 차를 준비해서 마셨다. 애프터눈 티가 담소를 나누고 최근의 패션이나 차를 마시는 법을 서로 보여주는 자리였다면, 하이 티는 10시간 이상의 고된 육체노동으로 소모한 열량을 재충전하는 자리였다. 또한, 애프터눈 티는 응접실이나 정원에서 마셨지만, 하이 티는 부엌이나 식당, 그리고 테이블 주위 높은 등받이 의자에 모여앉아 마셨다.

(3) 홍차를 애용하는 이유

중국차가 처음 들어올 때 높은 세금으로 인해 찻값이 매우 고가였다. 이 때문에 네덜란드나 포르투갈 상선을 통해 차의 밀수가 성행하게 되었는데 이에는 전문 밀수꾼들뿐만 아니라 정치가나 성직자도 관련되어 교구장의 묵인하에 주로 교회의 지하 창고에 밀수한 차를 저장해 놓고 공급하였다고 한다.

그런데도 수입이 적은 서민들이 마시기엔 찻값이 비싼 것을 기화로 가짜 조제차가 성행하기 시작하였다. 우리나라에서도 커피의 수요가 많을 때 담배꽁초를 넣는 등 여러 가지 불순물을 넣은 조제 커피가 다방에서 팔리며 '꽁피'라는 별명을 가진 적이 있었다. 18세기에는 영국에서도 중국차가 고가였기 때문에 가격을 낮추며 이익률을 높이기 위해 감초잎이나 야생 자두나무 잎을 건조하여 당밀이나 진흙으로 물들여 찻잎 비슷하게 만들어 첨가하기도 하고 물푸레나무 잎을 말려서 구운 다음 마룻바닥에 깔아 발로 밟아 부수고 체로 골라 염소의 대변 속에 담갔다가 말리어 찻잎

같이 만들어 첨가하기도 하였다. 이익을 남기기 위하여 기기묘묘한 방법들이 동원되어 조제차가 만들어졌다.

조제차를 만드는 데에는 홍차보다는 녹차가 쉬워서 녹차에 조제차가 많았기 때문에 영국 사람들이 차를 살 때 속지 않기 위하여 자연 녹차를 꺼리고 홍차를 사게 되었다고 한다. 그래서 이런 습성이 영국인들에게 홍차의 선호도를 높여 주어 영국은 홍차의 나라가 되었다고 한다.

2) 프랑스

프랑스에서는 와인을 차보다 쉽게 접할 수 있다. 차는 프랑스 상류층에서 더욱 선호해 왔는데, 프랑스 내에 거주하는 영국인이나 러시아인들이 많이 소비하고 있다. 카페의 애프터눈 티는 보통 우유, 설탕, 레몬과 함께 내는데, 잎차를 사용하고 티백의 이용은 일반적이지 않다. 차를 즐겨 마시는 시간은 오후 5시경으로 영국보다 조금 늦는데, 프랑스의 저녁 식사 시간이 영국보다 늦기 때문이라고 한다.

3) 러시아

영국과 견줄만한 홍차 대국인 러시아는 다른 유럽 국가와 달리 육로를 통해 차가 유입되었다. 1618년 명나라 외교사절이 러시아 황제에게 차를 선물한 이후 러시아와 몽골의 국경지대를 거쳐서 공식적인 차 무역이 이루어졌다. 차의 운송은 카라반들에 의해 이루어졌는데 사막을 가로질러 수개월이 걸리는 어려운 여정이었다. 중국 기문과 정산소종을 블렌딩 한 러시안 카라반은 이러한 사실에 기초해서 만든 이름이다.

러시아 홍차 관습의 특징은 사모바르(samovar)에 있다. 사모바르는 18세기 초부터 사용하기 시작한 일종의 탕기(湯器)로 동, 철 또는 은제의 물 끓이는 큰 주전자이다. 내부에 금속관이 있어 이곳에 숯이나 석탄을 넣고 불을 붙인다. 물이 끓으면 티포트에 많은 찻잎을 넣고 올려놓는데, 증기가 올라 포트를 데운다. 포트에서 차가 충분히 우러나면 키 높은 잔에 4분의 1 정도 따르고 나머지 4분의 3은 사모바르에서 끓고 있는 물을 더해 희석한다. 따라서 한 번에 많은 잔의 차를 만들어 낼 수 있다. 또 레몬, 설탕, 잼, 마멀레이드 등을 첨가하여 맛을 내는데, 겨울에는 럼주를 한 숟가락 넣어 추위를 이긴다.

4) 터키

동방의 시작인 터키는 홍차를 즐기는 나라로 유명하다. 터키에서는 차를 차이(Çay, Chay)라고 부르는데, 자국 내에서 직접 재배하고 있다. 국민 일인당 연간 소비량이 2.1kg에 달해 아일랜드와 영국 다음으로 홍차 다소비 국가이다. 러시아의 사모바르와 유사한 2단으로 된 주전자인 차이단륵(Çaydanlik)을 사용하는데, 위쪽에 포트를 두어 차를 우려내고 호롱박 모양의 잔에 따라 마신다. 각종 향료를 첨가하여 향을 돋우기도 하는데, 매우 진한 차에 설탕을 넣어 마시는 것을 즐긴다. 이슬람국가인 터키는 16세기에 커피를 유럽에 처음 전한 나라이기도 한데, 종교적 비판을 통해 커피보다는 홍차가 유행하게 되었다.

5) 미국

미국의 홍차 역사는 영국과 거의 같은 시기에 출발한다. 당시 뉴욕에는 런던에 있었던 티가든과 커피하우스가 있는 등, 런던에서의 시민 생활이 뉴욕에서도 그대로 재현되었다. 그러나 영국 정부가 식민지 상인의 차 무역을 금지하고 차 무역을 독점하자 이에 반발하는 '보스턴 티 파티'폭동이 일어나게 된다. 이후 홍차보다도 커피 소비가 보다 증가하게 되었다.

미국인은 유럽인들과 달리 아이스티를 주로 즐긴다. 전체 차 소비의 80%가 아이스티로 만들어지는데 티백과 인스턴트 티를 주로 이용한다. 아이스티와 티백, 인스턴트 티 모두 미국에서 시작해서 세계로 파급 되어 많은 사람이 즐기고 있으니 미국은 홍차 현대화의 선두주자라고 할 수 있겠다.

티백은 1907년 미국의 차상인 토마스 설리번(Thomas Sullivan)이 중국산 명주실로 만든 작은 주머니에 차를 넣고 끈으로 조여 묶은 다음 팔기 시작한 것이 기원이고, 아이스티는 1904년에 세인트루이스에서 개최된 만국 박람회장에서 예기치 않게 첫선을 보였다. 당시의 더운 날씨로 인해 아무도 뜨거운 홍차에 관심을 보이지 않자, 리처드 블레친던(Richard Blechynden)이 차에 얼음을 넣어 시음토록 한 것이 호평을 받으면서 지금의 아이스티로 이어진 것이다. 인스턴트 티는 1946년 네슬레에 의해 네스티라는 이름으로 처음 소개되었는데 간편하게 물에 타서 즐길 수 있다.

통계에 의하면 현재 미국의 홍차 소비는 영국이 감소 경향인 것에 비해 미세하게나마 증가세에 있다고 하는데, 이것은 최근 미국인의 건강 지향과 관계가 있을 것으로 추정하고 있다.

5. 홍차 도구, 티웨어

티웨어(Tea Ware)는 차를 마시는데 필요한 여러 가지 기구와 용기를 일컫는데, 홍차를 즐기는데 있어 가장 기본이 되는 것은 티포트와 찻잔이지만, 그 외에도 여러 가지 기능을 수행하는 다양한 도구들이 소용된다. 티웨어는 말 그대로 홍차의 꽃이라고 할 수 있는데, 찻잎과 물, 우리는 기술 등이 홍차의 풍미를 결정한다면 티웨어의 선택과 사용은 홍차의 문화적 품격을 형성한다고 해도 지나치지 않을 것이다. 다만 이것을 선택할 때에는 개인의 취향이 가장 우선되어야 하나, 기능성과 실용미도 간과할 수 없는 중요한 요소이다. 어떤 종류의 홍차를 어떠한 방식으로 우리느냐에 따라 필요한 티웨어의 종류와 사용법이 달라지므로, 각각의 용도와 특징을 알아두면 편리하다.

1) 티포트 Tea Pot

티포트는 차를 우리는 주전자로 찻잔과 함께 다기의 주인공이라고 할 수 있다. 유럽에서 티포트는 19세기 중반까지 은으로 만든 것이 주류였지만 홍차용 본차이나의 탄생과 함께 도자기로 바뀌었고, 현재는 도기나 자기, 본차이나, 스테인리스, 은, 내열유리 등 다양한 재질의 제품이 있다. 형태는 매우 다양한 모양이 있었지만, 오늘날에는 원형 티포트를 가장 많이 사용한다. 찻물이 잘 흘러나오도록 뚜껑에 작은 숨구멍이 있으면 더욱 좋다. 크기는 찻자리의 인원수에 따라 적절한 것을 선택하는데, 인원수의 2배 정도 우릴 수 있는 포트가 적합하다. 혼자 즐기는 사람을 위해 특별히 티포트와 찻잔을 합체한 형태로 만든 1인용 다기를 '티포원(Tea for one)'이라 한다.

티포트의 생명은 첫째, 보온력이 좋아야 하고, 둘째, 차를 따를 때 찻물이 주변으로 튀지 않고 고르게 흘러나오며 잘 멈추어 새거나 부리를 타고 흘러내리지 않고 마지막 한 방울까지 잘 따라져야 하며, 셋째, 물대로 물이 넘치지 않도록 입출구의 높이가 같고, 뚜껑이 쉽게 빠지지 않아 한 손으로 따를 수 있어야 한다.

2) 찻잔 Tea Cup

찻잔을 선택할 때 모양이나 색과 문양에 따라 자신의 개성을 드러낼 수 있는데, 티포트와 같은 재질이나 디자인을 선택하는 것이 좋으며 홍차의 찻물색을 충분히 드러낼 수 있도록 찻잔 내부가 진한 색이나 화려한 문양으로 장식된 것은 피하고, 유백색이나 연한 색에 잔잔한 문양이 있는 것을 택하도록 한다. 홍차는 발효차라서 녹차보다 더 뜨거운 물에 우려야 맛과 향을 제대로 즐길 수 있으므로 손잡이가 있는 것을 선택한다.

3) 주전자와 티워머 Kettle & Tea Warmer

탕관을 선택할 때에는 먼저 물 끓이는 방식에 따라 스토브탑으로 할 것인지 전기 포트를 쓸 것인지를 결정해야 한다. 그런 다음 재질과 용량을 고려해서 정하는데, 용량은 티포트의 크기에 따라 적합한 것을 골라야 한다. 너무 큰 것은 물을 끓이는데 오래 걸리는 데다 끓은 후에도 계속해서 온도를

유지해야 하는 어려움이 있으니 주의해야 한다.

티워머는 밑에 받쳐 티포트를 가열하는 도구로 티코지와 마찬가지로 티포트를 오랫동안 따뜻하게 유지해 주는 도구이다. 스테인리스, 도자기, 유리 등 다양한 소재로 만드는데, 작은 양초(Tea Candle)를 열원으로 사용하는 경우가 대부분이다. 티포트와 잘 어울리며 크기와 수평이 잘 맞는 것을 선택한다.

4) 티 메저 Tea Measure

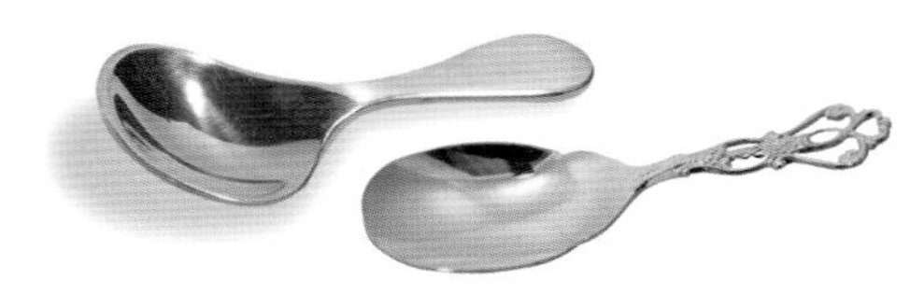

티 메저는 찻잎의 양을 계량한다고 해서 붙은 이름으로, 캐디에서 차를 떠낸다고 하여 캐디 스푼(Caddy Spoon)이라고도 한다. 티 메저는 찻잎의 양을 계량하는 것 이외에 설탕이나 우유를 섞는 용도로도 사용한다. 재질이나 모양이 천차만별이므로 기능적인 측면을 고려해서 선택하는 것이 좋다. 1인분에 해당하는 찻잎 3g을 담을 수 있는 크기가 좋은데, 가정에서 많이 사용되는 커피용 스푼 보다 조금 커야 한다.

5) 티 스트레이너 Tea Strainer

티 스트레이너란 차 거름망을 말하는데, 티포트, 찻잔과 더불어 홍차를 우리기 위한 3대 다기의 하나로, 우린 차를 따를 때, 흘러나오는 찻잎을 거를 수 있도록 만든

망사 구조이다. 잎차(whole leaf) 제품은 찻잎이 크고 티포트 바닥에 가라앉아서 찻잔으로 흘러나올 가능성이 작아서 스트레이너를 반

드시 사용하지 않아도 되지만, 브로큰 타입의 작은 찻잎의 제품일 경우에는 티 스트레이너를 사용하는 것이 좋다.

6) 티 인퓨저 Tea Infuser

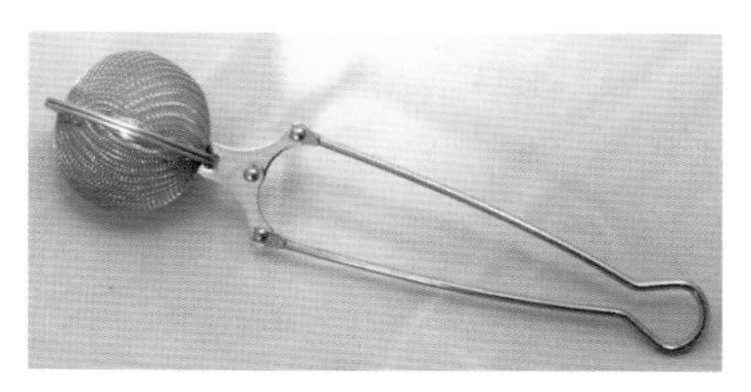

찻잎을 담아 티포트에 넣어서 차를 우리는 도구로 거름망이 없는 티포트에 넣어 간편하게 사용할 수 있어 스트레이너의 역할을 대신하기도 한다. 편리하기는 하지만 작은 것은 속이 좁아 점핑 현상을 방해하므로 잘 선택해야 하고, 인퓨저에 차를 담아 티포트나 찻잔에 넣어 차를 우린다는 점에서 티백처럼 사용할 수도 있다.

7) 워터 저그 Hot Water Jug

기호에 따라 우려낸 홍차의 농도를 조절하기 위해 희석용 뜨거운 물을 보관하는 용기이다. 홍차는 첫 번째 잔에서는 향기를, 두 번째 잔에서는 색과 맛을 즐기는데, 우러난 홍차가 너무 진한 경우에는 물병에 담긴 뜨거운 물을 약간 넣어서 떫은맛을 조절한다. 테이블 위에 두기도 하고, 보온성이 높은 보온병을 사용해도 된다.

8) 밀크 저그 Milk Jug

우유를 담아내는 작은 용기로, 기호에 맞게 차를 즐길 수 있도록 티 테이블에 함께 세팅한다. 포트를 뜨거운 물로 데울 때 저그를 같이 예열해서 상온의 우유를 담으면 남은 열로 체온 정도의 딱 좋은 상태가 된다. 밀크티 1잔에 20~30cc 우유를 사용하는 전용 저그도 있다.

9) 슈거 볼/슈거 박스 Sugar Bowl/Suger Box

설탕을 담는 그릇으로, 뚜껑이 있는 것은 슈거 박스라 하고, 뚜껑이 없는 것은 슈거 볼(sugar bowl)이라고 한다. 각설탕을 담았을 때에는 설탕 집게를 함께 놓는다.

10) 티 스탠드 Tea Stand

애프터눈 티를 즐길 때, 티푸드를 담은 접시를 올려놓는 세움대이다. 사람들과 테이블에 둘러앉아 차를 즐길 때, 핑거 샌드위치나 머핀, 스콘, 쿠키 등을 담은 접시를 이 세움대에 꽂아서 테이블 중앙에 놓으면 자리를 차지하지 않아 편리하다.

11) 티코지와 티매트 Tea Cozy & Tea Mat

티코지는 차가 식지 않도록 티포트에 씌워두는 일종의 보온용 덮개로 안에 솜을 넣어 만든다. 홍차는 식으면 그 풍미가 현격히 떨어지기 때문에 우리거나 마시는 동안 온도를 유지하는 역할을 하는데, 찻잎을 걸러낸 후에도 티코지를 계속 덮어두면 오랫동안 따뜻한 차를 즐길 수 있다. 천, 털실, 울 펠트 등 보온효과가 높은 재질로 티포트를 충분히 감쌀 수 있는 정도의 크기가 적당하다. 티매트는 티코지와 마찬가지로 차를 우려내고 마시는 동안 온도를 유지하기 위해 티포트 밑에 깔아 놓는 매트이다. 부피감 있는 두꺼운 천을 이용해 제작한다.

12) 티 타이머 Tea Timer

맛있는 차를 즐기기 위해서는 양질의 찻잎과 좋은 물, 적당한 크기와 재질의 티웨어와 함께 우리는 시간을 정확하게 지키는 것이 중요하다. 같은 찻잎이라도 우리는 시간에 따라 맛과 향과 색이 달라진다. 차 우리는 시간을 측정하기 위한 도구로 예전에는 모래시계를 사용했지만, 최근에는 3분 단위의 전자타이머를 사용한다.

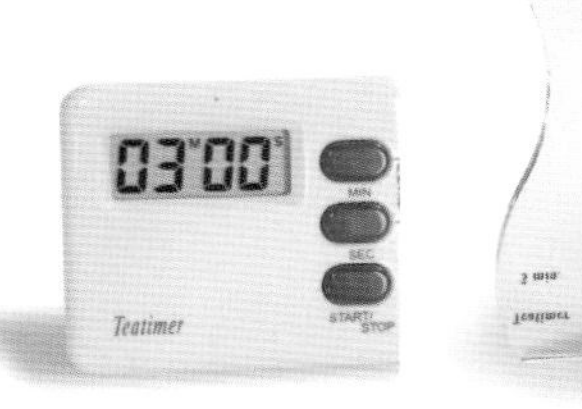

13) 티 냅킨 Tea Napkin

티 냅킨은 일반 냅킨과 구별되는데, 사방 25cm의 손수건 정도 크기이며 화려한 레이스나 자수문양이 들어가 있는 것이 특징이다. 입을 닦는 것이 아니라 무릎 위에 올려놓고 자리에서 잠시 일어날 때는 의자 위에 올려놓는다. 영국에서 홍차가 상류층의 문화로 한창 꽃피던 시기에는 티파티에 갈 때 자신의 티 냅킨을 가지고 다녔다고 한다.

14) 티 타월 Tea Towel

티 타월은 마른 찻그릇을 닦거나, 차를 따르다가 흘릴 경우 닦거나 바닥에 깔아서 티포트를 보온하는 데 사용하는 등 쓰임이 많다. 부드러우면서 흡수력이 좋고 세탁이 쉬운 마(linen)와 면(cotton) 소재로 만든 것이 좋으며 화려하고 다양하게 디자인된 제품도 많다.

15) 드롭 캐처 Drop Catcher

티포트 주둥이 입구 부분에 끼워서 사용하는 것으로 차를 따를 때 주둥이를 타고 찻물이 흐르는 것을 막아준다.

16) 티백 스퀴저와 레스트 Tea-bag Squeezer & Tea-bag Rest

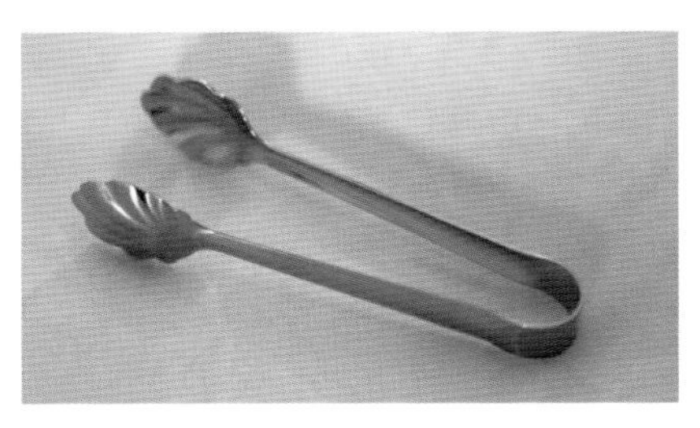

스퀴저는 티백에서 마지막 한 방울인 골든 드롭(Golden drop)을 얻을 때 이용하는 도구이다. 티백 안에 남아있는 홍차를 모두 짜내는 데 이용하며 대부분 가위모양이다. 티백으로 즐길 때 우려낸 티백을 건져서 담아두는 용기를 티백 레스트라고 하는데, 티백 트레이(Teabag Tray)라고도 한다. 찻잔 속에 티백을 계속 담가놓으면 차가 너무 많이 우러나기 때문에 알맞게 우려낸 후에는 반드시 티백을 건져낸 후 마셔야 한다. 크기와 재질이 정해진 것은 아니고 작은 접시를 사용해도 된다.

17) 레몬 트레이 Lemon Tray

얇게 썬 레몬 한 두조각을 담는 접시이다. 도자기나 스테인리스로 만든 티포트 모양의 것이 가장 많은데, 티백 트레이로 사용하기도 한다.

18) 티 캐디 Tea Caddy, Caddie

티 캐디란 차를 보관하는 함으로 뚜껑이 있고 입이 넓은 병이나 통을 말한다. 예전에는 장식적인 효과를 중시해서 화려하게 조각한 공예품을 사용했으나 정량의 차를 포장해서 판매하기 시작하면서 티 캐디는 포장 용기의 역할까지 겸하고 있다. 티 캐디는 습기를 방지하고, 온도에 민감하지 않으며, 직사광선을 피할 수 있는 밀폐용기가 가장 적합하여서 스테인리스로 만든 것이 널리 사용되고 있다. 유리병으로 된 것은 차를 볼 수 있어 좋지만, 빛이 투과하면서 열화를 일으켜 차가 쉽게 변질할 수 있어서 티 캐디로 크게 권장하지 않는다. 홍차는 대부분 고유한 향을 지니고 있으며, 향이 있는 차를 담았던 티 캐디에 다른 홍차를 넣으면 향기가 옮겨가거나 섞이기 때문에 차의 종류별로 다른 것을 사용하도록 한다.

6. 홍차 우리기

산소를 많이 함유한 신선한 물을 충분히 끓여 준비한다.

티포트와 찻잔은 미리 뜨거운 물을 부어 예열한다.

찻잎이 우러나는 동안 티코지를 씌워 찻물이 식지 않도록 한다.
찻잎의 형태에 따라 우리는 시간을 조절해야 홍차의 풍미를 제대로 즐길 수 있는데, 우리는 시간은 작은 잎은 3분, 큰 잎은 4~5분, 밀크티는 5분 정도가 적당하다. 또한 각자의 취향에 따라 우리는 시간을 조절할 수 있다.

잘 우러난 홍차를 여분의 티포트나 찻잔에 따른다. 찻잎을 거를 수 있도록 스트레이너를 사용하며, 여분의 티포트에 부은 다음 찻잔에 따르면 농도를 조절할 수 있다.

예열한 물은 버리고, 찻잎을 계량하여 티포트에 넣는다.
홍차 잔은 커피잔에 비해 크기가 일정한 편이다. 한 잔이 대개 200㎖이며 티 메저로 1스푼이면 찻잎의 양은 2.5~3g 정도가 된다. 1인분 물의 양은 200~300㎖가 기준이며 자신의 기호와 찻잎의 형태에 따라 양을 결정한다.

충분히 끓은 물을 바로 티포트에 붓는다.
찻잎이 흡수할 물의 양을 짐작하여 붓고 물은 위에서 세차게 따른다. 이때 물의 압력에 의해 티포트에 담긴 찻잎들이 상하좌우로 움직이는데, 이것을 점핑(jumping)이라 하며 차의 성분이 잘 우러나게 된다. 티포트의 모양이 둥근 것은 찻잎이 움직일 수 있는 공간을 넓게 하여 찻잎의 성분이 잘 우러나게 하기 위한 것이다.

홍차는 뜨거울 때 마셔야 풍미를 제대로 느낄 수 있다.

부록

손님맞이차

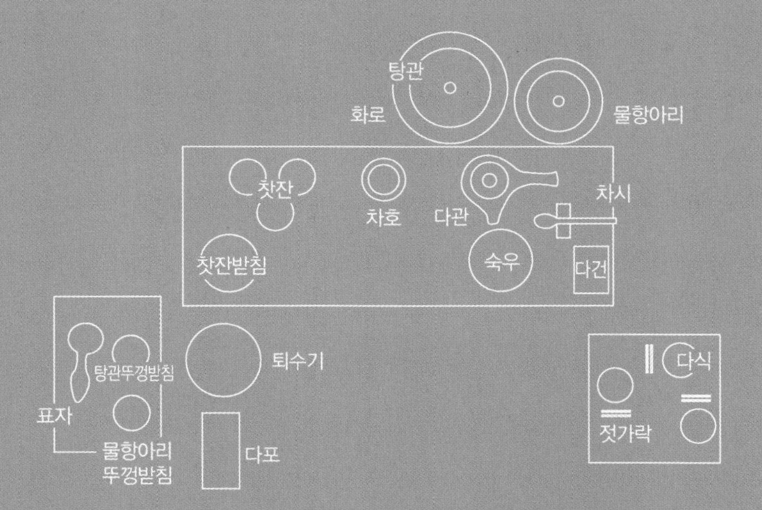

탕관
화로
물항아리
찻잔
차호
다관
차시
찻잔받침
숙우
다건
탕관뚜껑받침
퇴수기
다식
표자
젓가락
물항아리
뚜껑받침
다포

손님맞이 차

다포를 접어 왼쪽 퇴수기 뒤에 놓는다.

다기 예열할 물을 숙우에 붓는다.

다관 뚜껑을 열어 차호 아래에 놓는다.

다건으로 숙우를 받치고 다관에 물을 따른다.

예열할 물을 부은 후 다관 뚜껑을 덮는다.

차 우릴 물을 숙우에 부어 식힌다.

다관의 물을 찻잔에 붓고 예열한다.

차를 담기 위해 다관 뚜껑을 열어 차호 아래 놓는다.

손님맞이 차

차호의 차를 차시로 다관에 담는다.

숙우에 부어 식힌 차 우릴 물을 다관에 붓는다.

차를 우리는 동안 찻잔 예열한 물을 퇴수기에 버린다.

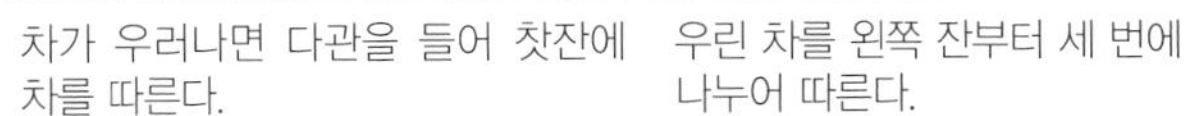

차가 우러나면 다관을 들어 찻잔에 차를 따른다.

우린 차를 왼쪽 잔부터 세 번에 나누어 따른다.

찻잔을 찻잔받침에 받쳐 손님께 차를 올린다.

손님과 함께 색, 향, 미를 감상하며 2~3번에 나누어 마신다.

찻잔을 거두어 세척한 후 찻잔을 처음 자리에 놓고, 다포를 덮은 뒤 손님들과 인사를 나눈다.

다포 접는 법

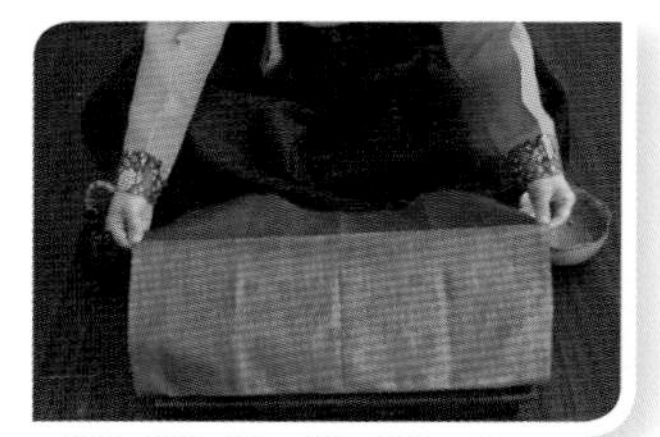

다포 가운데 양 끝을 잡는다.

다포를 반으로 접으면서 들어올린다.

오른손은 위로, 왼손은 아래로 하면서 다포를 밖으로 반으로 접는다.

오른손으로 접힌 상보 윗부분의 가운데를 잡고 다시 밖으로 반을 접는다.

접은 다포를 양손으로 가지런히 정리한다.

다포를 왼쪽 퇴수기 뒤에 놓는다.

다포 덮는 법

퇴수기 뒤 다포를 가져와 오른손으로 접힌 자락을 잡아 세로로 세운다.

왼손으로 다포의 가운데 접힌 면과 한 자락을 잡고 천천히 편다.

왼손으로 잡은 부분을 놓으면서 옆으로 완전히 펼친다.

반이 접힌 상태가 된 다포를 무릎에 얹으면서 밖으로 2/3를 접는다.

다포를 찻상쪽으로 옮긴다.

접은 부분을 놓고, 나머지 1/3 부분을 잡는다.

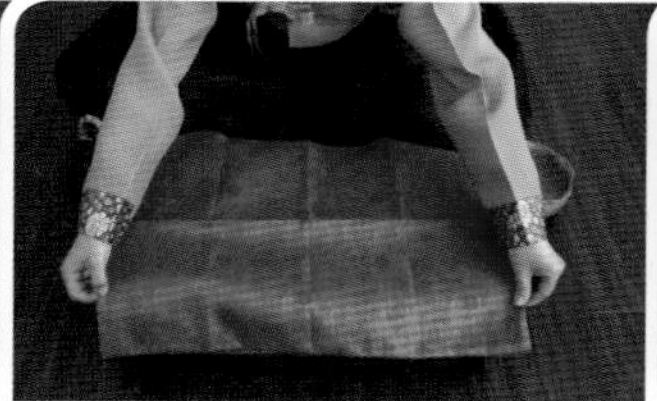

찻상 위에서 바깥쪽으로 다포를 천천히 덮는다.

가루차(말차)

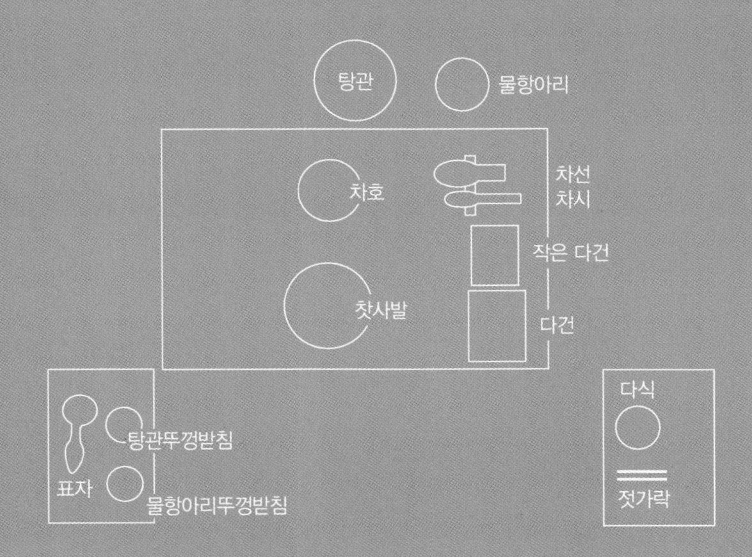

가루차[抹茶]

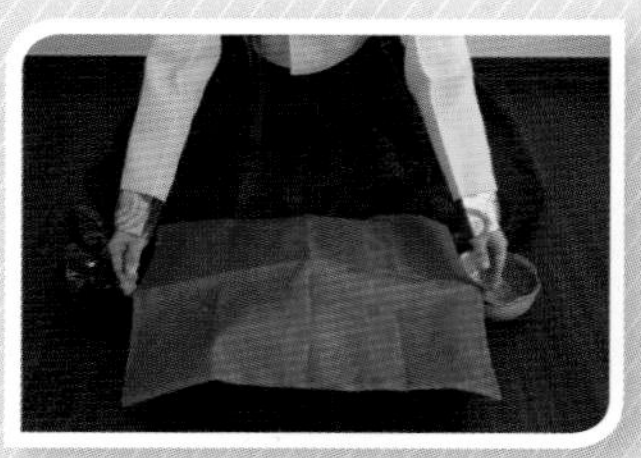

다포를 접어 퇴수기 뒤에 놓는다. 차선을 세운다. 예열할 물을 찻사발에 따른다.

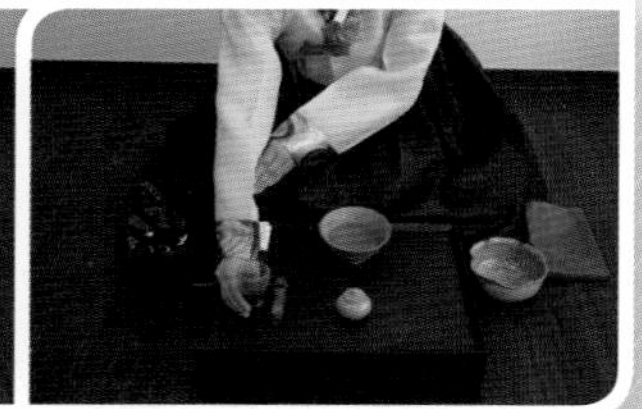

차선을 찻사발에 담궈 적신다.

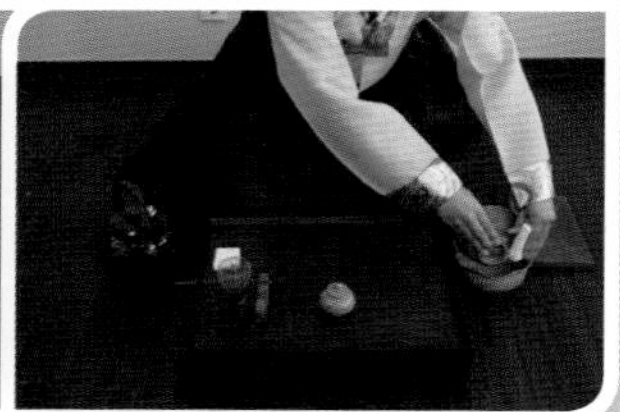

찻사발을 예열한 후, 예열한 물을 퇴수기에 버린다.

다건으로 찻사발 내부를 닦는다. 차호를 가져와 두 번에 나누어 차를 덜어낸다.

가루차[抹茶]

차시를 제자리에 놓은 후, 차호 뚜껑을 덮고 두 손으로 잡아 제자리에 놓는다.

끓인 탕수(90℃ 이상)를 찻사발에 붓는다.

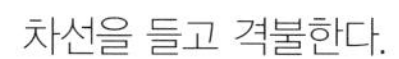

차선을 들고 격불한다.

두 손으로 찻사발을 받쳐 들고 천천히 감상하며 마신다.

차를 마신 후 차선을 헹군다.

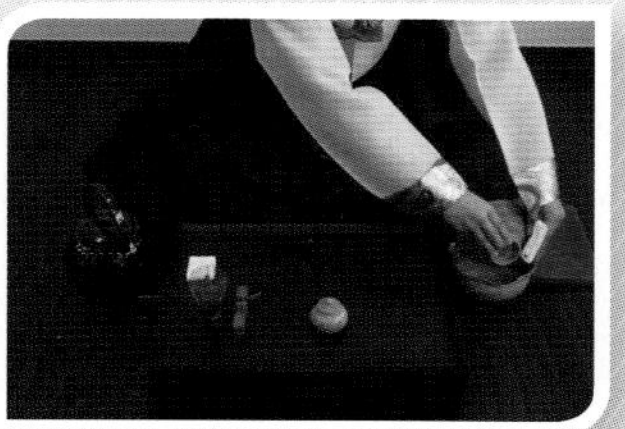

찻사발을 헹군다.

다건으로 찻사발 내부를 닦는다.

작은 다건으로 차시를 닦는다.

차선을 제자리에 눕힌다.

다포를 덮는다.

찻사발 예열하는 법

예열한 물을 담아 뜨거워진 찻사발을 다건으로 받쳐 두 손으로 잡는다. 찻사발을 적당한 높이로 들어 올린 뒤 앞으로 한 번 기울이고, 다시 시계방향으로 돌려 예열한다. 예열이 끝난 물을 퇴수기에 버린 후 찻사발을 찻상에 내려놓는다.

차선 적시는 법

차선을 잡을 때는 손가락이 벌어지지 않도록 가지런히 모으고 손 모양을 둥글게 하여 잡는다. 오른손으로 차선을 잡아 앞으로 한 번, 왼쪽으로 한 번, 오른쪽으로 한 번 저은 다음, 손의 힘을 조금 빼고 차선을 시계방향으로 한 바퀴 돌려 몸 앞쪽에서 살짝 들어 마무리한다. 충분히 적신 차선을 제자리에 놓는다.

격불하는 법

찻사발에 가루차(말차)를 담은 후 뜨거운 물을 붓고 차선으로 잘 섞어 거품을 내는 것을 격불이라고 한다. 격불할 때에는 차선이 부러질 염려가 있으므로 바닥에 닿지 않도록 한다. 고운 거품이 날 때까지 빠르게 저어야 하며, 이때 물의 온도가 낮으면 거품이 잘 일지 않으므로 물의 온도는 90℃ 정도를 유지하는 것이 좋다. 격불을 하고 난 뒤, 차선은 가운데에서 천천히 뺀 후 찻사발에 기대어 (몸 안쪽 방향으로) 거둔 후 제자리에 놓는다.

차시 닦는 법

차시를 닦을 때에는 작은 다건을 사용한다. 다건의 접혀 나누어지는 부분이 몸쪽을 향하도록 하여 오른손으로 잡아 왼손바닥에 올려놓는다. 오른손으로 차시를 가져와 벌어진 부분에 차시 머리 부분을 넣는다. 엄지손가락으로 지그시 눌러 몸쪽을 향해 90도 돌린 후 다시 제자리로 돌려 닦는다. 닦은 차시는 찻상에 내려놓는다.

헌다례[獻茶禮]

헌다례는 사은(四恩) 헌다로, 하늘과 땅의 은혜에 감사하고, 부모님 은혜에 감사드리며, 동포와 이웃의 은혜에 감사하고, 도덕과 질서에 감사함을 표하는 마음으로 올리는 다법(茶法)이다.

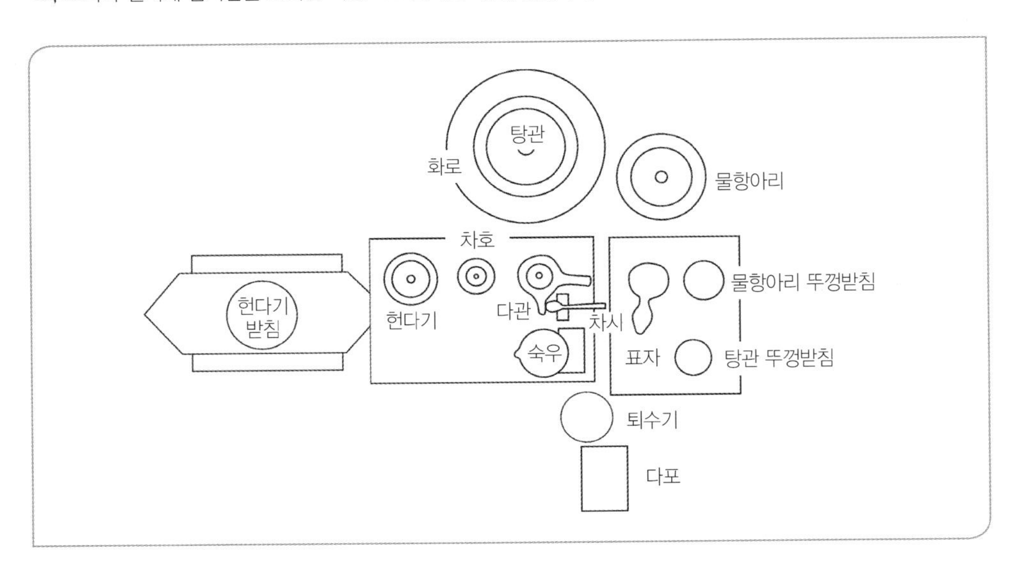

다포를 접어 퇴수기 뒤에 놓는다.

물항아리의 뚜껑을 열어 곁상의 받침 위에 놓고 다건 두 장을 들고 화로 위의 솥뚜껑을 연다.

표자로 물항아리의 물을 떠서 솥에 보충한 후 저어준다.

표자로 솥의 물을 떠서 숙우에 담는다.

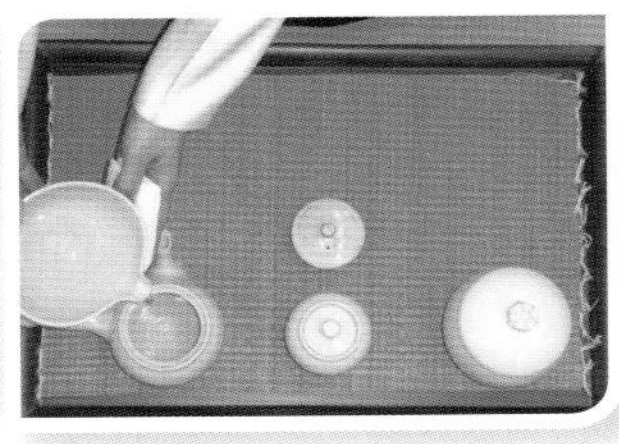

다관 뚜껑을 열고 다건을 집어 숙우의 물을 다관에 붓는다.

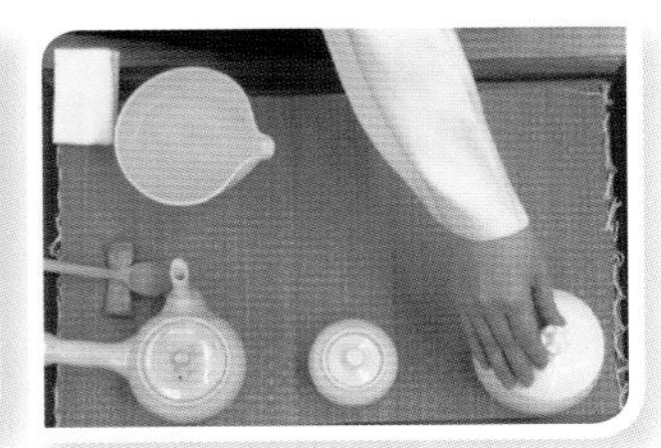

차 우릴 물을 숙우에 담고 헌다기의 뚜껑을 연다.

헌다례[獻茶禮]

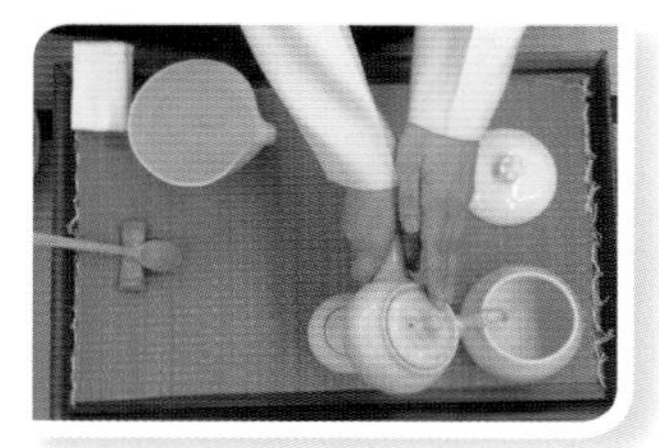

다관 손잡이를 오른손으로 잡고 몸쪽으로 가져와 90도 돌려 헌다기를 예열한다.

차호를 두 손으로 가져와 뚜껑을 열고 차시로 차를 다관에 넣는다.

다건을 들고 숙우의 물을 다관에 붓는다.

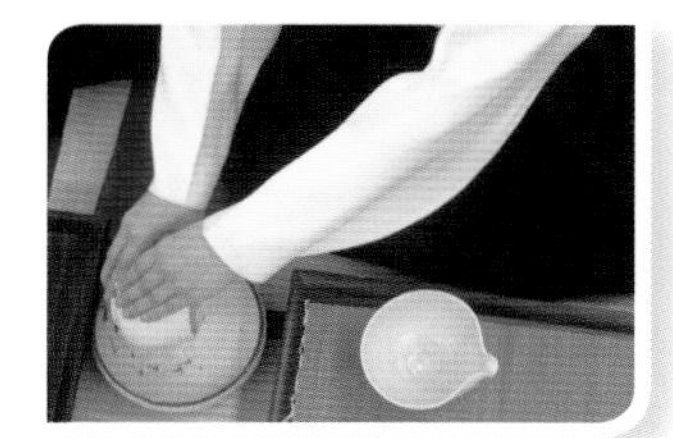

헌다기 예열한 물을 퇴수기에 버린 후 헌다기는 차통 아래쪽에 놓는다.

다관을 들고 우린 차를 헌다기에 따른다.

제단 앞에 도착하면 다동은 무릎을 꿇고, 집사는 헌다기를 제단에 올린다.

헌다기의 뚜껑을 열어 오른쪽에 비스듬히 세워둔다.

두 걸음 물러나 제단을 향해 두 번 절을 하고 오른쪽으로 돌아 제자리로 돌아온다.

팽주는 솥의 물을 보충하며 뚜껑을 닫고 집사가 돌아와 앉으면 다포를 덮고 마무리한다.

학습문제

茶

1. '茶'란 무엇인가?
   ① 차나무의 이름이다.
   ② 차나무 움(순)의 이름이다.
   ③ 마실거리의 이름이다.
   ④ 커피를 말한다.

2. 우리 조상들이 차를 즐겨 마신 이유가 아닌 것은?
   ① 건강에 이롭다.
   ② 사색공간을 넓혀주고 마음의 눈을 뜨게 해준다.
   ③ 사람으로 하여금 예의롭게 한다.
   ④ 커피가 없어서이다.

3. 오늘날 우리가 마시는 차들 가운데 전통차는 무엇인가?
   ① 생강차 ② 인삼차
   ③ 녹차 ④ 감잎차

4. 동양식 대용차로 적절한 것은?
   ① 대추차 ② 콜라
   ③ 쥬스 ④ 코코아

5. 육우(陸羽)의 다경일지원(茶經一之源)에서 말하는 차의 이름으로 옳지 않은 것은?
   ① 茶 ② 檟 ③ 明 ④ 茗

6. 차를 지칭하는 "가(檟)"는 어떤 맛의 차인가?
   ① 단맛의 차 ② 신맛의 차
   ③ 떫은맛의 차 ④ 쓴 차

7. 육우(陸羽)의 다경(茶經)에서 차나무의 생김새를 비교한 것 중 틀린 것은?
   ① 잎 – 치자(梔子)
   ② 꽃 – 흰장미
   ③ 나무 – 과로(瓜蘆)
   ④ 뿌리 – 도라지

8. '茶'라는 글자는 어떻게 나오기 시작했는가?
   ① 「이아」라는 동방 최초의 자전에 처음 나온다.
   ② 「옥편」에 처음 나온다.
   ③ 「설문」에 처음 나온다.
   ④ 육우(陸羽)의 다경에 '荼'– 1획 = '茶'로 시작되었다.

9. 차를 만들 때 차나무의 어떤 부분을 사용하는가?
   ① 잎 ② 뿌리 ③ 줄기 ④ 꽃

10. '茶'를 심고 따서 만들고 손질하여 마시는 일들을 무엇이라 하는가?
    ① 다도 ② 찻일
    ③ 행다 ④ 규방다례

[정답] 1. ② 2. ④ 3. ③ 4. ① 5. ③ 6.④ 7. ④ 8. ④ 9. ① 10. ②

11. 차의 정신으로 올바른 것은?
    ① 불교의 선사상과 계합하여 다선일여의 정신세계를 이루고 있다.
    ② 유교의 다례의식이 기본을 이룬다.
    ③ 선교의 바라밀 경지를 얻는 차의 정신세계를 구축하고 있다.
    ④ 불교의 불로장생과 자연을 합일하는 사상으로 완성되었다.

12. 우리나라 차의 기원설이 아닌 것은?
    ① 자생설
    ② 영국 전래설
    ③ 가야국의 수로왕비 전래설
    ④ 대렴공 전래설

13. 삼국사기에 전하는 차나무 전래설은?
    ① 자생설
    ② 영국 전래설
    ③ 가야국의 수로왕비 전래설
    ④ 대렴공 전래설

14. 삼국사기에 차를 처음 심었던 곳은?
    ① 가야산 ② 지리산
    ③ 일지암 ④ 금산사

15. 우리나라의 차에 대해 최초로 기록된 문헌은?
    ① 삼국유사 ② 다신전
    ③ 삼국사기 ④ 다경

16. 우리 옛 조상들이 차나무를 재배해서 만들어 마셨던 곳을 문헌을 통해 알아볼 수 있다. 차의 산지를 기록한 문헌 중 가장 오래된 것은?
    ① 세종실록지리지
    ② 동국여지승람
    ③ 육우(陸羽)의 다경
    ④ 본초강목

17. '茶'의 주요 성분은?
    ① 단백질, 지방, 탄수화물
    ② 비타민, 무기물
    ③ 탄닌, 카페인, 비타민
    ④ 불소, 데오부로민, 카페인

18. 찻잎의 화학성분 중 늦게 딴 찻잎일수록 함량이 많은 것은?
    ① vitamin C
    ② 탄닌(tannin)
    ③ 아미노산(amino acid)
    ④ 카페인(caffeine)

19. 차의 폴리페놀(카테킨) 성분이 쓰일 수 있는 용도로 맞는 것은?
    ① 탈취제 ② 수면 방지제
    ③ 해독작용 ④ 충치예방

[정답] 11. ① 12. ② 13. ④ 14. ② 15. ③ 16. ① 17. ③ 18. ② 19. ③

20. 탄닌은 어떠한 조건일 때 함량이 많아지는가?
① 반음반양일 때
② 안개가 많이 낄 때
③ 일조량이 많을 때
④ 대나무 숲에서 자랄 때

21. 다음 중 차의 효능이 아닌 것은?
① 항암작용
② 해독작용
③ 만성피로 치료 효과
④ 세균 성장촉진 작용

22. 다음 중 강심, 이뇨, 각성 작용을 하는 차의 성분은?
① 엽록소(chlorophyll)
② 아미노산(amino acid)
③ 카페인(caffeine)
④ 탄닌(tannin)

23. 차의 성분 중 괴혈병, 당뇨병을 예방하는 것은?
① vitamin C
② 사포닌(saponin)
③ 아연(zinc)
④ 탄닌(tannin)

24. 음식을 먹고난 후 녹차를 마시면 충치를 예방할 수 있다고 한다. 녹차의 어떤 성분 때문인가?
① 아연(zinc) ② vitamin C
③ 탄닌(tannin) ④ 불소(fluorine)

25. 탄닌(tannin)의 효능으로 맞는 것은?
① 각성작용(覺醒作用)
② 정균작용(靜菌作用)
③ 지혈작용(止血作用)
④ 장유동촉진작용(促進作用)

26. 탄닌(tannin)을 많이 침출하는 탕수의 온도는?
① 50℃ 이하가 좋다
② 60-70℃ 정도가 좋다
③ 80℃이상이 좋다
④ 아무렇게 해도 잘 침출된다

27. 엽록소의 효능으로 볼 수 없는 것은?
① 조혈작용(造血作用)
② 각성작용(覺醒作用)
③ 치창작용(治滄作用)
④ 간기능 증진 작용(增進作用)

28. '茶'의 성분 중에 성인병과 암을 예방할 수 있는 주요 성분은?
① 탄닌 중의 EGCG 성분
② 카페인
③ 단백질
④ 불소

[정답] 20. ③ 21. ④ 22. ③ 23. ① 24. ④ 25. ③ 26. ③ 27. ② 28. ②

29. 부상을 당하여 피가 날 때 지혈 작용을 하는 성분은?
    ① 탄닌(tannin)
    ② 비타민(vitamin)
    ③ 카페인(caffeine)
    ④ 엽록소(chlorophyll)

30. 중금속을 침전시키며 살균작용을 하는 차의 성분은?
    ① 비타민(vitamin)
    ② 탄닌(tannin)
    ③ 칼륨(potassium)
    ④ 인(Phosphorus)

31. 차의 다섯가지 맛이 아닌 것은?
    ① 쓴맛 ② 떫은맛
    ③ 매운맛 ④ 짠맛

32. 찻물이 붉게 변질되는 것은 차의 어느 성분 때문인가?
    ① 아미노산 ② 카테킨류
    ③ 비타민 ④ 무기질

33. 차의 오미(五味)를 구성하는 성분과 차의 맛과의 연결이 맞는 것은?
    ① 카테킨-떫은맛, 아미노산-감칠맛
    ② 카페인-신맛, 아미노산-쓴맛
    ③ 카테킨-쓴맛, 아미노산-짠맛
    ④ 카페인-쓴맛, 아미노산-신맛

34. 차의 성분 중에 비타민 A를 섭취하려면 다음의 차에서 어느 것이 효과적일까?
    ① 보이차 ② 홍차
    ③ 녹차 ④ 말차

35. 엽록소의 효능으로 볼 수 없는 것은?
    ① 조혈작용(造血作用)
    ② 각성작용(覺醒作用)
    ③ 치창작용(治瘡作用)
    ④ 간기능 증진 작용(增進作用)

36. 차의 색깔을 좋게 하는 성분은?
    ① 엽록소 ② 탄닌
    ③ 카페인 ④ 아미노산

37. '茶'를 어느 때 마시는 게 좋은가?
    ① 식후 30~50분이 좋다
    ② 식사 도중이 좋다
    ③ 공복이 좋다
    ④ 신선한 과일을 다식으로 먹은 직후가 좋다.

38. 녹차의 세포벽을 구성하는 성분이면서 잎이 성장할수록 함량이 증가하는 성분은?
    ① 섬유질 ② 전질소
    ③ 데아닌 ④ 카페인

[정답] 29. ① 30. ② 31. ③ 32. ② 33. ① 34. ④ 35. ② 36. ① 37. ① 38. ①

39. 차의 성분 중 변비에 가장 큰 영향을 주는 성분은?
    ① 엽록소 ② 단백질
    ③ 지방질 ④ 비타민A

40. 카페인에 대한 설명 중 틀린 것은?
    ① 덖음차보다 찐차에 많다.
    ② 일찍 딴 차에 카페인의 함량이 많다.
    ③ 해가림 재배한 차에 카페인 함유량이 많다.
    ④ 곡우 때보다 입하에 딴 차에 카페인 함유량이 많다.

41. 해가림차는 일조량이 4시간 정도가 적당하므로 일조량을 적게 하면 고급차를 재배할 수 있다. 일조량이 적으면 잎의 데아닌 분해를 억제하여 단 감칠맛을 내는 (　　)은 축적되고 쓰고 떫은맛이 있는 (　　)은 감소하지만 쓴맛의 (　　)은 많아져 독특한 맛을 낸다. (　　)안에 들어갈 말은?
    ① 아미노산, 카페인, 탄닌
    ② 아미노산, 탄닌, 카페인
    ③ 카페인, 탄닌, 아미노산
    ④ 탄닌, 아미노산, 카페인

42. 현재 우리나라에서 차나무가 자랄 수 있는 최고 북방한계선은 어디인가?

43. 차나무가 잘 자랄 수 있는 적당한 토양조건(pH)은?

44. 현재 사용하고 있는 차나무의 학명은?

45. 차의 떫은맛을 내는 성분은 무엇인가?

46. 엄밀히 말하면 차란 어떠한 것을 말하는가?

[정답] 39. ① 40. ④ 41. ② 42. 전북 익산시 웅포면 구룡목 임해사터(36° 03')
43. pH 4.5~5.5 44. 카멜리아 시넨시스(Camellia Sinensis) 45. 탄닌(tannin)
46. 산다화과에 속하는 차나무의 어린 순이나 잎을 채취하여 찌거나 덖거나 혹은 발효시켜 건조시킨 후 알맞게 끓이거나 우려내어 마시는 것을 말한다.

47. 우리 祖上들이 茶를 즐겨 마신 이유 세가지를 제시하시오.

48. 카페인의 效能에 對하여 說明하시오.

49. 탄닌의 效能에 對하여 說明하시오.

50. 葉綠素의 效能에 對하여 說明하시오.

51. 우리나라 茶의 傳來說를 세가지로 區分하여 說明하시오.

52. 차의 화학성분 중 채엽 시기가 늦을수록 증가하는 성분은?

[정답] 47. 건강에 이롭다, 사색공간을 넓혀주고 마음의 눈을 뜨게 해준다, 사람을 예의롭게 한다. 48. 각성작용(覺醒作用) : 대뇌피질의 감각중추를 흥분시켜 일으키는 현상으로, 피로 해소가 빨라지고, 정신 활력이 생겨나 기분이 상쾌해지고, 판단력이 늘며 사고에 대한 집중력이 생긴다. 2)강심작용(强心作用) : 심장의 운동을 활발하게 하는 작용 3) 이뇨작용(利尿作用) : 소변이 잘 통하도록 하는 작용 49. 1) 해독작용(解毒作用) : 식물에 들어있는 독성분인 알칼로이드 성분과 결합하여 인체에 흡수되지 않고 몸 밖으로 배출시킨다. 2) 살균작용(殺菌作用) : 균체에 침투하여 단백질과 결합하여 응고시켜 병원균울 죽게 한다. 3) 지혈작용(止血作用) : 수렴작용으로 상처를 빨리 아물게 하여 지혈이 된다. 4) 소염작용(疏髯作用) : 독충에 물려서 빨갛게 열이 나고 부어오를 때 차 우린 물을 바르고 수건에 적셔 습포하면 열이 내리고 부기도 가신다. 50. 조혈작용(造血作用) : 피를 맑게 하고 간장의 도움을 받아 적혈구를 증식시킨다. 2) 치창작용(治滄作用) : 상처가 쉽게 아물고 상처가 빨리 치유되는 효능도 있다. 3) 탈취작용(脫臭作用) : 냄새를 없앤다. 4) 정균작용(靜菌作用) : 미생물의 번식을 억제한다. 5) 장유동 촉진작용(促進作用) : 변비를 예방한다. 6) 간기능 증진작용(增進作用) : 술, 담배로 간 기능이 약해진 사람에게 효과가 있다. 51. 1) 자생설 : 역사적 기록은 없지만 차나무가 자랄 수 있는 기후권에 있기 때문에 처음부터 자생하고 있다는 설, 2) 가야국 수로왕비 전래설 : 삼국유사 가락국기에 따르면 김수로왕의 왕비가 된 아유타국의 공주 허황옥이 금, 은, 폐물, 비단과 함께 혼수품으로 차 종자를 가지고 왔다는 설 3) 대렴공 전래설 : 신라 42대 흥덕왕 3년(828) 당나라 사신으로 갔던 대렴공이 차씨를 갖고 돌아와 지리산에 심었다는 설 52. 탄닌(tannin)

53. 차의 오미(五味)는 무엇인가?

54. 위도상으로 볼 때 차나무가 자랄 수 있는 최고 북방한계선은?

55. 陸羽의 茶經 一之源에서 말하는 茶의 이름 5가지를 漢字로 쓰시오.

56. 綠茶의 caffein과 Coffee의 caffein의 差異점을 說明하시오.

茶의 生産

1. 곡우(穀雨)는 어느 계절에 오는가?
   ① 봄 ② 여름
   ③ 가을 ④ 겨울

2. 차나무의 종류가 아닌 것은?
   ① 중국 대엽종 ② 중국 소엽종
   ③ 러시아종 ④ 산종

3. 우리나라에서 생산되는 차나무[茶木]의 종류는?
   ① 주로 잎이 넓은 대엽종이다.
   ② 주로 잎이 작은 소엽종이다.
   ③ 대엽종과 소엽종이 반쯤씩 분포되어 있다.
   ④ 대엽종이 주로 많고 소엽종은 조금 있다.

4. 우리나라 차에 대한 올바른 평가는?
   ① 기후상의 특징으로 향과 맛이 독특하다.
   ② 외국산 차보다 여러 면이 부족하다.
   ③ 외국산 차보다 약효는 못하나 맛은 좋다.
   ④ 같은 양의 물에 외국산의 반만 넣고 우려먹는다.

[정답] 53. 단맛, 신맛, 짠맛, 떫은맛, 쓴맛 54. 36°03′ 55. 도(荼), 가(檟), 설(蔎), 명(茗), 천(荈)
56. 1) 녹차 : 결합형(結合形) 결정, 차를 마신지 40분 정도 지나서 천천히 흥북작용을 나타내 약 1시간 정도 지속된다. 녹차 중에는 커피에 들어있지 않은 카데킨과 데아닌이라는 성분이 있는데, 이 성분이 카페인과 결합되어 카페인이 불용성 성분으로 되거나 활성이 억제되기 때문에 커피와 같은 부작용이 없는 것도 차만이 갖는 특징이다. 2) 커피 : 유리형(遊離形) 결정, 일시에 흥분상태를 일으킨다. 1. ① 2. ③ 3. ② 4. ①

5. 차나무의 유전자원 조사에 대한 연구 결과로 대엽종과 소엽종이 혼재해 있는 곳이 아닌 곳은?
   ① 쓰촨성 남부 ② 구이저우성
   ③ 후베이성 ④ 윈난성

6. 차나무의 생산지가 아닌 곳은?
   ① 내장사, 화엄사 ② 울산, 함양
   ③ 화개, 보성 ④ 개성, 평양

7. 중국의 호북성, 사천성, 운남성 지방에서 재배되는 차나무 종류는 무엇인가?
   ① 중국 대엽종 ② 중국 소엽종
   ③ 인도종 ④ 샨종

8. 차나무의 생태로 적절하지 못한 것은?
   ① 줄기는 매끄럽고 깨끗하다.
   ② 나무는 상록관엽이다.
   ③ 뿌리는 원뿌리가 길고 실뿌리는 거의 없다.
   ④ 꽃은 동백꽃 같으며 6~7월에 개화한다.

9. 우리나라 차나무의 생육조건으로 그 설명이 적절하지 못한 것은?
   ① 생육에 적합한 기온은 34 ~ 36℃이다.
   ② 기온이 서늘하고, 주야간 기온차가 많으며, 강이나 호수 등 습도가 높은 지역에서 생산된 차가 품질이 우수하다.
   ③ 연간강수량은 1500mm이상 되어야 한다.
   ④ 홍차는 기온이 높은 곳에서 생산된 것이 맛과 향이 좋다.

10. 차의 발효정도에 따른 분류 중 맞는 것은?
   ① 녹차는 불발효차다.
   ② 우롱차는 후발효차다.
   ③ 홍차는 반발효차다.
   ④ 보이차는 완전발효차다.

11. 녹차의 제조법과 같이 덖거나 쪄서 효소를 파괴시킨 뒤 찻잎을 퇴적시켜 공기 중의 미 생물의 번식을 통해 발효가 일어나게 만든 차는?
   ① 불발효차 ② 후발효차
   ③ 반발효차 ④ 완전발효차

12. 불발효차에 속하는 것은?
   ① 홍차 ② 용정차
   ③ 오룡차 ④ 보이차

13. 녹차의 제조방법은 무엇인가?
   ① 불발효차 ② 후발효차
   ③ 반발효차 ④ 완전발효차

[정답] 5. ③ 6. ④ 7. ① 8. ④ 9. ① 10. ① 11. ② 12. ② 13. ①

14. 4월 20일(곡우) 전후로 5일 정도 따는 차를 무엇이라고 하는가?
① 우전(雨前) ② 세작(細作)
③ 중작(中作) ④ 대작(大作)

15. 우전차란 무엇을 기준으로 붙여진 이름인가?
① 제다법 ② 차따는 시기
③ 발효정도 ④ 색상

16. 녹빛나는 가루차를 만들기 위해 다원에서 어떻게 재배하는가?
① 햇빛을 많이 받게 해준다.
② 햇빛을 차단하는 차광재배를 한다.
③ 비료를 많이 준다.
④ 가루용 차나무가 따로 있다.

17. 제조방법에 따른 분류 중 떡차의 종류가 아닌 것은?
① 단차 ② 말차
③ 돈차 ④ 병차

18. 차의 종류에 관한 설명 중 맞는 것은?
① 차는 모양에 따라 잎차, 가루차, 덩이차로 나눈다.
② 차는 제다공정에 따라 4대 차류로 나눈다.
③ 차는 발효정도에 따라 첫물차, 두물차, 세물차로 나눈다.
④ 화차로 백호은침, 대홍포가 있다.

19. 모양으로 본 녹차 중 덩이차가 아닌 것은?
① 떡차 ② 보이차
③ 벽돌차 ④ 쟈스민차

20. 떡차의 찻물 빛깔은?
① 연녹색 ② 붉은색
③ 유백색 ④ 갈황색

21. 솜털이 덮인 차의 어린 싹을 따서 덖거나 비비기를 하지 않고 그대로 건조하면 찻잎이 은색의 광택을 내는 차는 무엇인가?
① 황차 ② 백차
③ 홍차 ④ 흑차

22. 중국에서는 차의 제조공정과 제품의 색상에 따라 차를 6가지로 분류하고 있다. 이에 속하지 않는 것은?
① 백차 ② 녹차
③ 황차 ④ 쟈스민차

23. 당나라 덩이차 제다법 칠경목에 해당하지 않은 것은?
① 채(採) ② 증(蒸)
③ 천(穿) ④ 다(茶)

[정답] 14. ① 15. ② 16. ② 17. ② 18. ① 19. ④ 20. ④ 21. ② 22. ④ 23. ④

24. 육우(陸羽)의 「다경」 집필 10년 전에 신라 승려 김지장이 만든 명차의 이름은?
① 작설차 ② 죽로차
③ 설록차 ④ 공경차

25. 차잎에서 고(膏)를 빼고 만든 차는?
① 병차[떡차] ② 연고차
③ 산차[잎차] ④ 가루차

26. '茶'를 따고 만들고 맷돌에 갈아 타 마시는 연모와 그릇 중에 잘못된 것은?
① 찜부엌, 시루, 절구, 차떡고지 등은 제다 도구이다
② 가루찻술, 표주박, 사발 등은 찻그릇이다
③ 깔개, 채반, 막대, 곶막대 등은 찻그릇이다
④ 찻솔, 설거지통, 찌꺼기통 등은 찻그릇이다

27. 부초차의 제다법에 대한 설명 중 틀린 것은?
① 찻잎을 솥에 덖을 때 불이 약하면 풋내가 나거나 발효가 된다.
② 비비는 이유는 다탕이 잘 우러나고 부피를 줄이기 위함이다.
③ 말릴 때 솥의 온도는 400℃이다.
④ 찻잎 비비기 작업은 세포막을 파괴시켜서 차를 우릴 때 쉽게 우러나도록 하기 위함이다.

28. 다음 중 설명이 올바른 것은?
① 연평균 강우량은 3000mm이상이어야 한다.
② 녹차 재배시 반양반음(半陽半陰)인 양지바른 벼랑의 그늘진 숲 속이 좋다.
③ 녹차의 경우는 충분한 일조량이 요구되지만 홍차의 경우는 그늘진 곳에서 재배된 차가 맛과 수색이 강하다.
④ 산도는 PH 10 안팎의 강산성이 알맞다.

29. 제다법에 따른 차의 설명으로 틀린 것은?
① 덖어서 만든 차를 부초차라 한다.
② 쪄서 만든 차를 증제차라 한다.
③ 찻잎을 가루내거나 짓이겨 압축시켜 만든 덩어리 차를 후발효차라 한다.
④ 햇볕에 말려서 만든 차를 일쇄차라 한다.

[정답] 24. ④ 25. ② 26. ③ 27. ③ 28. ② 29. ③

30. 녹차를 만들 때 유념의 과정을 거치게 되는데 유념에 대한 설명 중 틀린 것은?
    ① 약하게 비비면 차성분이 잘 녹아 나오지 않는다.
    ② 보관 시 부피를 줄이기 위함이다.
    ③ 심하게 비비면 다탕이 탁해진다.
    ④ 풋내가 나는 것을 막기 위함이다.

31. 차를 만들 때 살청이란?
    ① 햇빛에 말리는 것을 말한다.
    ② 비비기를 이른다.
    ③ 건조하기를 이른다.
    ④ 솥에 덖는 것을 말한다.

32. 차의 재배조건으로 적합지 않은 것은?
    ① 산비탈의 남향이나 동향
    ② 배수가 잘 되는 산 경사지
    ③ 모래와 자갈이 섞인 부식토
    ④ 모래 섞인 황토밭

33. 영양번식방법의 장점으로 맞는 것은?
    ① 번식방법이 쉬우며 일시에 많은 묘목을 얻을 수 있다.
    ② 기상환경 적응성이 강하고 수령이 길다.
    ③ 수확이 많고 균일한 싹을 얻을 수 있다.
    ④ 차맛이 깊은 맛이 난다.

34. 차의 변질 요인으로 알맞지 않은 것은?
    ① 다른 향이나 악취와 가까이 있으면 즉시 오염되어 본래의 향기를 잃게 되고 맛이 손상된다.
    ② 공기에 노출되면 공기 중의 습기를 차가 흡수하여 수분함량이 높아지고 차성분이 수분에 용해되면서 변질된다.
    ③ 법제된 차가 변질되지 않으려면 습도, 온도, 광선, 산소, 냄새 등에 주의해야 한다.
    ④ 차의 제품에 질소 충전이나 진공포장 등의 특수가공은 차의 변질을 촉진시킨다.

35. 옛날 차를 보관할 때 사용한 방법으로 볼 수 없는 것은?
    ① 대나무로 만든 상자나 죽통
    ② 오동나무로 만든 통
    ③ 전통 가옥의 처마
    ④ 시원한 곳 아무데나

36. 법제된 차가 쉽게 변질되지 않는 수분함량은?
    ① 3%이하
    ② 5~35%
    ③ 30~60%
    ④ 60%이상

[정답] 30. ④ 31. ④ 32. ④ 33. ③ 34. ④ 35. ④ 36. ①

37. 차 보관 방법에 따른 설명 중 틀린 것은?
    ① 차는 알미늄통이나 주석통, 혹은 나무통 등에 단단히 봉하여 보관하는 것이 좋다.
    ② 냉장고 보관 시 밀폐된 용기 속에 차를 넣고 보관해야 한다.
    ③ 잎차는 꿰미에 꿰어 마루, 방, 다락 등의 높은 곳에 걸어 두었다.
    ④ 고려시대의 유단차(乳團茶)는 상자에 보관하였다.

38. 말차는 발효정도에 따른 분류 중 어디에 속하는가?

39. 당나라 덩이차 製茶法 七經目을 漢字로 쓰고 구체적으로 說明하시오.

40. 茶神傳의 내용 중 投茶에 對하여 說明하시오.

41. 採茶에 對하여 說明하고 우리나라에서 주로하는 釜炒茶 製茶法에 對하여 說明하시오.

[정답] 37. ③ 38. 불발효차 39. 1) 채(採) : 찻잎을 따서 광주리에 담는다. 2) 증(蒸) : 가마 위에 나무나 질그릇으로 만든 시루를 얹고, 시루 밑바닥에 종다래끼를 넣은 다음, 찻잎을 넣고 수증기로 찌면서 세 가랑이로 갈라진 나뭇가지로 찻잎을 휘젓는다. 3) 도(擣) : 시루에서 쪄낸 찻잎이 식기 전에 절구통에 넣고 절굿공이로 찧는다. 4) 박(拍) : 깔개 깐 받침대 위에 동그라미, 네모, 꽃모양 등의 쇠틀을 올려놓고, 절구에서 찧은 찻잎을 쇠틀에 박아낸 후 손잡이가 달린 채반에 널어서 말린다. 건조된 차의 중앙에 창으로 구멍을 뚫어 꿴다. 5) 배(焙) : 꿴 차를 한뎃부엌 위에서 불쬐어 말린다. 6) 천(穿) : 대나무를 쪼개 만든 꿰미나 닥나무 껍질을 꼬아 만든 꿰미에 마른 차를 꿴다. 7) 봉(封) : 장육기(藏育器)에 차를 저장한다. 40. 1) 상투(上投) : 찻물을 먼저 다관에 넣고 차를 넣는 방법으로 여름에 사용하는 방법 2) 중투(中投) : 찻물을 반쯤 넣고 차를 넣은 다음 나머지 물을 채우는 방법으로 봄, 가을에 사용하는 방법 3) 하투(下投) : 차를 먼저 넣은 다음 물을 나중에 채우는 방법으로 겨울에 사용하는 방법 41. 1) 1창 2기의 어린잎을 맑은 날 해뜨기 전에 채다한다. 2) 제다법 : 찻잎을 채엽하여 발효되지 않도록 바로 덖는다 → 200~300℃에서 재빨리 뒤집고 살짝 눌렀다가 다시 뒤집으며 고루 익힌다. 불이 약하면 풋내가 나거나 발효되고 너무 뜨거워도 좋지 않다 → 향기나 빛깔을 보아 줄기가 익었다고 생각되면 찻잎을 꺼내 두 손에 뭉쳐쥐고 빨래하듯 비빈다. 찻잎 비비기 작업은 세포막을 파괴시켜 차를 우릴 때 각종 수용성 성분이 쉽게 우러나도록하고, 차의 형상이 잘 말아지게 하여 찻잎 중의 수분을 고르게 하는 작업이다. 약하게 비비면 차를 우릴 때 차성분이 잘 녹아 나오지 않고 너무 심하게 비비면 잎 조직이 뭉개져 차탕이 탁해진다 → 잎들이 서로 붙지 않도

42. 차의 발효정도에 따른 분류에 대해서 說明하시오.

43. 차의 제조방법에 따른 분류에 대해서 說明하시오.

44. 차의 찻잎따는 시기에 따른 분류에 대해서 說明하시오.

45. 중국의 6대 차류에 대해 說明하시오.

46. 차의 변질에 미치는 다섯가지 요소는 무엇인가?

47. 다원(茶園)에 선풍기를 켜는 이유는?

[정답] 록 두 손으로 털며 다시 덖는다. 이 때에는 처음보다 불의 온도를 낮춘다 → 다시 비빈다. 비비는 이유는 차탕이 잘 우러나고 부피를 줄이기 위함이다 → 솥의 온도를 더 낮춰(100~130℃) 고루 뒤집으며 말린다. 건조상태는 잎을 손으로 문질러 가루가 되면 다 된 것이다. 42. 1) 불발효차(0~20%) : 잎을 증기로 찌거나 혹은 가마솥에 넣어 가열한다. 차나무 잎 속에 들어있는 효소의 산화작용을 억제시켜 녹색을 그대로 유지시켜 만든차 2) 부분발효차(20~70%) : 찻잎을 햇볕에 약간 말려 잎 속에 있는 성분의 일부가 산화되어 좋은 향기가 나게 만든차로 향기가 날 때쯤 가마솥에 넣고 볶아서 산화를 정지시킨 차 3) 완전발효차(80%이상) : 찻잎을 햇볕에 말리면서 손으로 비벼 잎 속에 들어있는 효소의 활동을 촉진시켜 건조시킨 차 43. 1) 잎차 : 차나무의 잎을 그대로 덖거나 찌거나 발효시키기도 하여 찻잎의 모양을 변형시키지 않고 원래대로 보전시킨 것 2) 떡차 : 찻잎을 시루에 넣고 수증기로 익혀서 절구에 넣어 떡처럼 찧어서 틀에 박아낸 고형차 3) 가루차(말차) : 시루에서 쪄낸 찻잎을 그늘에서 말린 다음 가루를 내어 만든 차 44. 1) 우전(雨前) : 4월20일(곡우) 전후로 5일 정도 따는 차 2) 세작(細作) : 4월25일 ~ 5월5일 사이에 따는 차 3) 중작(中作) : 5월5일 ~ 5월15일 내지 20일 사이에 따는 차 4) 대작(大作) : 5월 15일 이후에 따는 차 45. 1) 백차(白茶) : 솜털이 덮인 차의 어린 싹을 따서 덖거나 비비기를 하지 않고 그대로 건조하여 만든 차로, 찻잎이 은색의 광택을 냄 2) 녹차(綠茶) : 찻잎을 따서 바로 증기로 찌거나 솥에서 덖어 발효가 되지 않도록 만든 불발효차 3) 황차(黃茶) : 녹차와 달리 찻잎을 쌓아두는 퇴적 과정을 거쳐 습열 상태에서 찻잎의 성분변화가 일어나 특유의 품질을 나타냄 4) 청차(靑茶) : 우롱차는 녹차와 홍차의 중간으로 발효정도가 20~70% 사이의 차를 말하며 부분발효차로 분류함 5) 홍차(紅茶) : 발효정도가 80% 이상으로 떫은 맛이 강하고 홍색의 수색을 띠는 차 6) 흑차(黑茶) : 찻잎이 흑갈색을 나타내고 수색은 갈황색이나 갈홍색을 띰 46. 온도, 습도, 산소, 광선, 이취(냄새) 47. 서리를 막아준다. 서리를 맞으면 잎이 타서 말라죽게 된다. 경사지는 서리가 내리지 않으나 푹 패이거나 평지에 서리가 내린다.

48. 녹차를 만들 때 쪄서 만든차는?

49. 다경(茶經)에서 말한 상품의 차가 나는 토양은?

50. 차의 발상지로서 세계에서 가장 넓은 다원을 보유하고 있는 나라는?

51. 차나무의 종류에 대해서 說明하시오.

茶生活

1. 차를 감별하는 요소에 들지 않는 것은?
   ① 향(香) ② 색(色)
   ③ 형(形) ④ 미(味)

2. 차를 육류나 어류조리에 이용한다면 어떤 장점이 있는가?
   ① 향을 좋게 한다.
   ② 색을 아름답게 한다.
   ③ 모양을 내기 위함이다.
   ④ 비린내를 제거한다.

3. 차와 함께 먹는 다과는 어떤 것을 고르는 것이 가장 좋은가?
   ① 평소에 좋아하는 과자를 다과로 한다.
   ② 차의 종류에 따라 차의 맛을 돋구어 주는 것을 선택한다.
   ③ 찰떡을 먹는다.
   ④ 기름기가 있거나 고물이 떨어지더라도 맛있으면 된다.

4. 한국의 다도 철학이 아닌 것은?
   ① 선(禪) ② 예술 ③ 멋 ④ 절개

5. 숙달된 차 생활로 법도에 맞도록 잘 우려낸 차로 부처님이나 조상에게 차를 올리거나, 손님을 맞이했을 때 예를 지켜 차를 드리고 같이 마시는 예의를 말하는 것을 무엇이라 하는가?
   ① 다례 ② 다예 ③ 다도 ④ 다실

[정답] 48. 증제차 49. 난석토 50. 운남성 일대에서 분포 51. 1) 중국대엽종 : 중국 호북성, 사천성, 윈난성 일대에서 분포하며 잎이 약간 둥글고 큼, 고목성, 발효차용 2) 중국소엽종 : 중국의 동남부, 한국, 일본, 타이완에 분포하며 대량생산을 위한 집단재배, 녹차용 3)인도종 : 인도의 아쌈, 애푸나, 카차르, 루차이에 분포하며 잎이 넓음, 고목성, 부드럽고 진한 농녹색, 홍차용 4) 샨종 : 통킹, 라오스, 타이북부, 미얀마, 샨지방에 분포하며 엷은 녹색, 잎 끝이 뾰족, 고목성
1. ③ 2. ④ 3. ② 4. ② 5. ①

6. 다도를 중요시한 나라는?
   ① 중국 ② 인도 ③ 일본 ④ 한국

7. 일본 다도의 목표이자 다도 정신이 된 것으로 센리큐가 정한 사규에서 나온 것은 무엇인가?
   ① 화경청적(和敬淸寂)
   ② 검청화정(儉淸和靜)
   ③ 정행검덕(精行儉德)
   ④ 다선일여(茶禪一如)

8. 다도(茶道)란?
   ① 찻일로써 몸과 마음을 닦고 덕을 쌓는 행위
   ② 손님에게 차를 접대하는 의식
   ③ 제사에 차를 올리는 의식
   ④ 부처님께 차를 올리는 의식

9. 차 마시는 방을 뜻하는 것은?
   ① 다옥 ② 다실 ③ 다모 ④ 다점

10. 차 마시기에 좋은 자리와 때는 어느 것이 맞는가?
   ① 손님이 적은 것보다 많은 것이 좋다.
   ② 비가 오고 바람이 부는 날이 좋다.
   ③ 소박한 것보다는 사치스러운 것이 좋다.
   ④ 시끄러운 것보다 조용한 것이 좋다.

11. 행다(行茶) 시 갖추어야 할 3가지 조건이 아닌 것은?
   ① 안정감 ② 형식(법도)
   ③ 자연스러움 ④ 가락(장단)

12. 웃어른의 자리인 상석의 자리가 아닌 것은?
   ① 병풍을 두른 경우는 병풍 앞
   ② 온돌의 경우에는 아랫목
   ③ 창을 통해 바깥을 내다볼 수 있는 위치
   ④ 방의 출입구로부터 가까운 쪽

13. 다신전에서 혼자 마시는 것을 무엇이라 했는가?
   ① 신(神) ② 승(勝)
   ③ 취(趣) ④ 범(泛)

14. 다음 중 옳지 못한 글은?
   ① 차는 혼자서 마시는 것이 격이 높다.
   ② 차는 반드시 술을 마시기 전에 마시는 것이 좋다.
   ③ 차는 잔에 가득 채워서 마시는 것은 좋지 않다.
   ④ 차는 잠이 많을 때 마시면 잠을 쫓을 수 있다.

[정답] 6. ③ 7. ① 8. ① 9. ② 10. ④ 11. ④ 12. ④ 13. ① 14. ②

15. 다신전에 보면 차를 마실 때 손님이 5~6명이 차를 마실 때를 어떤 경지라 하는가?
① 신령스럽고 그윽하여 이속한 경지
② 취미적이고 즐겁고 유쾌한 경지
③ 평범한 경지
④ 좋은 정취, 한적한 경지

16. 아래 문장 구성상 옳게 설명한 것은?
① 신(神)에게 차를 올리는 것을 헌다(獻茶)라 한다.
② 손님에게 차를 내는 것을 선다(禪茶)라 한다.
③ 차를 내는 이를 팽객(烹客)이라고도 한다.
④ 차문화란 차 제품을 다루는 문화이다.

17. 다신전에 나오는 물의 8덕이 아닌 것은?
① 무겁다 ② 맑다
③ 아름답다 ④ 시원하다

18. 다음 중 진수(眞水)의 팔덕(八德)에 해당하지 않는 것은?
① 경(經) ② 조적(調適)
③ 무환(無患) ④ 선(禪)

19. 진수(眞水)는 스스로 여덟 가지 덕(八德)을 지녔는데 다음 중 틀린 것은?
① 비위에 맞아야 한다.
② 맑다.
③ 시원하다.
④ 무겁다.

20. 찻물로 사용하기에 가장 적절한 것은?
① 온천 ② 약수
③ 석간수 ④ 우물물

21. 냉녹차에 대한 설명으로 맞는 것은?
① 찬물로 우리기 때문에 카페인과 카테킨이 적게 우러난다.
② 아미노산이 많이 우러나 단맛이 많다.
③ 커피보다 마시기가 번거롭다.
④ 차가운 물로 우리면 안 된다.

22. 진미, 진향, 진색이 뛰어난 좋은 차를 끓이려면 중정법을 터득해야 한다. 맞지 않는 것은?
① 차의 양과 탕수의 양을 알맞게 하여 이룸
② 차를 우리는 시간을 늦지도 빠르지도 않고 알맞게 하여 중정을 이룸

[정답] 15. ③ 16. ① 17. ① 18. ④ 19. ④ 20. ③ 21. ① 22. ④

③ 차를 따를 때 급주나, 완주하지 않고 알맞게 하여 중정을 이룸
④ 차를 조금 넣고, 물을 많이 부어서 중정을 이룸

23. 조선조 용제총화에 보면 기우자 이행(騎牛子 李行)이 물맛을 잘 분별하였다고 전하고 있는데, 그가 말한 좋은 물에 해당하지 않는 것은?
① 한강의 우중수(牛重水)
② 충주의 달천수(達川水)
③ 금강의 달마수(達摩水)
④ 속리산의 삼타수(三咤水)

24. 옛사람들이 차를 끓일 때 가장 좋게 생각한 물은?
① 산수(山水) ② 강수(江水)
③ 정수(井水) ④ 우수(雨水)

25. 가정에서 쉽게 수돗물을 찻물로 사용할 때 가장 올바른 것은?
① 수돗물을 바로 받아 써도 괜찮다.
② 수돗물을 흘려보낸 후 1시간쯤 침전시킨 후에 사용한다.
③ 수돗물을 2시간쯤 침전시킨 후에 사용한다.
④ 수돗물을 흘려보낸 후에 물을 받아 하루쯤 침전시킨 후에 사용한다.

26. 다음 중 물을 담는 그릇으로 가장 좋은 것은?
① 은제항아리 ② 나무통
③ 항아리 ④ 주전자

27. 차를 맛있게 우리는 4대 요소로 바르게 연결된 것은?
① 물, 불, 다구, 우리는 사람
② 차의 양, 물의 양, 물의 온도, 우리는 시간
③ 찻잎, 물의 종류, 차실의 온도, 우리는 사람
④ 차의 종류, 다기의 질, 우리는 사람, 전등의 밝기

28. 탕수를 끓일 때 구분하는 삼대변(三大辨)에 속하지 않는 것은?
① 형변(形辨) ② 성변(聲辨)
③ 미변(味辨) ④ 기변(氣辨)

29. 성변 오소변법이 아닌 것은?
① 초성 ② 진성
③ 송풍성 ④ 용천

30. 물을 끓이는 방법 중 초성, 전성, 진성 등은 어느 분별법인가?
① 기변 ② 성변
③ 형변 ④ 삼비론

[정답] 23. ③ 24. ① 25. ④ 26. ③ 27. ② 28. ③ 29. ④ 30. ②

31. 탕수가 끓는 형태를 보고 분별할 때 맞지 않는 것은?
① 해안 ② 용천
③ 어목 ④ 난루

32. 다신전에 나오는 투다법 중 여름에 마시는 투다법은?
① 상투 ② 중투
③ 선투 ④ 하투

33. 차를 우릴 때 중투는 어느 계절에 적합한가?
① 가을 ② 여름
③ 겨울 ④ 계절에 상관이 없다.

34. 차를 끓일 때 불을 표현하여 '문무화(文武火)'라 한다. 무엇을 기준으로 쓰는 말인가?
① 땔감의 종류 ② 계절
③ 날씨 ④ 불의 세기[火力]

35. 다음 중 불의 중화를 얻는 방법으로 틀린 것은?
① 양호한 연료의 선택
② 불기운의 올바른 관찰
③ 부채질이나 연료를 첨가하여 불기운을 살려 중화 유지
④ 자연스럽게 놓아둔다.

36. 찻물을 끓일 때 탕기가 있어야 하는데 다음 중 가장 좋은 것은?
① 도자기 ② 옹기제품
③ 돌솥 ④ 쇠붙이 제품

37. 다음 중 차의 좋은 향기가 아닌 것은?
① 목향(木香) ② 진향(眞香)
③ 청향(淸香) ④ 순향(純香)

38. 점다(點茶)는 어떤 차와 관계가 있는가?
① 병차 ② 잎차
③ 가루차[말차] ④ 화차

39. 차에 다른 향을 섞지 않는 가장 중요한 까닭은?
① 값이 비싸지므로
② 작업이 복잡해지므로
③ 색이 달라지므로
④ 차의 향기가 손상되므로

40. 찻잔을 쥘 때는 어떤 방법이 좋을까?
① 한 손으로 쥔다.
② 양손으로 쥐고 마신다.
③ 손바닥에 올리고 마신다.
④ 오른손은 잔을 쥐고 왼손은 받쳐 마신다.

[정답] 31. ④ 32. ① 33. ① 34. ④ 35. ④ 36. ③ 37. ① 38. ③ 39. ④ 40. ④

41. '동다기(東茶記)'에서 '동다'의 뜻은?
① 동쪽 산에서 나는 차
② 겨울에 따는 차
③ 우리나라에서 나는 차
③ 봄철에 따는 차

42. 우려낸 녹차의 빛깔을 감상하기에 가장 좋은 잔은?
① 청자 ② 백자
③ 분청 ④ 옥으로 만든 잔

43. 고려 시대 유행하였던 다기의 종류는?
① 청자 ② 분청자
③ 백자 ④ 사기

44. 다음은 다관의 생명에 대한 설명이다. 이 중 맞지 않는 것은?
① 체 장치가 가늘고 차 찌꺼기가 새어 나오지 않아야 한다.
② 다관 속에 유약을 바르지 않아야 한다.
③ 꼭지가 잘 만들어져 찻물이 줄줄 흘러내리지 않아야 한다.
④ 속이 희어서 차의 양을 확인할 수 있으면 좋다.

45. 다관의 생김새(형태)에 따른 이름이 아닌 것은?
① 상파다관 ② 후파다관
③ 횡파다관 ④ 하파다관

46. '다경'에서 말한 차 만드는 과정 중 다음 ( )에 알맞은 글자는?

採, 蒸, 搗, 拍, ( ), 穿, 封

① 投(투) ② 焙(배)
③ 打(타) ④ 滌(척)

47. 다기 중에서 숙우(熟盂)의 역할은?
① 물을 버리는 그릇이다.
② 물을 식히는 그릇이다.
③ 물을 데우는 그릇이다.
④ 물을 담아두는 그릇이다.

48. 차도구 중에서 찻잎을 우려내는 용도로 쓰이는 것은?
① 다관 ② 숙우
③ 찻잔 ④ 차호

49. 다음은 퇴수기에 대한 설명이다. 틀린 것은?
① 찻잔 덥힌 물을 버리기도 한다.
② 자기류는 사용하지 않는다.
③ 다관 덥힌 물을 버리기도 한다.
④ 차 찌꺼기를 씻어내기도 한다.

[정답] 41. ③ 42. ② 43. ① 44. ② 45. ④ 46. ② 47. ② 48. ① 49. ②

50. 찻잔 관리에 대하여 바르게 설명한 것은?
① 여러 가지 차를 한 찻잔에만 사용한다.
② 한 찻잔에 한 가지 차만을 사용하고 자주 건조한다.
③ 차 종류와 관계없이 사용한다.
④ 차가운 물에 넣어 소독한다.

51. 찻잔의 명칭 중 절의 범종과 모습이 같고 크기만 작게 축소해 만든 것은?
① 다완 ② 다구
③ 다종 ④ 다석

52. 일반적으로 발효차를 마실 때 자사호(紫沙壺)를 선택하는 이유는?
① 강한 보온력 ② 약한 보온력
③ 저렴한 가격 ④ 잘 우러난다.

53. 다관이 등장한 시기는?
① 15C ② 16C ③ 17C ④ 18C

54. 차생활에 필요한 다구에 대한 설명이다. 옳은 것은?
① 물을 저장하는 독은 반드시 그늘에 둔다.
② 탕관(湯罐)은 주석 다관을 사용하면 향기, 빛깔, 맛에 손실이 있다.
③ 찻잔은 귀얄분청을 으뜸으로 삼는다.
④ 화로는 반드시 전기화로만 사용한다.

55. 다기와 다구 중에서 다기에 속하지 않는 것은?
① 찻잔 ② 차시
③ 다관 ④ 숙우

56. 다관에서 차를 우려 마실 때 적정한 온도를 맞추기 위해서 물을 식히는 데 사용하는 것은?
① 퇴수기 ② 다완
③ 숙우 ④ 차호

57. 가루차(말차)를 마시는 데 이용하는 도구가 아닌 것은?
① 차솔 ② 차시
③ 다완 ④ 숙우

58. 가루차(말차)를 마시는 데 사용하는 차솔의 소재로 적합한 것은?
① 소나무 ② 향나무
③ 참나무 ④ 대나무

59. 현대적 설비 가마가 아닌 것은?
① 가스가마 ② 전기가마
③ 장작가마 ④ 석유가마

[정답] 50. ② 51. ③ 52. ① 53. ① 54. ① 55. ② 56. ③ 57. ④ 58. ④ 59. ③

60. 현대적 설비 가마에서 가스를 주원료로 사용하는 가마는?
① 석유가마 ② 가스가마
③ 장작가마 ④ 전기가마

61. 이마리(伊萬里) 도자기와 연관이 있는 것은?
① 이삼평 ② 초의선사
③ 제물포 ④ 가스

62. 이마리(伊萬里) 도자기와 연관이 없는 것은?
① 고려 시대의 청자 기술을 일본에 임진왜란을 계기로 일본에 전해졌다.
② 조선 시대의 도자기 술을 임진왜란을 계기로 일본에 전해지게 되었다.
③ 일본 도자사에 혁명적인 과업을 성취한 이삼평이란 조선인이 등장한다.
④ 중국의 천목 다완 만드는 기술이 임진왜란을 계기로 일본에 전해진다.

63. 다식의 특징은?
① 맛이 좋으면 다 좋다.
② 맛과 관계없이 색깔이 좋으면 된다.
③ 향이 좋으면 좋다.
④ 색과 크기와 맛이 좋아야 한다.

64. 전통다식 중 꽃가루를 이용하여 만든 다식은?
① 보리다식 ② 잣다식
③ 송화다식 ④ 육포다식

65. 고려 초 최초의 다식 문헌은?
① 신라본기 ② 대각국사문집
③ 거여밀이 ④ 성호쇄설

66. 제례 때 사용하는 다식의 종류로 맞는 것은?
① 오미자다식, 쌀다식, 흑임자, 송화다식
② 승검초다식, 쌀다식, 오미자다식, 송화다식
③ 송화다식, 흑임자다식, 쌀다식
④ 승검초다식, 오미자다식, 흑임자다식, 송화다식

67. 다경에서 병차(餠茶)를 구울 때 사용하는 연료로 으뜸으로 치는 것은?
① 참나무 숯
② 연탄불
③ 가스불
④ 잣나무 숯

[정답] 60. ② 61. ① 62. ① 63. ④ 64. ③ 65. ② 66. ③ 67. ①

68. 다경에 이런 물을 오래 마시면 사람에게 목병을 갖게 되니 마시지 말 것을 강조하였다. 좋지 않은 물로 짝지어진 것은?
① 솟구친 물, 여울물
② 여울물, 돌 틈 사이로 흐르는 물
③ 폭포, 산물
④ 돌길 더디 흐르는 물, 산물

69. 찻물을 끓이는 방법으로 맞는 것은?
① 약한 불에서 오래 끓이는 것이 좋다.
② 센 불에서 빨리 끓이는 것이 좋다.
③ 처음에는 약한 불에서 끓이고, 나중에 센 불에서 끓인다.
④ 처음에 중불에서 끓이다가 약한 불로 줄인다.

70. 숙달된 차 생활로 법도에 맞도록 잘 우려낸 차를 마시면서 느끼는 현현한 아취가 지극한 경지에 이르러 묘경을 터득하기 위하여 깨달음의 경지에 이름을 말하는 것은?

71. 자사호에서 흔히들 삼수(三水), 삼평(三平)이 좋아야 한다고 한다. 여기서 삼수(三水)란 무엇을 말하는가?

72. 茶의 鑑別法에서 中正法에 對하여 세 가지 方法을 구체적으로 說明하시오

73. 다음의 빈칸을 채우시오(漢字로 쓰시오)

> 茶를 鑑別하는 방법을 ( ), ( ), ( )로서 한다.
> 차에는 眞味, 眞香, 眞色이 있는데 이 ( )를 완성해야 한다.

74. 茶客에 對한 說明을 茶神傳의 내용을 근거로 說明하시오.

[정답] 68. ① 69. ④ 70. 다도(茶道) 71. 출수, 절수, 금수 72. 1) 차의 양과 탕수의 양을 알맞게 하여 중정을 지키는 법 2) 차를 우리는 시간을 늦지도 빠르지도 않고 알맞게 하여 중정을 지키는 방법 3) 우려낸 차를 찻잔에 따를 때 급주(急注)나 완주(緩注)를 하지 않고 자연스럽게 따라야 차의 양과 농도를 고르게 하여 중정을 지키는 일 73. 색(色), 향(香), 미(味), 삼기(三奇) 74. 1) 신(神) : 혼자 마시는 것, 신령스럽고 그윽하며 이속한 경지 2) 승(勝) : 둘이 마시는 것, 좋은 정취 또는 한적한 경지 3) 취(趣) : 3~4명이 마시는 것, 취하고 즐겁고 유쾌한 경지 4) 범(泛) : 5~6명이 마시는 것, 평범한 경지 5) 시(施) : 7~8명 이상이 마시는 것, 음식 나누어 먹기와 같이 박애(博愛)라고 한다.

75. 湯法 중 聲辨 五小辨法의 8가지 소리를 漢字로 쓰고 說明하시오.

76. 形變 五小辨法의 湯의 7가지 形態를 漢字로 쓰고 說明하시오

77. 眞水의 八德을 순서대로 漢字로 쓰고 說明하시오.

78. 다음은 무엇에 對한 說明입니까?

> 불을 다스리는 治火의 法道이다. 불 가늠은 文에 이르러서도 안 되고, 武에 이르러서도 안 되는 것이다. 그 中道인 中火를 얻어야만 한다.

[정답] 75. 1) 미미성(微微聲) : 탕에서 맨 처음 나는 소리로서 초성이 울리기 직전에 미세하게 들릴 듯 말 듯 나는 소리 2) 초성(初聲) : 미미성에서 날카롭게 변해서 강하게 나는 소리 3) 전성(轉聲) : 초성이 잦아지면서 작아지고 굴러가는 듯한 소리 4) 진성(振聲) : 굴러가는 소리가 진동하는 소리로 변하는 것. 5) 취성(驟聲) : 진동하는 듯한 소리가 말을 몰아가듯 밀리는 소리 6) 송풍성(松風聲) : 소나무에 바람이 스치는 소리 7) 회우성(檜雨聲) : 전나무에 빗방울이 떨어지는 소리 8) 삼매음(三昧音) : 삼매경에 들 수 있는 소리 9) 무성(無聲) : 송풍성이 조금 지나서 작아지면서 온 천지가 잠든 듯이 조용하며 탕이 끓는 소리는 전혀 나지 않고 물결소리만 미세하게 나는 상태 76. 1) 해안(解眼) : 게의 눈. 게의 눈처럼 탕관 바닥에 바짝 달라붙어서 처음 생긴 물방울 2) 하안(蝦眼) : 새우눈. 새우 눈처럼 탕관 바닥에서 막 떠오르려고 부상할 때 게의 눈보다는 약간 큰 모양의 물방울 3) 어목(魚目) : 물고기의 눈. 물고기의 눈처럼 둥글고 또렷한 것인데, 새우의 눈이 탕관 바닥에서 떠오르고 있는 상태의 물방울 4) 연주(連珠) : 구슬을 실로 꿰어서 놓은 모양으로 탕관 바닥에서부터 수면 위에까지 연결되어 떠오르는 물방울(魚目)이 떠오르는 것. 어목이 계속해서 연결된 상태를 말함 5) 용천(湧泉) : 샘물이 밑에서부터 위로 솟아오르는 모양. 탕이 거꾸로 샘솟듯 올라오는 상태를 용천이라 함 6) 등파고랑(騰波鼓浪) : 북을 치듯 파도가 일어나고 탕이 뒤집히는 것을 말한다. 탕이 끓어서 넘칠 듯 뒤집히고 파도가 밀리며 물방울이 튀기는 상태를 말한다. 7) 세우(細雨) : 잔 빗방울이 탕의 수면 위에서 내리는 듯한 것을 말함. 탕이 끓어서 파도가 치고 출렁이며 물방울이 튀어서 가랑비가 내리듯 계속해서 일어나는 상태 77. 가볍고(輕), 맑고(淸), 시원하고(冷), 부드럽고(軟), 아름답고(美), 냄새가 나지 않고(無臭), 비위에 맞고(調適), 먹어서 탈이 없는 것(無患) 78. 문무화후(文武火候)

79. 다음은 조선조의 茶人 騎牛子에 對한 내용이다. 빈칸에 알맞은 말을 넣으시오.

> 조선조 용제총화에 보면 桑谷과 騎牛子 李行이 서로 친분이 두터웠는데 하루는 騎牛子가 桑谷을 찾아갔다. 桑谷은 그의 아들에게 명하여 茶를 다리게 하였는데 찻물에 넘쳐 다른 물을 더 부었다. 騎牛子가 맛을 보고 그에게 하는 말이 이 茶에 네가 두 가지 생수를 더 부었구나 하였다. 이렇게 물맛을 잘 분별한 騎牛子는 우리나라에서 차 우리기 좋은 물로 (　　　) 제일로 삼고, 금강산에서 나오는 (　　　)를 두 번째로 삼고, (　　　)를 세 번째로 삼았다는 말이 있다.

茶文化의 原流

1. 우리나라의 차는 언제부터 있었는가?
   ① 세종대왕　② 고려시대
   ③ 고조선　④ 남북국 시대

2. 우리나라의 '茶'에 대한 설명으로 맞는 것은?
   ① 억불숭유로 인하여 조선시대에는 소멸하였다
   ② 임진왜란으로 인하여 중후기에 조금 쇠퇴했을 뿐이다
   ③ 일본에서 '다도'를 배워 시작되었다
   ④ 기원4312(서기1979)년 한국차인회가 설립되면서 시작되었다

3. 이규보(李奎報)는 어느 때 차인인가?
   ① 백제　② 신라
   ③ 고려　④ 조선

4. 다산 정약용은 어느 때 사람인가?
   ① 백제　② 신라
   ③ 고려　④ 조선

5. 신라시대의 사선이 아닌 사람은?
   ① 영랑　② 술랑
   ③ 안상　④ 선랑

6. 고려시대의 삼은에 속하지 않는 사람은?
   ① 이색　② 이목
   ③ 정몽주　④ 길재

[정답] 79. 충주 달천수, 한강 우중수, 속리산 삼타수　1. ④　2. ②　3. ③　4. ④　5. ④　5. ④　6. ②

7. 고려시대 궁중행사에 차를 준비하여 올리고 베푸는 의례적인 찻일을 맡아 진행하는 관청을 무엇이라 하는가?
   ① 다점 ② 다방
   ③ 다원 ④ 다소

8. 다음 중 고려 때 차를 담당하는 기구와 그 역할의 설명이 바르지 않은 것은?
   ① 다방 – 돈을 받고 차를 파는 집
   ② 다군사 – 다구와 짐을 나르는 군인
   ③ 다소 – 차를 재배하여 나라에 공물로 바침
   ④ 다시 – 사헌부에서 공정한 판결을 위해 차를 마시며 갖는 시간

9. "차를 마시는 민족은 흥하고 술을 즐기는 민족은 망한다(飮茶興 飮酒亡)"는 말을 남긴 조선시대 실학자는 누구인가?
   ① 초의선사 ② 정약용
   ③ 최치원 ④ 김정희

10. 조선시대 차의 계량단위가 아닌 것은?
   ① 홉, 되
   ② 근(斤), 냥(兩)
   ③ 봉(封), 개(個)
   ④ 그램(g)

11. 다음 시는 산천도인 김명희가 쓴 것이다. ( )안의 노승은 누구를 가르치는가?

> "(노승)선다여선불((老僧)選茶如選佛)"

   ① 아암스님 ② 초의스님
   ③ 범해스님 ④ 다송자스님

12. 다부(茶賦)를 지은 조선시대 茶人은?
   ① 이목 ② 정약용
   ③ 김시습 ④ 김정희

13. 한재 이목의 「다부」 문장의 종류는?
   ① 5언시이다
   ② 7언시이다
   ③ 현대시이다
   ④ '운문'인 부시이다

14. '다부'에 나타난 차의 공효는 몇가지인가?
   ① 5 가지이다 ② 3 가지이다
   ③ 10 가지이다 ④ 2 가지이다

15. 「다부」는 어느 문집에 수록되었는가?
   ① 「조선왕조실록」 ② 「동문선」
   ③ 「한재문집」
   ④ 「동국여지승람」

[정답] 7. ② 8. ① 9. ② 10. ④ 11. ② 12. ① 13. ④ 14. ① 15. ③

16. 「다부」 집필 당시 (단기3828, 서기 1495년 전후) 우리나라 차의 생산지는 얼마나 있었는가?
① 전혀 없었다
② 지리산에만 있었다
③ 전남 보성에만 있었다
④ 40개소 내외가 있었다

17. 다음 중 집필 연대순으로 바른 것은?

①「동다송」	②「다부」
③「다신전」	④「다경」

① 동다송, 다부, 다신전, 다경
② 동다송, 다신전, 다부, 다경
③ 다경, 다신전, 다부, 동다송
④ 다경, 다부, 다신전, 동다송

18. 「다신전」의 원 저자는?
① 초의 장의순
②「경당증정만보전서」 편집부
③ 명나라의 장원
④ 추사 김정희

19. '다경'을 쓴 사람은?
① 허차서 ② 휘종황제
③ 육우(陸羽) ④ 장원

20. 다경에서 차를 끓일 때 찻물 속에 넣었던 양념은 무엇인가?
① 계피 ② 설탕
③ 꿀 ④ 소금

21. 대관다론(大觀茶論)은 누가 쓴 다서인가?
① 당의 육우(陸羽)
② 송의 휘종황제
③ 명의 장원
④ 조선의 초의선사

22. 동다송 마지막에 초의가 茶를 들 때의 두 손님은?
① 다산과 추사
② 흰구름과 밝은 달
③ 병풍과 유천
④ 대흥사와 일지암

23. 동다송은 몇언 고시로 되어 있는가?
① 4언 고시 ② 5언 고시
③ 7언 고시 ④ 부시

24. 초의 장의순은 어느 시대 인물인가?
① 신라 ② 고려
③ 조선 초기 ④ 조선 후기

25. 동다기(東茶記)의 저자는?

[정답] 16. ④ 17. ④ 18. ③ 19. ③ 20. ④ 21. ② 22. ② 23. ③ 24. ④ 25. 이덕리

26. 용봉단이란 주로 어느시대에 만들어진 어떤 차인가?

27. 점다(點茶)는 어떤 차를 마실 때 쓰이는 말인가?

28. 차에 다른 향을 넣지 않는 까닭은 무엇인가?

29. 茶의 九德을 漢字로 쓰고 說明하시오.

30. 신라시대의 차인 중 사선은 누구인가?

31. 고려시대의 삼은은 누구인가?

32. 우리나라의 三大 茶書와 茶書의 著者는 누구인가?

33. 가루차 1인분의 분량은 약 (　　)그램이다.

34. 왕세자가 한달에 두세번씩 스승과 시강원의 정1품 관리 및 빈객을 모아 경서와 사기를 복습하며 강론할 때 행하던 다례는?

35. 한국의 茶의 精神에 對하여 說明하시오.

[정답] 26. 송나라 시대, 떡차(병차) 27. 가루차(말차) 28. 차의 향기가 손상되므로 29. 利腦(머리를 좋게 하고) / 明耳(귀를 밝게 하고) / 明眼(눈을 밝게 하고) / 口味助長(입맛을 도와주고) / 解勞(고달픔을 풀어주고) / 醒酒(술을 깨게 하고) / 少眠(잠을 적게 하고) / 止渴(갈증을 풀어주고) / 防寒陟暑(추위와 더위를 이긴다) 30. 술랑(述郎), 남랑(南郎), 영랑(永郎), 안상(安詳) 31. 목은(牧隱) 이색(李穡), 포은(圃隱) 정몽주(鄭夢周), 야은(冶隱) 길재(吉再) 32. 한재 이목 – 다부, 초의선사 – 동다송, 다신전 33. 2 34. 회강다례 35.1) 선(禪) : 독특한 수행길. '선'이란 사원에서 사용하는 특수한 용어로서 진리를 체득하고자 하는 방편의 문으로 고요히 생각한다고 하는 정려(靜慮), 도는 생각하여 닦는 사유수(思惟修) 또는 적멸(寂滅), 한마음의 극치라고도 한다. 2) 멋 : 인간사고의 언행이 이상의 경지에 이르러 있고 품위가 있고, 운치가있어 속되지 않고 사려 깊은 것을 말한다. 3) 절개 : 선비의 굳은 충절이나 부녀자의 정절 또는 예의범절을 말한다.

36. 일본의 茶의 精神에 對하여 說明하시오.

37. 중국의 茶의 精神에 對하여 說明하시오.

38. 찻물로 사용하기에 가장 좋은 물은?

39. 왕이 차를 마시고 백성을 편안하게 하는 노래를 청하였다. 그러자 안민가(安民歌)를 지어 왕에게 바친 사람은?

40. 다음은 고려 차생활의 한 부분이다. 어떤 것을 설명한 것인가?

> 왕이 죄인에게 참형을 결정하기 전에 신하들과 차를 마시는 다례의식을 행함으로써 보다 공정하고 신중한 판결을 내렸다.

世界의 紅茶文化

1. 차나무를 설명한 것이다. 맞는 않는 것을 찾으시오.
   ① 차나무는 아열대, 온대지방에서만 자란다.
   ② 대엽종 차나무는 주로 동아시아지역에서 자라며 크기는 15m 이상이다.
   ③ 차의 원료가 되는 차나무의 잎은 단단하고 두꺼우며 표면에 광택이 있다.
   ④ 차나무는 실화상봉수로 주로 8월에 꽃이 핀다.

2. 홍차는 중국 어느 나라 때 시작되었나?
   ① 당　② 송　③ 청　④ 명

3. 차의 네 가지 의미가 아닌 것을 고르시오.
   ① 차밭, 차꽃, 차싹 등의 용어에 나타나는 차는 차나무를 지칭.
   ② 차나무의 어린잎을 가공하여 만든 마실 거리의 재료

[정답] 36. 1) 화(和) : 찻자리의 주인과 손님들이 화목하여 동시에 화합하여 하나가 되는 것 2) 경(敬) : 주인과 손님 모두가 각기 불성을 지닌 인격체로 존중함 3) 청(淸) : 물질적, 정신적 욕심을 떨치고 마음을 깨끗이 하여 마음의 자유로운 경지에 들며, 다구의 청결을 중요시 한다는 뜻 4) 적(寂) : 공간적 고요함과 적연부동(寂然不動)의 심경(心境), 혹은 열반의 세계를 뜻함
37. 1) 검(儉) : 검소함을 뜻한다 2) 청(淸) : 청렴결백, 마음에 잡념이 없이 고요함이다 3) 화(和) : 화목, 중용의 도를 말한다 4) 정(靜) : 고요한 경지, 불교의 선과 같은 것으로 전심으로 노력하여 성불하는 것　38. 석간수(돌틈에서 흘러나오는 물)　39. 충담　40. 중형주대의
1. ③　2. ④　3. ④

③ 찻감을 끓이거나 우려내거나 물에 타서 마실 거리로 만든 찻물
④ 차나무 잎이 아닌 허브 꽃차, 인삼차 등 대용차

4. 중국 청나라 때 탕색에 따라 분류된 6대 다류이다. 틀린 것을 고르시오.
① 백차는 솜털이 덮인 어린잎을 따서 비비지 않고 그대로 말려서 만든 차
② 황차는 채엽 후 살청 후 민황 과정을 거쳐 만들어진 차
③ 청차는 녹차와 홍차의 중간 정도 발효시킨 반발효 차
④ 홍차는 위조를 거쳐 유념한 후 살청하여 발효시킨 차

5. 기문 홍차에 대한 설명이다. 맞지 않는 말을 고르시오.
① 안후이 성에서 생산되는 귀족들이 즐겨 마시는 차이다.
② 중국 3대 홍차이며 공부홍차이다.
③ 세계 3대 홍차이며 세계박람회에서 금상을 받았으며 퀄리티 시즌은 3월이다.
④ 기문차 향은 훈연향, 과일향, 난향이 특징이다.

6. 아쌈 홍차에 대한 설명이다. 맞는 것을 고르시오.
① 인도 아삼주의 재래종 차나무에서 채엽한 찻잎으로 만든다.
② 로버트 브루스가 중국에서 차나무를 가져다 심었다.
③ 차나무의 높이는 3~4m이다.
④ 아쌈 홍차는 머스캣 향으로 맛과 향이 부드럽고 좋다.

7. 다즐링에 대한 설명이다. 맞는 것을 고르시오.
① 다즐링의 퀄리티 시즌은 2~3월로 향기와 맛이 아주 좋다.
② 맛과 향이 아주 섬세하며 머스캣 향이 특징이다
③ 다즐링은 첫 물차, 두 물 차로 나누며 첫 물차가 발효가 잘되어 더 좋다.
④ 다즐링 지역의 연 강수량은 500mL 이하이다.

8. 닐기리에 대한 설명이다. 맞는 말을 고르시오.
① 서고츠 산맥에 위치한 고원에서 나며 퀄리티 시즌은 7월이다.
② 비가 많지 않으며 온난하다.
③ 실론티와 맛과 향이 비슷하여 아이스티로 많이 사용한다.
④ 맛이 강하고 떫어 밀크티로 많이 사용한다.

[정답] 4. ④ 5. ③ 6. ① 7. ② 8. ③

9. 스리랑카 섬의 중앙산맥을 중심으로 고도에 따른 홍차 생산 위치이다. 잘못된 것을 고르시오.
   ① 북쪽 : 하이그로운 누와라엘리아
   ② 동쪽 : 하이그로운 우바
   ③ 서쪽 : 하이그로운 딤불라
   ④ 남쪽 : 로우 루후나

10. 스리랑카에서 생산되는 차가 아닌 것을 고르시오.
   ① 딤불라 ② 닐기리
   ③ 루후나 ④ 캔디

11. 홍차의 제다에 대한 설명으로 옳지 않은 것을 고르시오.
   ① 햇볕에서 자연 위조를 한 후 실내에서 한 번 더 위조하면 좋은 향이 난다.
   ② 위조과정에서 수분이 감소하면 찻잎 속에 들어 있는 세포액이 농축된다.
   ③ 발효과정에서 홍차의 독특한 맛과 색이 결정된다.
   ④ 건조는 찻잎의 산화발효를 멈추게 하는 과정이며 수분함량을 8% 이하로 줄인다.

12. 홍차의 분류에서 음용 시 무엇을 첨가하는 티를 무엇이라 하는가?
   ① 베리에이션티 ② 플레버리티
   ③ 스트레이트티 ④ 블렌드티

13. 다음 홍차 중 클래식 티가 아닌 것을 고르시오.
   ① 다즐링 ② 차이
   ③ 닐기리 ④ 우바

14. 차의 생엽에 함유된 지용성 성분으로 홍차의 맛과 색을 더 좋게 하는 성분을 고르시오.
   ① 안토시아닌 ② 플라보노이드
   ③ 베타카로틴 ④ 엽록소

15. 비튼 여사가 제안한 홍차 우리는 방법의 골든 룰의 내용과 거리가 먼 것을 고르시오.
   ① 갓 끓인 물을 사용할 것
   ② 티 포트를 데울 것
   ③ 우러나는 시간을 충분히 길게 할 것
   ④ 차의 양을 잴 것

16. 홍차 티백 맛있게 우리는 방법이다. 잘못된 방법을 고르시오.
   ① 머그잔에 티백을 먼저 넣고 95℃ 물을 붓는다.
   ② CTC 방식 티백홍차는 우리는 시간이 2분정도가 적당하다.
   ③ 차가 우러나는 동안은 컵받침을 덮

[정답] 9. ① 10. ② 11. ④ 12. ① 13. ② 14. ③ 15. ③ 16. ①

어두어 온도와 향을 유지 시킨다.
④ 진한 홍차를 마시고 싶을 때는 티백 스퀴저로 골든 드롭을 짜서 마신다.

17. 마살라에 블렌딩 된 향신료로 상쾌한 향에 자극적인 쓴맛을 내는 향기의 왕이라 불리는 녹색의 타원형 열매를 고르시오.
① 육두구 ② 카르다몸
③ 정향 ④ 후추

18. 인도의 왕이 차가운 홍차에 5가지 과일을 넣고 포도주를 섞어 즐겼다는 시원한 여름음료를 고르시오.
① 아이스티
② 아이스 밀크티
③ 아이스 와인티
④ 홍차펀치

19. 홍차의 다식으로 잘못된 것을 고르세요.
① 애프터눈티의 가장 기본적인 다식은 스콘과 샌드위치이다.
② 홍차용 다식으로는 스콘, 마들렌, 케이크, 카나페 등이 있다.
③ 삼단트레이에서는 단 다식을 아래 일단에 놓는다.
④ 케이크는 십자군 원정 후 질과 맛이 좋아졌으며 산업혁명을 통해 대중화되었다.

20. 홍차 도구에 대한 설명이다. 잘못된 것을 고르시오.
① 티코지는 1860년대에 첫선을 보였으며 애프터눈 티에 필수품은 아니다.
② 중국에서 유럽으로 초기에 수출한 홍차찻잔은 손잡이가 없었다.
③ 티포트에는 티팟 뚜껑에 스토퍼와 공기구멍이 있다.
④ 티백 스퀴저, 인퓨저, 티타월, 티매트, 드롭캐처 등은 차 도구들이다.

21. 다음은 차가 각 나라에 전파된 내용 설명이다. 아닌 것은?
① 영국에는 1630년대 중반에 네덜란드 동인도 회사를 통하여 차가 전파되었다.
② 미국은 16세기중엽 네덜란드 출신 이민자들이 뉴암스테르담에 이주하면서 차가 전파되었다.
③ 이란과 터키등에는 19세기 러시아의 다관인 '사모바르'에 의해 음다풍속이 전파되었다.
④ 시리아는 1930년경부터 영국식 홍차를 마시기 시작했다.

[정답] 17. ② 18. ④ 19. ③ 20. ① 21. ②

22. 중국의 차종자를 인도에 가지고 와서 다즐링 홍차를 탄생시킨 사람은?
① 로버트 포춘
② 제임스 테일러
③ 로버트 브루스
④ 토마스 립턴

23. 다음 중 홍차의 맛을 결정하는 성분이 아닌 것은?
① 폴리페놀 ② 카테킨
③ 클로로필 ④ 카페인

24. 다음 중 홍차제다 과정 중 위조와 유념이 끝난 찻잎을 기계에 넣어 파쇄하면서 동시에 성형을 할 수 있도록 개발된 방식은?
① 레그컷트 ② 로터베인
③ C.T.C ④ 오서독스

25. 차의 생엽속에 들어있는 성분 중 물에 녹는 수용성 성분은?
① 엽록소 ② 카로티노이드
③ 플라보노이드 ④ 잔토필

26. 아이스 홍차를 만들 경우 제대로 급랭시키지 않으면 크림다운 현상이 생기게 된다. 폴리페놀성분 중 (   ) 때문이다. 괄호안에 들어갈 말은?
① 차홍소 ② 차황소
③ 차갈소 ④ 카로틴정

27. 홍차를 맛있게 우리는 가장 대표적인 것이 (   )이며 이것은 티포트안의 찻잎들이 대류현상을 일으키도록 만드는 것을 말한다. 괄호안에 들어갈 말은?
① 백탁현상 ② 골든링
③ 점핑 ④ 크림다운

28. 실론의 아버지, 또는 홍차의 아버지로 스리랑카의 차문화 발전에 기여한 사람은?
① 로버트 브루스 ② 토마스 립턴
③ 칸벨박사 ④ 제임스 테일러

29. 홍차의 특징에 대한 설명 중 아닌 것은?
① 홍차는 20%~70% 정도 발효시킨 차이다.
② 동양에서는 찻물의 빛이 붉기 때문에 홍차라고 한다.
③ 서양에서는 찻잎의 검은색으로 black tea라고 한다.
④ 홍차는 몽골, 티베트, 시베리아에서는 19세기까지 무역에 사용되었다.

[정답] 22. ① 23. ③ 24. ② 25. ③ 26. ①, ② 27. ③ 28. ④ 29. ①

30. 홍차의 등급 분류 중 가장 낮은 등급은 어느 것인가?
① B.O.P ② B.O.P.F
③ O.P ④ Dust

31. 스리랑카의 특징이 아닌 것은?
① 인도의 눈물, 동양의 진주의 애칭으로 불리운다.
② 실론차의 종류로는 누와라 엘리야, 아쌈, 닐기리이다.
③ 스리랑카의 차이름이 실론티이다.
④ 해발고도가 다른 여러 곳의 다원에서 길러지며, 서로 다른 실론홍차는 그 향과 맛이 다르다.

32. 얼그레이차(Earl Grey tea)에 관한 특징이 아닌 것은?
① 얼그레이는 중국 복건성에서 최초로 만들어진 차이다.
② 얼그레이는 주로 기문, 랍상소종, 실론 등의 홍차잎에 베르가모트 향을 첨가한 것이다.
③ 얼그레이는 베르가모트 껍질로부터 추출한 기름을 첨가함으로써 특이한 향을 내도록 블랜드한 가향차의 일종이다.
④ 얼그레이는 찰스 그레이 백작이 중국산 정산소종에 매료되어 맛과 향이 유사한 홍차로 만든 것이다.

33. 아쌈 홍차의 특징이 아닌 것은?
① 인도 아쌈지방에서 생산되는 홍차를 통칭하는 말이다.
② 아쌈홍차는 상쾌한 맛, 맥아향, 짙고 밝은 수색으로 잘 알려져 있다.
③ 아쌈홍차는 고지대에서 생산되므로 머스켓향을 지닌다.
④ 아쌈홍차를 기반으로 블랜딩 된 홍차는 일반적으로 블랙퍼스트 티이다.

34. 다즐링 홍차 특징의 설명이 바르지 못한 것은?
① 다즐링 홍차는 인도 다즐링 지방에서 생산되는 홍차의 한 종류이다.
② 주로 스트레이트 티로 마시며 기문홍차, 아쌈홍차와 함께 세계 3 대홍차로 일컬어진다.
③ 홍차의 샴페인이라 불린다.
④ 옅은 수색을 보이고 가벼운 머스켓 향을 풍기며 약간은 떫은 타닌 특성 이 있다.

35. 홍차제다법에서 전통적인 방식의 제다법은 무엇으로 불리워지는가?
① 레그커트 제다법
② CTC제다법
③ 로터베인 제다법
④ 오서독스 제다법

[정답] 30. ④ 31. ② 32. ① 33. ③ 34. ② 35. ④

36. 홍차를 분류할 때 가향처리를 한 차를 무엇이라 하는가?
① 베리에이션 티
② 스트레이트 티
③ 플레이버리 티
④ 블렌트 디

37. 스리랑카의 다원에서 채취한 홍차잎을 영국으로 운반한 후 포장하여 값싸게 공급하여 홍차의 대중화에 기여한 브랜드는?
① 아크바 ② 립턴
③ 티탕 ④ 딜마

38. 영국 홍차브랜드 중 1706년에 런던의 트라팔가 광장에서 커피하우스를 열면서 차를 판매하기 시작한 회사는?
① 헤로즈 ② 포터넘 앤 메이슨
③ 트와이닝 ④ 웨지우드

39. 다음은 어떤 향신료의 설명이다. 이것은 무엇인가?

> 인도네시아 몰루카제도가 원산지인 상록활엽교목의 열매로 성숙하면 살구처럼 보이고 안에 종자가 들어있다. 이를 말려 향신료로 이용하고 산뜻하고 상쾌한 맛, 순한 쓴맛이 난다.

① 육두구 ② 클로브
③ 카르다몸 ④ 시나몬

40. 네덜란드 동인도회사가 동양에서 수입한 최초의 차는 어느 나라 차인가?
① 중국차 ② 일본차
③ 베트남 ④ 인도네시아

41. 중국의 복건성 일원에서 홍차가 만들어진 시기로 옳은 것은?
① 16세기 초 ② 17세기 초
③ 18세기 중엽 ④ 19세기 초

42. 영국에서 최초로 차를 판매한 곳은?
① Twinings ② Garraways
③ Fotnum&Mason ④ Loyd

43. 세계 3대 홍차 생산지가 아닌 것은?
① 우바 ② 다즐링
③ 딤블라 ④ 기문

44. 실론 홍차의 아버지로 불리며 런던의 경수와 스코틀랜드의 연수에 맞춰 브랜드 개발을 한 인물은 누구인가?
① Robert Fortune
② Thomas Lipton
③ Twining
④ 여간신

[정답] 36. ③ 37. ② 38. ③ 39. ① 40. ② 41. ② 42. ② 43. ③ 44. ②

45. 홍차와 관계된 전쟁으로 영국동인도 회사 선박에서 아편을 몰수한 계기로 영국과 중국 사이에 벌어진 큰 전쟁은 무엇인가?
① 청일전쟁 ② 보스턴 차사건
③ 아편전쟁 ④ 티 클리퍼

46. 홍차는 찻잎의 부위에 따라 등급이 달라지는데 대량생산을 위한 등급에 해당하는 것은?
① Pekoe Souchong ② Pekoe
③ Souchong ④ Orange Pekoe

47. 홍차가 생산되지 않는 아시아 지역은 어디인가?
① 인도네시아 ② 중국
③ 대만 ④ 싱가포르

48. 스트레이트 티는 산지의 기후와 풍토 등에 따라 개성 있는 풍미를 지닌다. 다음 중 스트레이트 티가 아닌 것은?
① 랍상소우총 ② 누와라엘리야
③ 얼그레이 ④ 닐기리

49. 영국에 홍차문화발전에 기여한 인물로 애프터눈 티(Afternoon tea)의 창시자는 누구인가?

50. 스리랑카의 대표적인 high-grown tea 3가지를 적으시오.

51. Afternoon tea에 어울리는 티푸드를 2가지 적으시오.

52. 다즐링 품종의 차나무로 스리랑카 홍차의 샴페인으로 불리는 대표적인 차를 적으시오.

53. 인도에서 가장 많이 생산되는 홍차로 강렬한 몰트향과 진한 붉은색이 조화를 이루며 밀크티로 적당한 이 차는 무엇인가?

54. 19세기 초 인도 아삼 지역에서 최초로 야생차나무를 발견한 사람은 누구인가?

55. 인도에서 생산되는 홍차로 실론 홍차의 맛과 가장 비슷한 맛을 내는 차는 무엇인가?

[정답] 45. ③ 46. ① 47. ④ 48. ③ 49. 안나 마리아 스턴 홉 50. 우바, 누와라엘리야, 딤블라 51. 샌드위치, 스콘 52. 누와라엘리야 53. 아쌈 54. 브루스형제 55. 닐기리

56. 티웨어(Tea Ware)의 일종으로 1860년대에 첫 선을 보이며 애프터눈 티에 빠지지 않는 필수품으로 빅토리아 시대에는 구슬과 자수로 장식된 보온용 덮개는 무엇인지 적으시오.

57. 홍차의 맛을 결정하는 주요 성분 4가지를 적으시오.

58. 홍차를 맛있게 우리기 위한 기본 원칙으로 요리전문가 M 비튼(Isabella Mery Beeton)이 『비튼 여사의 가정서』라는 책에서 제시한 다섯 가지 골든 룰을 적으시오.

59. 홍차를 우릴 때 홍차의 맛을 좋게 하기 위한 대표적인 방법을 적으시오.

60. 품질 좋은 홍차에서 볼 수 있는 골든링은 홍차의 어떤 성분 때문에 생기는지 적으시오.

61. 홍차의 크림다운 현상(백탁현상)은 홍차의 어떤 성분 때문에 일어나는지 쓰시오.

62. 홍차 중에서 그윽한 짙은 향기에 송연향이 섞여 있는 복건성 동목촌 일대에서 생산되는 홍차는?

63. 스리랑카 홍차의 샴페인으로 불리는 대표적인 차는?

64. 품질좋은 홍차에서 시각적 아름다움을 더하는 황금색의 원형링을 무엇이라 하는가?

[정답] 56. 티코지 57. 폴리페놀, 카테킨, 카페인, 아미노산 58. 1) 양질의 차를 사용할 것 2) 티포트를 데울 것 3) 차의 양을 잴 것 4) 갓 끓인 물을 사용할 것 5) 우러나는 시간을 기다릴 것 59. 점핑 60. 차황소(데아플라빈) 61. 카테킨(차황소,차홍소), 카페인 62. 정산소종 63. 누와라 엘리야 64. 골든링 또는 코로나